全国工程硕士专业学位教育指导委员会推荐教材

林广艳 编著

Lin Guangyan

软件工程过程（高级篇）

Advanced Software
Engineering Process

清华大学出版社

北京

内 容 简 介

本书以软件工程知识体 SWEBOK 2004、软件工程教育知识体 SEEK 和软件生存周期过程标准 ISO/IEC 12207 为依据，介绍了软件生存周期过程的基本概念、软件工程过程中包含的主要活动和软件工程过程模型。通过两个过程模型的应用案例说明了过程中各要素间的关系，介绍了软件工程过程模型的三个层次和建立软件工程过程的一般步骤、过程监控中需要考虑的基本问题，以及应用于软件工程过程改进的三类典型的标准评估模型。以极限编程 XP 过程模型为例介绍了敏捷过程倡导的向用户交付价值的思想，对计划驱动过程和敏捷过程进行比较，总结了其各自适用的领域，为更好地应用这些过程模型提供了指导。

本书作为"十一五"全国工程硕士研究生教育核心教材，其内容翔实，结合实际，实例丰富，论述深入浅出，且书中内容已经过多轮教学验证，既可作为软件工程专业高年级本科生、研究生及计算类相关专业的教材，又可作为专业软件技术人员的参考用书。

图书在版编目（CIP）数据

软件工程过程（高级篇）/林广艳编著. —北京：清华大学出版社，2011.10
（全国工程硕士专业学位教育指导委员会推荐教材）
ISBN 978-7-302-24149-2

Ⅰ. ①软… Ⅱ. ①林… Ⅲ. ①软件工程 Ⅳ. ①TP311.5

中国版本图书馆 CIP 数据核字（2010）第 234439 号

责任编辑：魏江江　李　晔
责任校对：时翠兰
责任印制：何　芊

出版发行：清华大学出版社　　　　　　　　　地　　址：北京清华大学学研大厦 A 座
　　　　　http://www.tup.com.cn　　　　　邮　　编：100084
　　　社　总　机：010-62770175　　　　　邮　　购：010-62786544
　　　投稿与读者服务：010-62795954，jsjjc@tup.tsinghua.edu.cn
　　　质　量　反　馈：010-62772015，zhiliang@tup.tsinghua.edu.cn

印　装　者：北京鑫海金澳胶印有限公司
经　　销：全国新华书店
开　　本：185×230　印　张：18　字　数：394 千字
版　　次：2011 年 10 月第 1 版　　印　　次：2011 年 10 月第 1 次印刷
印　　数：1～3000
定　　价：32.00 元

产品编号：040147-01

前 言

做任何事情都需要过程,软件开发也不例外。尽管我们都不否认过程对软件产品质量的作用,但我们常常会看到这样的现象:在进度压力下,首当其冲被简化的工作还是过程。规范化的过程使过程要素的执行更加严谨,导致短期的活动实施时间拉长,同时需要人力等资源的投入,也无形中增加了软件开发的近期成本。若选择的过程不合适,还会对开发起到阻碍作用。现实中很难有两个软件产品的开发过程完全相同。软件工程过程是对过去经验的总结,僵化地照搬任何一个软件工程过程的结果都可能事与愿违,这也是大家对软件工程过程敬而远之的原因之一。

软件工程过程的应用与所开发的产品的关键度、参与的人员状况、技术成熟度等因素相关,还与企业的文化相关。过程应用的关键是如何充分体现"平衡"的理念。在一个具体过程中,一个过程或活动是否应该有?若有,应执行到什么样的一个"度"?其中的"拿捏"讲究的就是平衡。平衡做得好,则可为软件工程过程中的各要素创造和谐环境,使项目或产品开发按预期进行;平衡做得不好,则过程各要素间不但相互制约导致预定义过程被束之高阁,当然项目或产品的目标也很难达到。软件工程过程应用中的这些现象也为弱化软件工程过程的人们提供了很好的理由。如今交付环境日趋复杂,稍具规模的软件企业都清醒地认识到:制造软件产品的过程和软件产品本身一样重要。因为高质量的软件产品的背后一定有一个合理的过程来保证。从长远角度看,软件产品的高产出和低成本的背后一定有持续的过程改进做后盾。

如何理解软件工程过程?软件工程过程到底包括哪些内容?如何组织这些内容?如何正确地认识软件工程过程?为什么过程如此重要却未能得到足够的重视?针对目前软件工程过程应用中的这些问题或困惑,以及有关软件工程过程概念的不规范,要求我们把软件工程过程的相关内容说清楚,让学生明白软件工程过程中各要素间的内在联系,以及软件工程过程与企业文化的关系。

本书是作者多年来从事一线软件项目开发、管理与咨询过程中积累的经验与软件工程教学实践的结晶,书中内容结合实际案例对软件工程过程进行比较全面、清晰的论述。

本书在写作过程中,得到了很多人士的帮助。

麦中凡教授对本书的框架提出了非常中肯的建议并审阅了本书的大部分内容,在此表

Foreword

示感谢。

　　北京航空航天大学的姚淑珍教授、杨文龙教授和国防科技大学的齐治昌教授,正是他们的信任、鼓励与支持,才使本书得以问世,在此表示感谢。

　　前人的工作是本书写作的基础,本书在写作过程中借鉴了前人已有著作和论文的内容,在此对列入参考文献部分的引用文献清单的作者表示感谢。

　　教学与研究工作是本书写作的基础,软件工程过程是北京航空航天大学软件学院重点建设的现代软件工程课程系列之一,自2004年开设以来,得到了学校精品课程建设的资助,学院给予了大力支持。在教学过程中,800多名本科生和2000多名研究生对课程的学习和反馈为本书的写作提供了帮助,在此表示感谢。

　　最后,特别感谢清华大学出版社给予本书的支持,感谢各位编辑为本书的策划和出版付出的心血。

　　因工作做得不够细致,书中未能明确标记文献的引用。限于编者的水平,难免存在错误与不妥之处,衷心希望广大读者指正赐教,联系 E-mail:lingy@buaa.edu.cn。

作　者

2011年6月于北京

目 录

第 **1** 章

绪　论

　　尽管全世界已有数百万计的软件职业人,但软件工程作为合法的工程学科存在只不过是几年前的事情。软件工程过程作为软件工程学科的一个重要组成部分,必然越来越得到人们的重视。本章将首先回顾软件工程学科的发展历史,然后介绍软件工程过程的基本概念及其相关标准。

1.1　软件制造是个复杂的过程

　　软件伴随着第一台电子计算机的问世诞生了,随后以编写软件为职业的人也开始出现。由于受当时计算机硬件的限制,只有很少数的专业人员才能使用计算机,他们多是工作严谨的数学家和电子工程师。编写软件的唯一目的是完成大量的科学计算或自动化某些重复性工作,把人们从繁琐耗时的科学计算、工业控制和数据处理等重复劳动中解脱出来。

　　在计算机系统发展初期,通常只编写在特定硬件环境下运行的程序,因此其通用性很差。大多数软件是由使用该软件的个人或机构研制的,个人色彩很浓,当然也没有什么系统的方法可以遵循,软件设计是在某个人的头脑中完成的一个隐式的过程,且除了源代码往往没有软件说明书等文档。

　　后来,人们逐渐认识到软件与硬件的差异:

　　(1) 软件更容易更改,且不需要昂贵的生产线进行批量生产。程序一旦被修改,只需要把修改后的程序再装到其他计算机即可。这种便于修改的特点,使编程人员和软件开发组织开始采用一种"编码和修正"的方式来开发软件。

　　(2) 软件不会被用坏。使用硬件模型来度量软件的可靠性是不够的,而"软件维护"是一个与硬件维护大不相同的活动。软件是无形的,维护费用高。因其不确定性使软件开发很难按计划进行。为了赶工而在软件开发后期加入更多人的做法只会使工期更长。软件一般有更多的状态、模式和测试途径,使之更难以规格化。Winston Royce 在 1970 年的论文中提到:"为了使用一台 500 万美元的硬件设备,需要编写一本 30 页的详细设计说明书来为完全控制生产提供足够的细节；但是为价值 500 万美元的软件提供 1500 页的说明，也只能刚刚比较好地对软件生产进行控制。"

(3) 软件需求涉及范围快速扩大，远远超出了当时从事软件开发工作的工程师和数学家的能力范围，也造成了软件人才的短缺。这导致大批具有创造力、但缺乏工程经验的人由于企业、政府和服务业对软件的需要，而涌入软件开发行业。"编码与修正"的方式非常适合这些人，他们思想开放，更喜欢按照自己的想法去实现工程。常见的人员状况是"牛仔程序员"，为了保证最后期限，他们可以用整夜时间来快速弥补有缺陷的代码，人们通常会把这些程序员当作英雄。但这些被认为是优秀的程序通篇充满了程序技巧，可读性差，维护也更加困难。

软件的数量急剧膨胀，软件需求日趋复杂，维护的难度越来越大，开发成本之高令人吃惊，失败的软件开发项目却屡见不鲜，出现了"软件危机"。

软件危机迫使人们从技术、人员、管理、开发工具等诸多方面系统化地思考软件的生产过程与维护过程，于是出现了软件工程。软件工程是借鉴传统工程的原则、方法，以提高质量、降低成本为目的地指导计算机软件开发和维护的工程学科，它包括建造软件的过程、方法、工具和质量要求 4 个方面的内容。

1.2　软件产品与软件工程过程

软件工程的实质是在合理的时间和费用开销内，为用户提供满意的软件产品。编写软件本身是一项智力型的劳动，软件开发人员在从无章法地编程到使用结构化方法、面向对象方法以及现在基于模型驱动的开发方法的探索中，始终保持了高度热情。在支持工具方面，从业务建模工具、需求管理工具到集成测试工具等应有尽有。但随着软件规模与复杂度的提升，纵使招募了集先进的软件开发方法、工具于一身的高素质的软件开发人才，如果软件制造过程很弱，也很难保证项目的成功；同样，过渡依赖软件工程过程也有风险。简言之，正如 Margaret Davis 评论的过程和产品的两面性：大约每隔 5~10 年，软件界就会重新定义"问题"，将其焦点从产品问题转移到过程问题。为了提高程序的可维护性，出现了结构化程序设计语言(产品)，之后就有了结构化的分析与设计方法(过程)，有了数据封装(产品)，之后是软件开发能力成熟度模型(过程)，之后是面向对象方法(产品)，之后是计划驱动的软件工程过程，之后是模型驱动的开发，之后是敏捷过程，再后就是计划与敏捷的平衡(过程)。

软件界关注的焦点在不断移动，就像钟摆一样。当上一次摆动停止后，又有新力作用上去。这些摆动本身是有害的，因为它们彻底改变了完成工作的方法，使普通的软件开发人员无所适从，更不用说能很好地使用它了。造成这些摆动的原因，不是只注重软件产品而轻视过程，就是认为过程能解决软件开发中的一切问题，孤立地看待软件产品和软件工程过程。当然这些摆动也不能解决"问题"，因为它们注定是要失败的，只要产品和过程被视为二分的而不是二元的。

软件制品及其开发过程明显体现出了产品和过程之间的二元性,因此单从过程或产品角度,很难得到或理解整个软件,如它的语境、使用、含义或价值。实际上人们从软件创造的过程中和从最终产品中可得到同样的甚至更多的满足感。

软件工程不是一项高度智能化的过程,必须根据软件开发人员的技术水平及其任务的需要进行动态调整。所以需要在组织对标准化和一致性的要求与个人对灵活性的要求之间进行权衡。需要考虑的一些因素包括:

- 由于软件项目各不相同,相应的软件工程过程也要有所差异。
- 在缺乏通用的软件工程过程时,组织和项目必须定义满足其特定需要的过程。
- 用于给定项目的过程必须考虑人员的经验水平、产品当前的状态和可用的工具、基础设施。

一个过程定义了为达到某个确定的目标,需要什么人在什么时间以何种方式做何种工作。对软件工程而言,其目标是构建一个新的软件产品或者完善一个已有的软件产品。一个有效的过程为开发高质量的软件提供准则,它获取并提出当前技术条件下可行的最佳实践方案,因此可降低风险并增强预见性,总的效果是要发扬一种共同的构想与文化。

也正是基于这些共同的认识,在软件工程知识体(SoftWare Engineering Body of Knowledge,SWEBOK)中将软件工程分成十大知识领域(如表 1-1 所示),软件工程过程是其中之一。

表 1-1 SWEBOK 的知识域

序号	知 识 域	子知识域/知识点(参考文献)
1	软件需求	7/28(10)
2	软件设计	6/25(14)
3	软件构造	3/14(7)
4	软件测试	5/16(9)
5	软件维护	4/15(16)
6	软件配置管理	6/17(11)
7	软件工程管理	6/24(7)
8	软件工程过程	4/16(20)
9	软件工程工具与方法	2/12(7)
10	软件质量	3/11(68)

在这十大知识域中,"软件工程过程"知识域反映了近年来软件工程过程技术的成果,即一个产品的开发不是某个固定的过程模型,而是根据产品应用领域、开发企业的文化和资产,专门设计一个最优过程,即不仅要设计产品,还要设计过程;不仅要量度产品的质量,还要量度过程。但 SWEBOK 采取较为保守的态度,强调过程的变更和改进过程,而不是设计新过程,这既符合 ISO/IEC 12207 标准,可行性又强。

在 SWEBOK 中,软件工程过程包括两个层次:

第一层与技术和管理相关,实施的活动是软件获取、开发、维护、退役。第二层也称元层 (Meta),涉及定义、实现、测量、管理、变更、改进等活动,后者也称为软件工程过程。

本书内容仅涉及第一个层次,即将用户需求转化为软件所需要的一整套软件工程活动,重点讨论软件产品开发与维护中涉及的核心工程活动。

1.3 研究软件工程过程的意义

做任何事情都有一个过程,软件开发也不例外。但因早期软件开发的主要障碍是技术——只要能做出来就行。因此,20 世纪 50 年代的软件系统主要用于解决科学计算问题。20 世纪六七十年代,为了使编程更加容易,出现了新的语言;为了使普通的编程者能把精力集中在应用系统开发上,出现了专门的操作系统来屏蔽计算机硬件系统的复杂度;为了使数据处理更加容易,在操作系统提供的文件系统基础上出现了数据库管理系统。但此时开发的软件对某些特定硬件的依赖性较大,独立的软件较少,因此软件开发技术处于主导地位,工程处于被动状态。

尽管早在 1968 年软件界已倡导软件工程,但计算机技术普及的主要障碍还是其技术的发展无法满足人们对软件的需要。直到 20 世纪 90 年代中期,人们主要的关注点还是技术,也因此使软件技术和开发方法呈现出飞速发展势头。软件工程的发展主要经历了以下几个阶段。

(1) 20 世纪 80 年代中期以前,人们主要使用基于结构化编程和瀑布模型的开发方法。

(2) 从 20 世纪 80 年代中期以后,结构化过程编程被面向对象编程取代。

(3) 网络技术成熟,基于单主机计算的开发开始向分布式客户/服务器计算的开发方法转移,然而却没有成熟的规范可以借鉴。瀑布模型受到批评以后,螺旋模型以其通过多次迭代接近实际,而备受推崇。但如何实施管理与进度预算、如何进行风险评估、如何实施里程碑评审等都没有公认的规范可以借鉴,可操作性弱,造成使用困难。

(4) 20 世纪 90 年代中期,软件工程过程、软件生存周期及软件评估规范开始成熟,如 ISO/IEC 12207。之后计算技术又发生重大变化,进入新的网络计算时代,软件开发的目标是提供 Web 服务。应用开发以集成服务为主、自行编码为辅,面向对象深化为构件和接口的链接,通信协议成为编程的重点。这种深刻的变化不要说没有成熟的规范和方法学,就连应用模式也还在探索之中。然而正是这种正在探索中的方法和模式却又在某些行业已经投入使用,且显示了巨大的优越性。

(5) 2000 年之后,技术发展已经不再成为人们应用计算机的障碍,软件开发关注的焦点也从原来的单系统开发到多系统开发以及系统中的系统,即群集系统的开发。多系统间的无缝衔接问题、遗留系统问题,系统的稳定性、易用性等要求,再加之快速变化的业务需求、多个涉众利益的均衡等使软件开发与维护中的管理协调工作量变得越来越大,使软件制造过程变得越来越复杂。这些也迫使人们凭借以往的开发经验,在项目启动之初,制定足够详细的软件开发流程和规范,约束项目有关各方,规范所有参与人的行为,即通过规范化的软件工程过程来组织参与系统建设的各元素,使其按预定的轨道前进,保证项目的成功。

尽管开发组织不否认好的开发过程对软件项目的成功的保障作用,但当受到技术挑战、需求变更、交付时间和成本等方面的压力时,首先被忽略、弱化或破坏的还是软件工程过程。随着软件技术的基本成熟与稳定,大家逐渐意识到:拥有一批掌握先进技术的开发队伍和先进的工具也不一定能保证项目的成功交付。而技术、方法、工具的有机结合,人的配合,采用什么样的过程来组织这些资源对项目的成功交付所起的作用越来越大,对软件工程过程的研究也逐渐热起来。毋庸置疑,最终产品的建造过程对交付产品的质量起着至关重要的作用,因此在软件工程中要获得完全的成功,必须注意两个主要的子目标:

(1)实现一套成功的软件产品。

(2)执行一个成功的软件开发与维护过程。

而成功的软件工程是在这些目标间实现适当平衡的结果,即软件产品和软件工程过程之间的平衡。

软件工程理论的发展和实践经验的积累都表明了软件工程的复杂性和交叉学科的特点,到了 2004 年,软件工程成为一门独立的学科从计算机科学中分离出来,确立了其应有的地位。

软件工程是总结软件实践的科学。它力图总结实践中的普遍规律,以指导今后的实践,因而注定要滞后于工程实践。软件工程是一种层次化的技术,如图 1-1 所示。任何工程方法必须以有组织的质量承诺为基础,全面质量管理和类似的理念培养了不断的过程改进文化,正是这种文化导致了更成熟的软件工程方法的不断出现,而支持软件工程的根基就在于对质量的关注。

图 1-1 软件工程层次图

软件工程的方法提供了建造软件在技术上需要"如何做"。方法附加了一系列的任务:需求分析、设计、构建、测试和支持。软件工程方法依赖于一组基本原则,这些原则控制了每一技术区域且包含建模活动和其他描述技术。

软件工程的工具对过程和方法提供了自动的或半自动的支持。当这些工具被集成起来使得一个工具产生的信息可被另外一个工具使用时,就建立了支持软件开发的计算机辅助工程系统(CASE)。CASE 集成了软件、硬件和一个软件工程数据库,从而创建了一个软件工程环境。

软件工程的基础是过程层。软件工程过程是将技术层结合在一起的凝聚力,使得计算机软件能够被合理地、及时地开发。过程定义了一组关键过程区域的框架,这对于软件工程技术的有效应用是必需的。关键过程域构成了软件项目管理控制的基础,并且建立了一个语境,其中规定了技术方法的采用、工程产品(模型、文档、数据、报告、表格等)的产生、里程碑的建立、质量的保证及变更的适当管理。

  软件工程过程提供了一系列软件人员的行为规范,这些规范开始作为一种约束行为管理对象,到最后变成软件从业者的自身素质和修养来自发指导其工作。

1.4 软件生存周期过程标准

1.4.1 基本概念

1. 过程

  过程是针对一个给定目标的一系列运作步骤(IEEE-STD-610),是在过程环境中的一系列有序活动。活动(activity)是过程对象的一次状态改变,也叫过程步(step)。活动的起始态和活动结果态表征了过程的进行。可以说一切事物的发生、发展、消亡都离不开过程,都寓于过程之中。过程也是客观事物运动规律的体现。只有符合客观事物运动规律的过程才是正确的过程。过程的好坏由结果状态与预期状态的差异决定,也就是由目标成果质量的好坏来决定。

2. 规程

  规程(procedure)是人们对客观事物运动规律的理解和掌握,是规范了的过程。过程中的活动有时必须顺序实施,如零件不加工完就无法装配,不装配好就无法试车。这种过程的模型是线性的活动序列。有时为了缩短工期尽量将逻辑上无上下文关系的活动(或子过程)并行实施,此时的过程模型是 AOV 网(管理科学中最常见的数学模型)。有时活动实施后有反复,如试车发现某个弹簧易损坏,则重新换成好材料加工,装配再试车,最后才是油漆、重装、交付。

3. 阶段

  管理者有时为了管理方便,将若干子过程/活动组成为一个阶段(phase),阶段是一类活动可见成果完成的时间段、里程碑(这一阶段应达到的目标),察看过程实施情况,例如发标、投标、签约可以叫合同阶段,交出签字有效合同及相关文件就是这个阶段里程碑的标志物,里程碑也是协调并行活动的同步点。

4. 软件工程过程

软件工程过程是为了获得高质量软件产品所需要完成的一系列任务的框架,它规定了完成各项任务的工作步骤。软件工程过程必须科学、合理，才能开发出高质量的软件产品。软件工程过程又称软件生存周期过程，是软件生存周期内为达到一定目标而必须实施的一系列相关过程的集合。

5. 软件生存周期

如果用系统观点看任何事物，都有初创、发生、发展、壮大、极盛、衰败、死亡的全过程，从生到死完成整个生存周期。我们把(应用)软件存在期间所经历的各个活动状态叫软件的生存周期。软件从无到有经历的开发活动，前面加上"立项"，后面加上"退役"就是它的生存周期——立项、需求分析、设计、构造、测试、部署、交付、维护、退役。有的文献把需求分析细化为系统需求分析、软件需求分析。把设计细化为概要(或高层)设计和详细设计，它就是生存周期的全过程。

早期的软件工程就把它定格为软件的开发过程(没有部署阶段，构造改为编码，交付改为使用)和运营过程(使用、维护、退役)。开发过程模型就是瀑布模型，即每种活动/子过程执行一次，结束时通过阶段评审。达不到预期目的的立即返工，绝不将错误带到下一阶段，正如瀑布流水落下后再也不能返回。因为统计表明软件缺陷出现得越早发现得越晚，改正的代价呈指数趋势上升。只有编码和测试两个阶段允许反复，即编写一点测试后再编写一点，再测试，如此反复进行(这也是尽早发现错误的思想)。

阶段分明的好处是"各个击破"，将复杂的过程分割成五六个相对独立的子过程。计划、实施、人员调度都比较容易做得符合实际。而且把阶段活动规范化有利于促进阶段工具的使用。CASE 工具因而得到大发展。

然而，从工程实践的角度看来，早期的生存周期过程过于粗糙，不能作为指导制定开发、运营计划的模型。因为生存期中大量的活动都没有包括进来，如各种管理活动/过程、配备基础设施、内/外部人员培训、质量保证、制作文档等活动/过程等，充其量只能算生存周期的主要过程。

1.4.2　ISO/IEC 12207 软件生存周期过程标准

软件生存周期过程到底应该包括哪些活动？经过多年的实践与不断总结，ISO(国际标准化组织)和 IEC(国际电工委员会)终于在 1995 年 8 月联合推出了"ISO/IEC 12207 软件生存周期过程"标准，该标准为开发和管理软件提供了一个公共框架，如图 1-2 所示。

1. 主过程

ISO/IEC 12207 根据工程实践，定义了与软件生产直接相关的过程，即软件从无(或原有)到有(新)到运营的过程，这些过程叫主过程。这些过程包括获取、供应、开发、运行和维护。

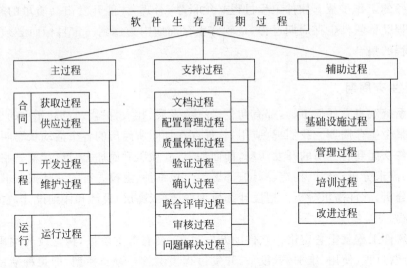

图 1-2　ISO/IEC 12207 软件生存周期过程标准框架

(1) 获取过程：获取方为得到一个软件系统或软件产品所进行的一系列活动,包括确定获取系统和产品的需求定义、投标准备、合同准备和修改、对供应方的监督及验收完成和结束。

(2) 供应过程：为获取方提供软件系统或软件产品所进行的一系列活动,包括理解系统或产品需求、应标准备、合同签订、计划制定、实施和控制、评价及交付完成。

(3) 开发过程：软件开发组织开发软件所从事的一系列活动,包括需求分析、系统设计、编码、测试、安装及验收。在开发过程中还贯穿了其他软件工程过程的实施。

(4) 运行过程：是操作员日常使用产品的过程。该过程为用户和操作人员在用户业务运行环境中,使用系统或软件投入运行所进行的一系列活动。其目的是在软件开发过程完成后,将系统从开发环境转移到用户的业务环境运行时和运行中,对用户的要求提供咨询和帮助,并对运行效果做出评价。这个过程为开发过程和维护过程提供反馈信息。运行管理方可根据对软件项目的总体要求,按照软件管理过程的内容对运行过程进行管理。

(5) 维护过程：为维护人员所从事的一系列活动。其目的是在保持软件整体性能的同时进行修改,使其达到某一需求,直至废止为止。维护包括改正性、适应性和完善性维护。维护过程包括过程实现、问题分析与修改、修改实施、维护评审和验收、抑制剂软件修复等。在维护过程中还贯穿了其他软件工程过程的实施。

值得注意的是,供应方不一定就是开发者。例如,供应方可能把软件开发分包给第三方,为及时交付产品对活动进行协调。

2. 支持过程

在 ISO/IEC 12207 标准中,除了主过程还有支持过程。支持过程是指为了保证基本过程的正常运行、目标的实现和质量的提高所从事的一系列活动(过程),它们可被主过程的各个过程部分或全部采用,并由使用它们的组织或一个独立组织负责实施,也可由用户负责实施。这些过程包括文档、配置管理、质量保证、验证、确认、联合评审、审核、问题解决。

(1) 文档过程:一组活动,用于记录任何其他过程所产生的特定信息。

(2) 配置管理过程:一组活动,用于捕获和维护开发过程中所产生的信息和产品,以便于后续开发与维护。

(3) 质量保证过程:一组活动,用于客观地保证产品和相关过程与需求文档和计划保持一致。

(4) 验证过程:用于检验产品的活动;是依据实现的需求定义和产品规范,确定某项活动的软件产品是否满足所给定或所施加的要求和条件的过程。验证过程一般根据软件项目需求,按不同深度确定验证软件产品所需要的活动,包括分析、评审和测试,其执行具有不同程度的独立性。为了节约费用和有效进行,验证活动应尽早与采用它的过程(如软件获取、开发、运行和维护)相结合。该过程的成功实施期望带来如下结果:

① 根据需要验证的工作产品所制定的规范(如产品规格说明书)实施必要的检验活动。

② 有效地发现各类阶段性产品所存在的缺陷,并跟踪和消除缺陷。

(5) 确认过程:用于确认产品的活动。确认过程是一个确定需求和最终的、已建立的系统或软件是否满足特定的预期用途的过程,集中判断产品中所实现的功能、特性是否满足客户的实际需要。确认过程和验证过程构成了软件测试缺一不可的组成部分,也可以将之看做是质量保证活动的重要支持手段。确认也应该尽量在早期阶段进行,如阶段性产品的确认活动。确认和验证相似,也具有不同程度的独立性。该过程的成功实施期望带来如下结果:

① 根据客户实际需要,确认所有工作产品相应的质量准则,并实施必要的确认活动。

② 提供有关证据,以证明开发出的工作产品满足或适应指定的需求。

(6) 联合评审过程:由两方使用的、评估其他活动的状态和产品的活动。联合评审过程是评价一项活动的状态和产品所需遵循的规范和要求,一般要求供、需双方共同参加。其评审活动在整个合同有效期内进行,包括管理评审和技术评审。管理评审主要是依据合同的目标,与客户就开发进度、内容、范围和质量标准进行评估、审查,通过充分交流,达成共识,以保证开发出客户满意的产品。该过程的成功实施期望带来如下结果:

① 与客户、供应商以及其他利益相关方(或独立第三方)对开发的活动和产品进行评估。

② 为联合评审的实施制定相应的计划与进度,跟踪评审活动,直至结束。

(7) 审核过程:用于确定项目与需求、计划与合同的符合程度。审核过程是判断各种软件活动是否符合用户的需求、质量计划和合同所需要的其他各种要求。审核过程发生在软件组织内部,也称为"内部评审"。审核一般采用独立的形式对产品以及所采用的过程加以判断、评估,并按项目计划中的规定,在预先确定的里程碑(代码完成日、代码冻结日和软件发布日等)之前进行,审核中出现的问题应加以记录,并按要求输入问题解决过程。该过程的成功实施期望带来如下结果:

① 判断是否与指定的需求、计划以及合同相一致。

② 由合适的、独立的一方来安排对产品或过程的审核工作。

③ 以确定其是否符合特定需求。

(8) 问题解决过程:一组在分析和根除存在问题时所要执行的活动。不论问题的性质或来源如何,这些问题都是在实施开发、运行、维护或其他过程期间暴露出来的,需要得到及时纠正。问题解决过程的目的是及时提出相应对策、形成文档,以保证所有暴露的问题得到分析和解决,并能预见到这一问题领域的发展趋势。该过程的成功实施期望带来如下结果:

① 提供及时的、有明确职责的以及文档化的方式,以确保所有发现的问题都经过了相应的分析并得到解决。

② 提供一种相应的机制,以识别所发现的问题并根据相应的趋势采取行动。

由此可见,很多支持过程在主过程中发挥至关重要的作用。

3. 辅助过程

在 ISO/IEC 12207 标准中,除主过程之外还有一类过程为辅助过程,这类过程包括管理、基础设施、改进和培训。

(1) 管理过程:是指软件生存周期过程中管理者所从事的一系列活动和任务,如对获取、供应、开发、运行、维护或支持过程的活动进行管理,目的是在一定的周期和预算范围内有效地利用人力、资源、技术和工具完成预定的软件系统或产品,实现预期的功能和其他质量目标。管理过程是在整个生命周期中为工程过程、支持过程和获取/供应过程的实践活动提供指导、跟踪和监控的过程,从而保证过程按计划实施并能到达预定目标。软件管理过程是生存周期过程中的基本管理活动,为过程和执行制定计划,帮助软件工程过程建立质量方针、配置资源,对过程的特性和表现进行度量,收集数据,负责使用过程的产品管理、项目管理、质量管理和风险管理等。一个有效的、可行的软件工程过程能够将人力资源、流程和实施方法结合成一个有机的整体,并能全面地展现软件工程过程的实际状态和性能,从而可以监督和控制软件工程过程的实现。对软件工程过程的监督、控制实际孕育着一个管理的过程。软件管理过程包括:

① 项目管理——是计划、跟踪和协调项目执行及生产所需资源的管理过程。项目管理过程的活动,包括软件基本过程的范围确定、策划、执行和控制、评审和评价等。

② 质量管理——是对项目产品和服务的质量加以管理,从而获得最大的客户满意度。此过程包括在项目以及组织层次上建立对产品和过程质量管理的关注。

③ 风险管理——在整个项目的生存周期中对风险不断地识别、诊断和分析,回避风险、降低风险或消除风险,并在项目以及组织层次上建立有效的风险管理机制。

④ 子合同商管理——选择合格子合同商并对其进行管理的过程。

（2）基础设施过程：是指建立和维护其他过程所需的基础设施的过程。如软件工具、技术、标准，以及开发、支持、运行与维护所需的设施。其主要活动是定义并建立各个过程所需要的基础设施，并在其他相关过程执行时维护其所建立的基础设施。

（3）培训过程：是指为系统或产品提供人员培训的过程。其主要活动是制定人员计划和培训计划、开发培训资料及计划的实施。

（4）改进过程：是指建立、评估、度量、控制和改进软件生存周期过程的过程。其主要活动是制定一套组织计划，评估相关过程，并实施分析和改进过程。

这些组织过程一般都应用于多个项目。可见组织过程形成了一个组织项目运作的环境。事实上，在一些成熟的组织里，应该标识它的过程，并形成其制度，以便有规程地使用。因此成熟的组织已开发和规范了该组织经常引用的一个基础过程，继而通过剪裁这一过程使其能够满足特定项目的需求和条件。以上这些考虑将对过程改进产生深刻的影响。图 1-3 作为一个高层次视图，说明了这 3 类过程间的关系。

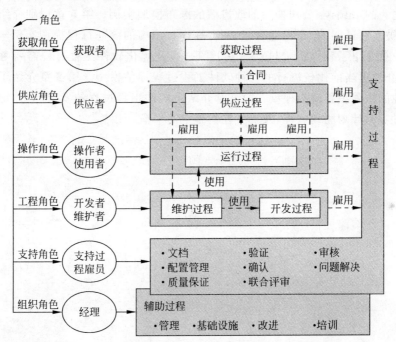

图 1-3　ISO/IEC 12207 软件生存周期过程高层次视图

ISO/IEC 12207 规定了一个完整的软件生存周期应该有哪些活动，以规定的过程/活动来保证质量。至于什么时候实施什么过程/活动，反复几次合适，则根据项目特点定义。

1.5　本书结构

现在的软件制造是个复杂的过程,期间要从技术、人员、过程、工具等多方面进行综合权衡,才可能在成本、进度和质量方面满足参与各方的要求。本章从软件工程发展的角度交代了研究软件工程过程的重要性。软件工程过程由若干活动、任务组成,在软件制作过程中,不同的活动或任务系列,构成了不同的软件生产过程。但无论什么样的软件工程过程,其中包含的软件关键活动是不变的,只是组织的顺序、重视程度有所不同而已。因此,本书第2章首先介绍了软件开发过程中的关键活动。第3章介绍了由这些关键活动构成的有代表性的软件工程过程模型,通过这些模型的介绍,从历史角度向读者展示软件工程过程模型的发展历程。为了让读者能更深刻体会软件工程过程中涉及的活动或任务间的内在联系,展示从用户原始构想开始到生产出软件产品的过程,本书在第4章详细介绍了当今软件行业世界500强之一的Infosys公司使用的改进后的瀑布模型实例。第5章详细介绍了被业界广为使用的、被实践证明的、非常适合于C/S和B/S结构的统一过程模型实例——协同过程模型。第6章介绍了软件工程过程建立、管理,以及优化软件工程过程需要考虑的基本问题,第7章介绍了当前比较流行的几种软件工程过程评估模型。第8章介绍了敏捷思想及其有代表性的极限编程过程模型。第9章介绍了软件工程过程的发展趋势,即基于风险驱动的敏捷过程与计划驱动过程,及二者在实施中的平衡。

第 2 章

软件开发的主要活动

尽管软件的整个生存周期包含 5 个主过程,但其中最复杂的过程,也是直接影响其他主过程的过程是软件开发过程。因为好的开发过程是合同过程成功的必要条件,是运行与维护过程能顺利进行的基础。如果开发过程做得足够好,对其适当调整就可应用于维护过程;相反,如果开发过程无章法,则很难保证软件质量,维护成本自然会升高,有时甚至无法承受。因此,本书重点讨论软件开发过程。

无论软件开发过程的组织形式如何变化,软件开发所包含的核心工作并没有改变,仍然是需求分析、设计、构造和测试。此外,还有为了保证开发过程顺利实施的软件项目管理、配置管理、质量保证、验证与确认等支持活动。合理计划并实施这些活动,可有效提高软件开发的成功率。

2.1 需求工程

需求是任何软件开发项目的基础。软件需求表达了需要和置于软件产品之上的约束,这些产品用来解决现实世界中的某个或某些问题。

好的需求是项目成功开发的必要条件。不正确地理解和文档化需求、未能有效地控制需求变更不可避免地导致开发费用的增加、交付的延迟和低质量的产品,也就无法达到使客户满意。

在整个软件开发过程中,需求分析工作可划分为两个阶段:需求开发和需求管理。需求开发就是传统意义上的需求分析,其目标是与客户和其他涉众在系统的工作内容方面达成并保持一致,使系统开发人员能够更清楚地了解系统需求,定义系统边界,为软件实施计划提供基础,为估算开发系统所需成本和时间提供基础,定义系统用户的需要和目标。只是随着软件系统规模和应用复杂度的不断增加,需求分析与需求管理越来越难。为能准确、全面了解用户意图,需要在需求分析前做好如何获取需求信息的规划,在需求分析后要进行反复的需求验证;同时为达到软件开发的最终目标,需要在满足需求的开发中跟踪需求的实现情况,监控需求的变化。这些工作的加强也从另一方面体现出需求对软件开发成本的影响越来越大,因此传统的软件需求分析活动,目前已被上升到了"需求工程"层次。

需求开发阶段包括需求获取、需求分析、规格化说明和需求验证4个活动,需求管理阶段包括需求跟踪管理和需求变更管理。

实践经验表明,无法充分确定需求和管理其变化是项目不能满足其成本、进度和质量目的的主要原因。因此项目开始的首要任务是获取、分析用户需求,形成需求规格说明书,获得用户的签字认可。需求变更管理活动则贯穿于整个系统开发过程中。需求跟踪管理的目标是确保所有的需求都在最后交付产品中体现,同时交付产品中的每一功能都源于用户的原始需求。需求跟踪管理活动确保交付的软件让用户满意,它有助于评估需求变更的影响。

2.1.1　需求获取

需求获取就是从系统相关人员、资料和环境中获得系统开发所需的相关信息。在软件系统开发中,经常会遇到如下问题:由于用户与开发人员背景、立场不同导致沟通困难;由于大多数用户概括与综合的表述能力缺乏导致其描述问题时思维发散,难于捕获其重点;有的系统可能由于用户过多,导致选择有代表性的用户困难,或者用户太少,不愿参与,或者没有明确的用户。这些问题都一致表明,需求获取过程正变得复杂而困难,需要一些方法和技术的支持。通常情况下,需求获取活动需要执行的任务包括:

(1) 收集背景资料。需求获取的目的是发现用户的问题,并经过需求分析活动转化为用户的需求。为了能尽快融入用户的业务语境,需求获取人员需要先收集系统的背景资料以形成支持与用户交流的基础知识框架。如企业的业务状况等。

(2) 定义项目前景和范围。通过对背景资料的学习,如观察环境,了解用户的需要、期望和关注点等,综合推定用户在业务中所遇到的高层次问题,进而明确系统要达到的建设目标。

(3) 选择信息的来源。需求获取的主要来源是用户和硬数据。在大多数系统中,用户是需求获取的主要来源,这里的用户,既包括实际使用系统的底层用户,又包括影响系统重大业务决策的中、高层客户,同时还包括影响系统投资额度等的其他涉众。在需求获取中,首先要进行涉众分析,针对不同类型的涉众,选择合适的用户代表,使需求信息获取范围尽量覆盖各层次用户。在用户工作中经常会产生表单、报表、备忘录等硬数据,它们以清晰、条理和准确的方式描述了实际业务的相关信息,它们同样是需求获取的另一个重要来源。但对于大量的硬数据,也需要使用恰当的方法进行采样,以保证采集的少量数据能够准确、完整地代表全部数据的相关信息。此外,相关的产品、文档和领域专家等也都是可能的需求来源。

(4) 选择获取方法,执行获取。需求获取的主要目的是获取用户需求,了解用户在完成任务时遇到的问题域期望。获取有效用户需求的前提是能正确地理解用户问题,为此需要采用适当方法和技巧来更好地了解各类用户所处的业务环境。常用的获取方法有面谈、调查表、观察、原型等。在获取过程中要注意随时记录有用信息,这些信息包括业务需求、用户需求、系统范围与前景等。

2.1.2　需求分析

传统的需求分析计划是需求工作的全部,其目标是形成对软件产品所需功能、接口和性能要求的完整并经确认的需求规格说明书。需求分析可在系统需求分析和软件需求分析两个层次上进行。

- 系统需求分析。因为软件总是大系统的一个部分,因此必须从建立整个系统所有元素的需求工作开始,然后才能确定一些软件子系统的需求。当软件必须与系统的其他元素(如硬件、人、数据库等)接口时,这种系统的考察工作就显得非常重要。系统需求分析主要围绕系统级需求的聚集和少量顶层分析和设计展开。
- 软件需求分析。软件需求的聚集过程是逐条确定的。为了弄清所编写程序的性质,软件人员必须了解软件的信息域及所要求的功能、性能和接口。

需求分析的主要工作是通过建模来整合各种信息,从而使人们更好地理解问题。同时需求分析工作还为问题定义一个需求集合,并进而形成一个初步的解决方案。在需求分析中还要检查需求中存在的错误、遗漏、不一致等缺陷,并加以修正。需求分析的首要任务是确定系统边界背景分析。系统是作为用户业务问题的解决方案而开发的,而通常情况下,待建系统都要与用户环境中的一个或几个系统共同作用实现用户的业务目标。因此,为确定系统边界要分析待建系统的生态环境,明确与其他系统的关系,以及系统的外特性。为了清晰地描述用户需求,可以使用数据流图、用例图等方法对需求建模,细化用户需求,设定不同需求的优先级。对于需求分析中出现的相互冲突的需求,要与用户协商解决。

2.1.3　需求规格说明

获取的需求需要文档化,以需求规格说明书的形式固化下来。文档化需求前,首先要定制文档模板,依据模板撰写需求文档。在撰写中一方面要选择最准确的表达方式,同时又要注意保证文档的良好结构和易读性。

2.1.4　需求验证

为了尽量不给设计、实现、测试等后续开发活动带来不必要的影响,需求规格说明书中定义的需求必须正确、准确地反映用户的意图。因此在需求规格说明完成之后要对需求进行验证。验证的主要任务是执行验证和问题修改。需求验证需要被反复执行多次,它贯穿于需求开发过程的始终,如在需求获取中,需要验证获得的用户需求是否正确和充分地支持业务需求? 在需求分析中,需要验证建立的分析模型是否正确地反映了问题域特征? 验证细化的系统需求是否充分和正确地支持用户需求? 在需求规格说明中,验证需求文档是否组织良好、其内容是否充分、是否正确反映了涉众的意图,是否能作为后续开发的基础等。验证方法有同级评审、原型与模拟、测试用例开发、用户手册编写、利用跟踪关系和自动化分析等方法。每次执行验证时都会发现一些需求描述不清、需求缺失、需求冲突,或不切实际的需求等问题,要求对每一个问题逐一给出相应的修改建议。这些问题应该在验证后根据反馈的修改意见及时得到修正。

需求验证通过后,会形成需求规格说明书基线文档,该文档被纳入配置管理,作为指导系统后续开发的依据。

从供、需双方通常的交互过程看,需求工作在项目启动和结束,以及费用估算中起着至关重要的作用。在此过程中可以分成两个独立的阶段:项目的需求开发和满足需求的软件开发。需求分析完成之后,则启动第二阶段的正式估算活动,该活动基于前面工作的结果。对于有些项目,需求开发和软件开发可由不同的组织完成。

依据上述观点,实际软件计划和项目的执行发生在需求开发结束之后。因此在项目计划前,首先进行需求分析与说明,并作为项目启动的一部分。尽管需求规格说明书的撰写活动在项目启动阶段开始,变更管理和跟踪管理任务则贯穿整个项目。

2.1.5　需求跟踪管理

需求开发活动结束之后,为使需求能持续、稳定和有效地指导后续的软件开发,更好地处理来自客户、管理层等各方群体的变更请求,需要建立良好的配置管理,对需求基线进行版本控制,这是有效需求管理的前提和基础。

一个项目的基本目标是构建一个满足客户需求的软件系统。这个目标意味着存在一些途径来检查软件是否满足所有需求。为了确认需求,需求跟踪是非常重要的,它提供了一种手段来跟踪每个需求到设计、到实现这一需求的代码、到是否满足这一需求的测试用例。有了这些跟踪信息,需求确认才成为可能,对需求变更的影响进行分析才有了基础。

需求跟踪分两类:正向跟踪和反向跟踪。正向跟踪确保系统中的每一个需求元素都可跟踪到生存周期后续阶段的输出制品中。反向跟踪是指在生存周期每个阶段输出的制品都反向追溯到提出需求的涉众。正向跟踪是确保所开发的软件满足系统要求的最基本手段。反向跟踪在需求变更、回归测试中非常有用。

支持需求跟踪矩阵的方法之一是建立一个从需求元素到设计元素、到构造元素、到测试用例的映射关系,并用一个映射矩阵来记录这种跟踪关系。

2.1.6 需求变更管理

需求变化是普遍真理,有很多原因导致需求变更:最重要的原因是系统的生存环境在不断变化,使得所有系统都不得不适应这种变化,从而导致实现系统目标的软件系统必须跟随这种变化。在用户使用系统的过程中也会不断提出更高的期望,导致需求的调整;还有一个关键原因是用户不知道自己需要的系统是什么样的,因此开始提出的需求没有清楚描述出用户的需要,从而导致需求的改变。

在软件项目生存周期中,需求变更可能随时发生,我们必须面对。在项目规划期间,要与客户商讨变更出现时需要遵循的变更流程。变更出现时要有正式的变更申请及其得到批准的过程。同时,变更意味着一定有计划外的工作量发生,因此要进行变更影响分析,并对这部分额外工作量支付方面与客户达成一致。此后要记录跟踪变更的实施情况。

2.2 设计

软件设计的目标是构造解决方案,设计过程是把对软件的需求描述转换为软件表示,这种表示能在编码开始以前对其质量做出评价。软件设计的关键是对软件体系结构、数据结构、过程细节以及接口性质这 4 种程序属性的确定。设计是构思一个软件结构以满足规格说明定义的功能和性能要求。对于一般小型或成熟模型的软件,即可直接进入模块/对象的(详细)设计,甚至简单的用户界面可直接转入编码工作(利用工具生成最后使用的界面)。但对一般软件而言,设计被细分为高层设计和详细设计两个阶段。

2.2.1 高层设计

从技术角度看,高层设计即传统软件工程中的概要设计或体系结构设计。它以模块/对象相互之间关系形成的体系结构作为系统解决方案,把需求分析阶段的功能、性能需求纳入到每个模块/对象之中。明确模块/对象及其子需求,即补充内部需求,如数据通信、数据共享、事件响应等。用图形、自然语言或体系结构描述语言 ADL 写出文档。形成产品的整体软硬件体系结构、控制结构、数据结构及其他必要成分(如用户手册草稿和测试计划等)的完整并经确认的高层设计说明书。

从整个软件开发过程角度看,高层设计是为系统后续实现做准备的,因此大凡对系统影响大的因素或风险,都应该在高层设计阶段加以考虑,并给出可行的解决方案。高层设计至少应包括定义相关标准、确定系统的开发与运行的软硬件环境、确定系统体系结构、模块或组件划分、数据库设计等主要活动。在高层设计中讨论的问题应该是涉及面广、影响大的问题,或者对系统的关键指标影响大的纵深性问题,如直接影响系统性能的关键算法等。高层设计的成果文档化后形成系统高层设计说明书。

2.2.2 详细设计

从技术角度看,详细设计的主要任务是选定数据结构和算法设计,完成模块或对象设计。设计不是用某种编程语言写源代码,而是用伪代码或流程图表现该模块/对象预期的功能、性能、容错、异常处理,及在何种输入下给出什么输出或响应。在设计文档(一般是伪代码加自然语言、图形说明)中要特别突出接口(模块界面、对象的方法和型构)。形成每一程序组件的控制结构、数据结构、界面关系、关键算法、假设等的完整并经确认的详细设计说明书。

详细设计阶段包括的主要活动有模块的进一步细化与设计、数据迁移程序的开发、通用程序框架的设计/开发、实用工具的开发、单元测试计划的开发。详细设计的成果文档化后形成系统详细设计说明书。

作为软件设计成果的系统设计说明书(或细化后的高层软件设计说明书和详细设计说明书)要文档化,并作为软件配置管理的一部分。

2.3 构造

构造也称为软件编码,就是用某种编程语言编写源程序或以界面工具构造出应用界面。设计构造了可以执行的解题逻辑,编码构造了机器代码。其阶段目标是形成完整并经验证的程序组件集。如果设计做得足够细致,编码可以机械地完成。

编码和测试工作历来都密不可分。通常情况下,模块的编码和单元测试交替进行,也就是所说的"一边编码、一边测试"。这有助于程序员形成"步步为营"的风格,从而避免了"一大块编完了、发现错误、找源头"所花费的大量时间。一般说来,模块编码完成了,模块的单元测试基本上就完成了,提交的程序基本上就是正确的。因此,在软件开发过程的组织中,通常将单元测试与编码工作交叉进行,因此构造阶段的主要活动可描述为:建立测试数据库、生产代码、实施独立的单元测试。而生产代码的活动可进一步细化为编写代码、进行自我单元测试、代码评审等任务。

软件一旦构造出来应及时纳入配置管理,将构造出的新模块/对象和重用的模块/对象组成一个版本,以方便版本变更测试。

2.4 测试

测试是对内部实现逻辑测试,以发现错误;对外部进行功能测试,以确保所有输入都生成与需求一致的实际输出。测试是动态验证软件的过程。测试工作依据测试对象的不同,可分为单元测试、集成测试、系统测试和验收测试 4 种。无论哪种测试都包括制定测试计划、编写测试用例、准备测试环境、执行测试用例和测试结果分析 5 个活动。不同层次测试的目标、执行时机有所不同,具体如下:

- 单元测试的主要执行者是开发人员或测试人员,根据详细设计的工作成果设计各模块的单元测试用例。在编码工作中,通过分别运行单元测试用例验证各模块的实现逻辑的正确性。通常情况下,单元测试计划在详细设计工作的中、后期完成,各模块单元测试用例的设计与执行则在详细设计的后期或编码前完成。
- 集成测试的主要执行者是软件测试人员,根据系统设计成果首先制定集成测试计划、设计集成测试用例、构造集成测试环境;然后将已通过单元测试的模块,按照一定的顺序逐步集成,测试其接口的正确性,直至形成一个完整的软件系统。
- 系统测试的主要执行者是系统测试人员,其主要目的是验证完整的软件系统在预定的硬件环境下的执行情况,这时的硬件环境可以是真实的,也可以是构造的测试环境。系统测试计划根据需求分析和系统设计工作的成果编写,测试用例的设计可在需求分析之后启动,在进行系统测试之前完成。
- 验收测试的执行者是客户,客户根据系统需求和开发合同,从实际的生产数据中抽取典型的数据作为测试数据,全面验证软件系统合同的满足情况。但限于客户/用户的实际水平,通常是开发方帮助用户方来编写测试用例、协助其完成整个测试过程。系统测试用例与验收测试用例的差别很小。

通过系统测试的软件将被打包成全功能的可运行的软硬件系统被部署到用户现场,准备进行验收测试,此时还伴随用户培训等活动的展开。

2.5　运行与维护

软件维护是指为在保留现有运行软件主要功能不变的同时对其进行修改的过程。该定义包括如下几种类型的软件维护方面的活动:

- 重新设计和开发已有软件产品的某一较小部分(新代码所占比例少于 50%)。
- 设计并开发较小的接口软件包,它需要对现有软件产品进行重新设计(少于 20%)。
- 修改软件产品的代码、文档或数据库结果。

软件维护分为以下几类:

- 软件更新——会导致软件产品的功能说明发生改变。
- 校正性维护——在不改变软件功能说明的前提下,修正软件中处理、性能或实现方面的错误。
- 适应性维护——在不改变软件功能说明的前提下,修正运行环境或数据环境的改变。

- 完善性维护——在不改变软件功能说明的前提下,为增强性能或可维护性而进行的维护。

运行与维护过程相伴而行,直至软件系统被废弃。

软件产品的维护费用通常占软件产品生存周期费用的40%～70%,其原因如下:尽管最初的软件开发时间和工作量投入较大,但其运行期的维护时间更长;通常情况下软件单元的维护成本比原始的开发成本要高,因为维护人员比开发人员的数量要少得多,要求他们能对软件的每个模块都了如指掌是不可能的;最后,很多大规模的增强开发是在软件产品的长期维护中进行的。

2.6 软件项目管理

软件项目管理是为了使软件项目能够按照预定的成本、进度、质量顺利完成,而对成本、人员、进度、质量、风险等进行分析和管理的活动。

目前,软件仍然是一种新兴的特殊工程领域,它远远没有其他工程领域那么规范,因软件开发过程缺乏成熟的理论和统一的标准,所以软件项目管理具有相当的特殊性和复杂性,并且对软件开发具有决定性的意义。

2.6.1 项目管理活动

构造一个软件系统时,软件项目管理是对该软件生存周期的所有活动(除交付后的维护活动之外)的全面管理。它将人力、资金、技术组织到最优过程中以求按时、按质交付产品,项目管理包括的主要活动如图2-1所示。软件项目的生存周期包括项目启动、项目规划、项目实施和项目收尾4个阶段。

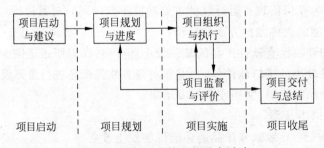

图 2-1   软件项目管理的基本活动

1. 项目启动

项目启动是确定项目的目标和范围。在项目开始阶段,项目管理者负责定义项目的商业需求,确定项目的目标和实现方法,大致估算项目的成本和进度,编写完成项目建议书。

软件工程项目从需求分析开始,通过分析决定此项目的性质是概念开发、原型开发、新产品开发,还是改进型(业务过程重组)开发;确定软件工作范围(功能及影响),勾画产品目标;估计费用和交付期,把它们写入立项建议书中。投标、中标、签订合同后才能正式开发。这个项目获取全过程也要花费人力、时间(大型项目要半年)、资金,并做计划按期完成。项目获取有时也算做项目的前期工作,由投标方预垫经费。有时另立小项目,由第三方做出立项建议书,投标方中标后开始开发。此时,项目获取在项目管理之列。

项目一开始,组织管理活动就已经开始了。选拔项目经理和程序经理参与立项。由项目经理组织调研,建立客户通信关系,邀请客户参与研发活动。

2. 项目规划

项目规划是建立项目的基准计划。在项目规划阶段,项目管理者要明确项目的各种活动、里程碑和可交付的成果,制定软件开发计划。

项目开发前首先要选定作为标准输入的过程模型,然后定义项目的开发过程。过程模型是制定项目计划的基础。过去由于隐含都是使用瀑布模型,所以没有此项内容。为了制定计划,首先要估计项目的复杂性(大小、功能点多少),从而导出工作量和预算成本;初步按此过程模型或已定义的过程安排本项目的主要活动(框架活动)及质量保证活动(主要的评审对象),直至交付前后的培训,确立重要的里程碑;组建开发小组,明确组间关系;进行风险分析和评估,按风险分析报告调整过程活动;组建 SQA 小组,制定质量保证计划;将质量保证活动插入到项目计划。项目计划是围绕过程模型不断细化、反复求精的过程。

项目计划随着各项活动开展不断丰富,它只表述该做哪些事(任务),什么时候必须完成才能使整个项目按期完成。其中,根据人力情况有些是可以并行做的,有些是实施中发现比预想计划工作量大(或小),甚至出现了瓶颈。这些都要靠项目调度和追踪来妥善处理。项目追踪是项目计划实施的指南和保证,是项目管理的中心活动。

3. 项目实施

项目实施是按照计划执行和监控项目。项目管理者根据项目任务的要求选择合适的开发人员,组建项目团队和协调项目资源,按照计划执行和推进整个项目。在项目执行过程中,项目管理者必须密切关注项目的进展情况,综合评价整个项目的实际进展,及时发现和报告实际情况与计划的偏差,在必要的情况下采取纠正行动,同时控制和管理项目的变更。

在软件开发过程中,经常有不得不变更原计划的事情发生。管理者应面对这些变更,调整计划,相应的调度和开发产物也要变更。对于后者,文档管理和软件的配置管理要能保证变更后的新版本能准确、正确地存取和使用。

4. 项目收尾

项目收尾是交付产品以及总结经验教训。项目团队进行正式的项目交付工作,客户对所交付的软件产品进行验收,项目团队培训用户并移交文档,最后分析和总结项目的经验教训。

2.6.2　软件开发计划

软件开发计划为合理搭配资源、费用、进度提供了一个框架。资源包括人力资源、可重用软件资源(从市售应用软件到前次开发可重用模块/对象类);环境资源(软、硬件平台和软件的基础设施,即界面工具、网络传输协议、防火墙等)。费用则在计划期间进行估算。开发计划的中心目标是安排进度。

项目计划内容包括如下方面:

- 确定项目的工作范围。为了评估费用和进度要查清软件有哪些功能、性能、约束、界面和可靠性要求。可从初步需求文档获得信息并进一步细化。因为功能分解细化后的模块是评估的重要依据,性能则影响到处理时间和产品响应时间的需求,约束可以划清产品和外界环境软件之间的界限。
- 识别资源。分别列出本项目要用到的资源,包括人力的、软件的、环境的。标出资源的 4 个特性:描述资源是什么、可用性陈述、要求使用的先后、使用多长时间。
- 软件项目评估。评估的中心问题是确定工作量,判定需要多少人,要多少钱才能开发出这个软件。把一个大软件分成小块更容易评估。可借鉴类似的小块,最后将其集合起来。目前评估工作还是采用经验法,以软件的复杂性(大小、功能点数)的度量因素为变量(LOC、kLOC、FP)导出工作量 E、费用 C(元)、时间 t(月、年)。
- 做出外购决策。在市场条件下,一个软件可以自行开发(构建),可以修改本单位已有的重用件,可以购买一个成品件回来加以修改,还可以把这个软件外包出去。这 4 种途径哪种最快最省钱就选择哪一种。
- 编制项目计划。项目计划的目标是为软件开发工作建立所有活动的框架,它包括参与项目的各种角色通信的范围和资源、定义风险和风险管理技术、定义费用和进度作为评审的依据、为所有参与者提供活动途径、勾画质量保证和变更如何管理等,最后应撰写项目计划书。

根据以上内容撰写开发计划书,并作为项目监控与追踪的依据。

2.6.3　风险管理

软件开发项目由于自身的特点而具有极大的风险,诸如客户需求、开发技术、市场竞争和项目管理等许多方面都存在着潜在问题。这些潜在问题可能会对软件项目的计划、成本、技术、产品质量及团队士气都有负面的影响。因此,项目风险管理需要在这些潜在的问题对项目造成破坏之前对其进行识别、处理和排除。

项目风险是一种不确定的事件或条件,这种事件或条件一旦发生,就会对项目目标产生某种正面或负面的影响。风险来自多方面,一般来说,常见的软件项目风险包括以下类型:

(1) 软件估算风险:与待开发或修改的软件系统估算相关的风险,包括系统规模、数据库大小、用户数量、可复用性、度量方法及其可信度等。

(2) 商业影响风险:与软件产品的商业环境和要求相关的风险,包括产品对公司业务带来的利润影响、管理层的重视程度、交付期限的合理性、产品质量对于成本的影响、产品与其他系统的互操作性等。

(3) 客户相关风险:与客户的素质以及开发者和客户定期通信的能力相关的风险,包括需求的明确程度、客户的参与和支持程度、客户与开发人员的配合程度等。

(4) 开发技术风险:与开发软件系统所使用的软件技术或硬件技术相关的风险,包括所用技术的成熟程度、开发方法的特殊要求和创新要求、功能实现的可行性、技术过时等。此类风险中还包括组件重用的风险,即采用了有风险的构件或驱动器致使性能降级、费用增高、进度延误、与本项目难于集成。技术风险一旦发生十分难以更改。

(5) 开发环境风险:与所用软件工程环境相关的风险,包括软件项目管理工具、过程管理工具、分析与设计工具、编程工具、配置管理工具、测试工具等的可用程度低,人员培训程度不足,这些都会大大降低开发者的生产率,延误交货期,甚至管理工具使文档和数据管理混乱,造成错误。这都是由开发环境带来的缺陷。

(6) 开发人员风险:与项目团队成员相关的风险,包括人员的能力和经验、技术培训、人员稳定性等。

(7) 过程相关风险:软件工程过程模型选用不当、以质量为中心没有具体措施、产品交付日期和成本失控都是过程引起的风险。

由于有众多不确定因素,软件开发项目失败的风险是客观存在的。风险管理穿插于项目管理过程中,它包括风险识别、风险分析、风险评估、风险监控等基本活动。

- 风险识别:确定项目有哪些风险,包括运用专家判断法、头脑风暴法等方法分析项目风险产生的各种原因或者影响因素,以确定风险事件及其来源。
- 风险分析:比较风险的大小,确定风险的性质。通过对各种风险进行定性、定量的分析,包括发生的概率、影响的严重程度等,确定出每种风险的大小和性质。
- 风险评估:制定风险响应的措施和实施步骤,按照风险的大小和性质,制定相应的措施去应对相应的风险,包括风险接受、风险转移等。
- 风险监控:监督、检查风险事件的发生情况以及风险措施的落实情况,通过对风险事件及其来源的控制和对风险计划落实情况的监督,确保风险措施有效。

2.7　配置管理

在软件开发过程中,变化是不可避免的。如果不能有效地控制和管理变化,将会造成软件开发的混乱。软件配置管理是一种标识、组织和控制修改的技术,它作用于整个软件生存周期,其目的是使错误率降到最低并最有效地提高生产率。

2.7.1　配置项和基线

在软件开发过程中,不同的阶段可能产生各种不同的软件制品,诸如需求规格说明、体系结构文档、详细设计说明、源程序、测试文档、用户手册以及各种开发管理文档等。这些工作制品在软件开发过程中会产生两种变更:第一种是不断累加新的部分,第二种是已存在部分的变更。如果把这些工作制品置于配置管理的控制之下,则它们被称为软件配置项。

软件工程过程各项活动的产物(程序、文档、数据)经评审或审批后都称为软件配置项(SCI),第一次交付的软件配置项构成基线(Base Line)配置项。软件开发中的主要配置项如下:

- 操作概念。
- 需求规格说明。
- 设计文档。
- 源代码。
- 目标代码。
- 测试计划。
- 测试用例、测试配置和测试结果。
- 维护和开发工具。
- 用户手册。
- 维护手册。
- 接口控制文档。

为了控制这些条目并避免过分制约早期开发活动,需要在合适的点上建立基线。

基线是经过正式评审和认可的一组软件配置项(文档或其他软件产品),此后它们将作为下一步开发工作的基础,只有通过正式的变更控制流程才能被更改。

基线的作用是把各阶段的工作划分得更加明确,使本来连续的工作在这些点上断开,以便于验证和确认开发成果。因此,基线可为软件制品提供三种能力:

- 再生能力。即能够"返回"到原先的某一时间重新制造软件系统的特定版本或再现曾经存在的开发环境。

- 可追踪能力。即将需求、项目计划、测试用例以及各种软件工件关联在一起。为了实现可追踪能力，不仅需要对系统中的各种工件进行基线化，而且要对项目管理工件进行基线化。

- 报告能力。即能够查询任一基线中的内容以及对比不同基线的内容。基线的比较结果可以支持排错以及辅助生成新版发布说明。

良好的再生能力、可追踪能力和报告能力对于解决流程中的问题是必须的。这些能力帮助团队修复已发布产品中的缺陷，为规范开发流程，通过审核提供便利条件，最重要的是确保设计实现需求、代码实现设计，并且使用正确版本的代码构建可执行的应用程序。

基线的选择取决于项目的需求，图 2-2 给出了软件开发过程中包括的典型基线。

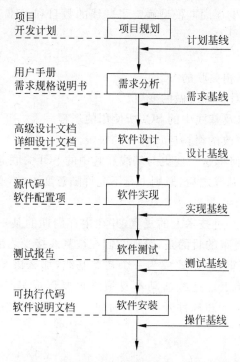

图 2-2　软件开发过程中的主要基线

- 计划基线。软件开发计划撰写完成并被项目有关各方认可后建立。

- 需求基线。需求基线在需求规格说明书撰写完成并经初步批准后建立。它包括操作概念文档、批准的需求文档、所有必要功能的索引。对需求进行一系列变更后，要建立新的需求基线。

- 规格说明基线。规格说明基线包括软件外部规格说明、需求和操作概念的交叉引用。对每次经过批准的说明和需求的主要变更都要建立新的基线。

- 设计基线。设计基线在设计初步完成并经审查后建立,包括设计、所有重要的设计关联、所有关键设计决策的依据。同样,要对设计、规格说明、需求和操作概念之间的交叉引用进行维护。
- 实现基线。实现基线由单元基线和集成基线(组件和系统)组成。在每个软件单元完成,并经审查和单元测试后,建立单元基线。根据组织的不同习惯,有时在单元测试之前建立单元基线。最好是及早进行 SCM 控制,但前提是不阻碍实现人员清除其代码。初步实施和单元测试后,要将程序放入集成基线中。集成基线在组件或系统构建开始时间里,根据每次集成逐步修订该基线。
- 测试基线。通过系统测试的版本称为测试基线,该基线是用户验收测试的基础。
- 操作基线。操作基线在系统交付时建立。它是今后的交付、维修和增强的基础。

软件开发项目使用的生存周期模型确定了基线的数目和类型。对于每一个基线,必须建立以下文档:

- 创建基线的事件。
- 与基线和配置控制相关联的 SCI。
- 自基线创建以来,对基线所做的变更。
- 建立和更改基线以及基线中的 SCI 所使用的规程。
- 批准基线中 SCI 更改的机构应该具有的权限。
- 如何标识变更,如何将这一变更与基线和其中的 SCI 关联起来。

任何工作制品在成为基线之后,原则上是不允许随意变更的,必须按照申请、评估、修改和验证的程序进行变更控制。

基线的内容和状态已经过技术上的复审,并在生存周期的某一步骤被接受。在初始创建中,对软件配置项进行复审的目的是,验证它们在被基线接受之前的正确性和完整性。一旦一些 SCI 已经通过了复审,并正式成为一个初始基线,那么该基线就可以作为产品生存周期下面开发活动的起始点。这些活动本身最终也要形成另外一个基线。对基线中的 SCI,可以进行变更,但只能通过软件开发项目所建立的变更控制规程。

2.7.2　配置库

为了管理众多的配置项,软件开发环境一般设置一个配置库,用于记录整个软件生存周期内与配置有关的所有信息,其功能是帮助评估系统变更带来的影响,提供有关配置管理过程的管理信息。配置库的物理形式是一般的数据库或文件库,只是以配置项的方式存放本环境的所有支持工具和相应文档、数据等。每个 SCI 有版本标识和对此 SCI 的简单说明,以便检索,故也称仓储库。配置库存放基线版本的 SCI。如果某个软件工程任务需要某些软件配置项,配置管理控制从库中抽取所需 SCI 配置新版软件产物。新版经过正式技术评审作为里程碑版本入库。一次发布后,入库后的里程碑版本就是下一次的基线版本。除非特别指明,配置库每次取出的都是基线版本。若一个版本中的 SCI 要修改,评审后通知配置管理控制为这个 SCI 建立新版本。

2.7.3　配置管理流程

软件配置管理贯穿整个软件开发过程,其主要任务是每当有了更改,与其相关的软件配置项均得到正确处理,使新版本软件无内部冲突。图 2-3 给出了配置管理流程。主要活动包括:标识软件配置项、管理配置项的各种版本、审计每一个项目产物保证已正确地配置、每当有了改变则按既定的规程修改并刷新软件版本、向有关人员发出配置状态报告。标识、审计、版本控制、变更控制、报告这 5 项工作目前已有很多自动化的支持工具。

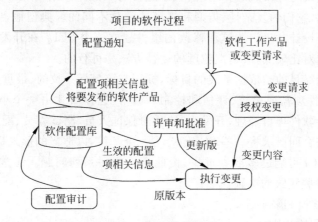

图 2-3　配置管理流程

配置管理活动穿插在软件开发过程中,当软件开发过程中生成了新的软件制品,即配置项时,应首先进行评审,被批准的配置项连同其相关信息被保存,即检入到软件配置库,从此成为受控的配置项;同时"执行变更",更新软件配置库中现存的原版本,生成更新后的版本,并保存到配置库中。此后在开发过程中使用的相关配置项,与配置库中的信息保持一致。若在软件开发过程中,需要对受控的配置项进行修改,则首先要提出变更请求,被"授权变更"后,才能"执行变更"。配置审计活动则不定期或定期地监控配置库的管理状况。

2.7.4　配置项标识

在标识配置项时,必须执行两个相关的任务:一是选择 SCI;二是对它们进行组合分组,并放入基线中(如图 2-4 所示)。为一个特定的基线选择 SCI,可能对项目的成败具有深远的影响。在软件开发项目中,一个普遍存在的问题是将该产品基线分解成过多的 SCI。对每一个 SCI 的控制,都要在文档生成、复审、开发和管理工作等方面发生成本。当对产品基线进行变更时,这些成本将会急剧增大,因为在产品生存周期的这一点上,不正确地实现或应用一个变更的风险是相当高的。最终产品基线中的 SCI 的数目应由如何部署和维护产品所确定。

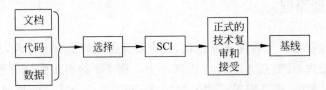

图 2-4　一个 SCI 的识别

在早期开发基线时,所标识的 SCI 的大小通常与产品体系结构和开发组结构的粒度层次保持一致。因此,它们的复杂性、类型和规模通常是不同的。典型地,应为软件开发项目的每一个可以独立设计、实现、测试和修改的组件建立一个 SCI。在开发基线中,执行配置管理功能的成本相对比较低,故精细粒度的途径方法是可行的。

配置标识的最终目的是依据基线的目标,标识与该目标一致的、最重要的和最关键的软件项,当然这些软件项需要检查、评估和控制。通常,选择 SCI 由一个小组来完成,这一小组包括客户/用户、软件项目经理、开发人员、质量保证人员、测试人员、配置管理人员和维护人员。该组负责按合同要求将一些 SCI 组合为一个基线,以适当的形式提交给用户。

由于标识的 SCI 可能过多或者过少,由此会引起一系列问题。通常,项目管理人员要为标识 SCI 确定一些正式的准则。如:

- 项的适当规模和复杂性。
- 项可以插入的基线。
- 在目的基线中,项的预期变更频率。
- 在目的基线中,对项实现变更的成本。
- 项的预期复用。
- 项的标识是否为开发带来高的风险。
- 标识的项是否作为安全要素。
- 标识的项是否作为性能要素。
- 项对工具集的依赖是否具有不同于其他的 SCI。
- 项在系统或子系统体系结构中的作用。
- 项被独立编译的能力。
- 项自身安装的能力。
- 项独立执行的能力。
- 项自身执行一个有用功能的能力。
- 评估在维护期间对配置项所进行的实际的、单个的修改。

对任意给定的项目或一个项目中的基线,以上准则的重要性是不同的。它们的重要性依赖于业务与合同上的条件,也依赖于运行变更控制系统的成本和 SCI 的目标基线。

最后应该牢记所有标识的 SCI 的重要性,以及在一个软件开发项目的整个生存周期中管理这些 SCI 的变更所要花费的时间。当一个软件产品处于设计阶段时,通常需求文档的变更频率很高,而设计文档一般只有两次或三次的变更。然而在编码开始以后,设计文档就成为具有高变更率的项。

在集成和测试期间,代码及其详细设计文档通常是经常变化的 SCI。最后,当软件产品准备发布,或已经发布并处于维护时,整个 SCI 的集合都具有一定的变更率。

为了便于配置项的控制和管理,需要将配置项采用合适的方式进行命名组织。许多配置项之间存在内在的联系,诸如不同模块的层次分解关联、设计文档与程序代码之间的关联等。通常采用分层命名的方式,对相关的配置项进行组织。

2.7.5 版本控制

版本是确定在明确定义的时间点上某个配置项的状态,它记录了软件配置项的演化过程。版本管理是对系统不同的版本进行标识和跟踪的过程,它可以保证软件技术状态的一致性。随着软件开发的进展,配置项的版本也在不断地演变,由此形成了该配置项的版本空间。在实际应用中,版本的演变可以是串行的,也可以是并行的。

一个版本只要修改了一个数据就得增加一个新版本,这样存放起来会占用很多空间,于是可采用增量存放的方法,只在新版本中存放修改的那一部分,使用时调出原版本临时修改。显然,修改多了调出使用时就很费时间,因此可将使用最多的版本作为全复制的当前(即基线)版本,以后版本增量存放,以前的版本减量存放。这些工作都是由版本控制的软件自动完成的。

2.7.6 配置控制

变更请求、变更评估、变更批准/拒绝、变更实现等活动都属于配置控制活动。

配置控制(有时被错误地称为变更控制)包括为了防止开发人员对软件的随意更改而进行的管理上的复审和批准过程。在一个 SCI 的基线和配置标识正式建立之后,这一 SCI 的配置包括系统化的变更请求、变更评估、变更批准/拒绝以及被批准后变更实现(如图 2-5 所示)。

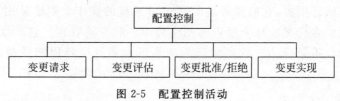

图 2-5　配置控制活动

　　一个有序的变更控制过程应确保合理考虑了每一个变更所产生的影响,该过程确保只有被批准的变更才能予以实现,并放入相应的基线中,而且确保所有被批准的变更均已实现。与进度和成本控制系统一起,它提供了技术活动和项目进展的可见性。

　　一个开发组织所遵循的、为一个软件项目提出的变更控制策略,必须在配置管理计划(SCMP)中予以描述。SCMP 必须指明哪些记录用于跟踪和记载对每一基线所提出的变更,必须对每一基线中每一个 SCI 或每一类 SCI 所标识的变更规定其控制变更的权限。

　　有了变更要求,开发者应该填写变更控制单;到软件配置库中检出该对象;做出更改,评审后"检入"入库;为了重建基线,调出相关对象测试,确立新版本;评审后发布新版本。这些工作也是由配置控制的软件半自动完成的。

2.7.7　状态簿记

　　状态簿记的目的是及时、准确地给出软件配置项的当前状况,供相关人员了解,以加强配置管理工作。因此,需要定期检测 SCM 系统、配置项的内容及其变更历史的过程。检测的范围可大可小,但最小数据集必须包括:

- 被批准的一个 SCI 的最初版本。
- 对于该 SCI,所有请求的变化状态。
- 对于该 SCI,所有被批准的变更的实现状态。

　　除了以上数据之外,在评估一个 SCM 系统的状态以及评估系统所支持的产品状态时,经常需要以下信息:

- 变更请求的数量,按 SCI 的分类,以及对项目有意义的其他一些信息。把这些变更按某一模式进行分类,例如,文档变更、代码变更等。
- 变更请求的"成长"报告,表示为一个变更请求,从复审、批准、实现、测试一直到最后的接受,每一活动所花费的时间。对于所有的变化请求,在系统中"徘徊"和"漂浮"的时间往往大于预先确定的时间。
- 存储量的增长,即 SCM 系统占用的磁盘空间。
- 在 SCM 系统本身的运行以及在 CCB 的运作中,发生多少次异常。

　　状态簿记的目标性非常强,因此在规划一个项目的配置状态簿记活动过程中,应该考虑以下主要问题:配置状态簿记的目的是什么?项目、产品和过程所关注的问题有什么不同?与开发(动态库)具有密切关系的报告是什么?什么与已发布的产品有着密切关系?对每一个状态报告,它的读者是谁?SCM 系统的操作员期望使用它吗?质量保证呢?项目经理呢?客户呢?每个报告的产生频率?谁应接收它?这个变更是否过时了?保留状态记录的政策是什么?状态簿记活动是否与项目生存周期模型以及开发工作保持一致?

2.7.8　配置审计

配置审计是指对于存储配置项及相关记录的软件基线库的结构、内容和设施进行检验，其目的在于验证基线是否符合描述基线的文档。需要验证的内容包括：

- 配置项的处理是否有背离初始的规格说明或已批准的变更请求的现象。
- 配置标识的准则是否得到了遵循。
- 变更控制规程是否已遵循，变更记录是否可供使用。
- 是否保持了可追溯性。

配置审计的内容大致分为两个方面，即功能配置审计和物理配置审计。功能配置审计是验证配置项的实际功效与其软件需求的一致性，软件验证和确认活动的输出就是这种审计的关键输入。物理配置审计则用于确定配置项符合预期的物理特性，即特定的媒体形式。成功地完成审计是建立产品基线的先决条件。为了确保软件配置管理的有效性，要尽量避免出现任何混乱现象，如：

- 防止出现向用户提交了错误的产品，如交付的用户手册版本不适当。
- 发现不完善的实现，如开发出不符合初始规格说明或未按变更请求实施变更。
- 找出各配置项间不匹配或不相容的现象。
- 确认配置项已在所要求质量控制审查之后作为基线入库保存。
- 确认记录和文档保持着可追溯性。

配置审计的执行需要选择恰当的时机。如，通常可选择在软件产品交付或是软件产品正式发行前，或软件开发的阶段工作结束之后，或者在维护工作中，定期地进行。

在审计过程中通过如下步骤进行：何时做→谁做→准备（检查单）→具体时间安排→记录问题→解决问题→验证问题解决情况。通常情况下，由项目经理决定何时进行配置审核工作，由质量保证组或软件组的配置管理组指定该项目的配置审计人员，项目经理和配置审计员决定审核范围，配置审计员准备配置审计检查单，配置审计员安排时间审核文档和记录，配置审计员在审计中发现不符合现象并作记录，由项目经理负责消除不符合现象，配置审计员验证所有发现的不符合现象确已得到解决。

审计活动并不是把配置库中的所有配置项都要验证一遍，通常可能涉及的范围有评审记录、配置项的变更历史、测试记录、文件的命名、变更请求和版本的编号等。

2.8　验证与确认

验证与确认（Verification and Validation，V&V）工作穿插于软件开发过程中，它有助于确保所交付的软件按规范的软件需求和用户需要运行，以确保所开发的软件客观上符合它的目标,保证正确性、质量、性能、进度和可用性等。验证用于确保任何活动的产品或阶段性产品符合这些活动和阶段的需求,即正确性、完整性、一致性和准确性等,并支持下一个活动和阶段。确认用于确保软件满足了用户的要求,因此一些确认活动是在产品完成前建立的,但一些主要的确认活动出现在项目生存周期的后期,始于集成和测试,可能作为软件验收支持的一部分,并一直到项目的结束。

验证与确认工作用于评估项目的中间产品和最终产品。中间产品如需求规格说明书、设计规格说明书、测试计划、测试报告等,最终产品如软件和最终用户手册等。

2.8.1　V&V 的目标

V&V 过程提供了软件产品和经历软件生存周期过程的一个客观评价。评价标准证明了软件需求和系统需求的正确性、完整性、准确性、一致性和可测试性。执行 V&V 活动,同时实现了如下目标:

- 尽早发现和改正软件错误。
- 增强过程与产品风险的洞察力。
- 支持软件生存周期过程,确保程序性能、进度、支出的需要。

V&V 过程对软件和与其相关的产品提供证明:

- 软件生存周期中的获取、供应、开发、维护、运行过程中的所有活动都与需求一致,即达到了需求的正确性、完整性、一致性和准确性。
- 满足软件生存周期中规定的标准、实践规则、管理。
- 建立一个评价每个生存周期活动的基础,并作为启动下一个生存周期活动的基础。

V&V 过程在绝大多数情况下与开发过程并行,否则,其目标难以实现。因为验证活动与确认活动间的关联性和互补性,所以验证与确认过程通常一起讨论。在有些环境下,验证过程与确认过程被看成两个独立的过程。

V&V 过程可以通过分析、复审和测试实现,其过程执行的独立程度与预期投入的工作量相关,可以是开发团队内的一个人或多个人,也可以是组织内其他团队的一个或多个人。也可以是一个由供应商、开发商、运营商或维护商来独立执行的团队,这时需要定义独立的 V&V 过程。

V&V 过程包括过程规划和过程实施两个活动。

2.8.2　计划 V&V 过程

V&V 过程规划目标是明确应对软件开发过程中的哪些活动或哪些软件产品实施 V&V,并对实施过程中涉及的时间、资源、出现问题时的处理流程等给出具体说明。具体任务如下:

- 根据项目需求的关键度(影响关键度的因素如项目失败是否是灾难性的、技术是否成熟、资金和资源的可用性等)确定 V&V 投入的工作量和实施 V&V 个人或组织的独立程度。
- 根据 V&V 过程投入的工作量确定是否要建立一个 V&V 软件产品的过程,若可以保证独立 V&V 的工作量投入,则可以选择有资质的独立 V&V 组织并授权其进行独立的 V&V 活动。
- 建立软件开发过程中的活动或软件产品的 V&V 过程。基于对软件产品的范围、复杂度级别和关键度的分析确定需要 V&V 的目标生存周期活动和软件产品。这些 V&V 活动和任务包括:选定的目标生存周期活动和软件产品、与执行这些活动相关的方法、技能和工具。注意:确认重点关注软件产品,而验证不仅关注软件产品,还关注软件开发过程。
- 基于确定的 V&V 过程,开发 V&V 实施计划。该计划要详细说明哪些生存周期活动和软件产品要实施 V&V 活动,何时实施,需要投入的资源、职责划分及其进度安排。同时还要说明向获取方和其他相关组织递交 V&V 报告的规程。最后形成的 V&V 实施计划要解决所有问题,并确保要实施的 V&V 活动和预期投入的工作量之间的一致性。评审通过的 V&V 实施计划要文档化,并接受配置管理的监控。
- 执行并监控 V&V 计划。若在执行中发现问题或不一致之处,则文档化这些问题或异常,作为问题解决过程的输入,并跟踪问题直至解决。

2.8.3 软件 V&V 实施

软件 V&V 工作包括如下方面:合同验证、过程验证、需求验证、设计验证、编码验证、测试验证、集成验证和文档验证等部分。

1. 合同验证

合同验证工作主要考察如下方面:
- 供应商是否有能力满足用户需求。
- 需求与用户要求一致并覆盖了用户需求。
- 对需求变更以及可能出现的问题规定了明确的处理规程。
- 合同中对有关知识产权、保密、维护支持以及有关各方的联系接口等都有明确的规定。
- 制定的验收标准和规程与软件需求一致。

2. 过程验证

过程验证需要执行的主要工作如下:

- 评审项目计划内容的充分性,进度安排的合理性。
- 评审项目选择的软件开发过程的合理性,监控计划的执行情况,是否与合同一致。
- 检查项目执行的标准、规程和环境是否满足项目的过程要求。
- 检查是否按合同规定对参与项目的相关人员进行了必要的培训。

3. 需求验证

在需求分析阶段,定义了软件产品的功能、性能、接口、质量需求、安全需求、人机工程、数据定义、用户使用手册、安装与验收需求、用户操作与执行需求、用户维护需求等,并形成了相应的文档。需求阶段的主要产品是软件需求规格说明书。

该阶段的 V&V 活动的目标是确保软件需求规格说明书中的每一项都得到充分的规范,以达到项目的目标。同时检查软件需求规格说明书是否可以跟踪到用户需求和原始需求中定义的系统概念,其组织方式是否便于设计、编码和测试文档的跟踪,是否与硬件和软件运行环境兼容。

在需求阶段执行的 V&V 活动如下:

- 可跟踪性分析。
- 软件需求评估。
- 接口分析。
- 关键性分析。
- 系统 V&V 测试计划的生成与验证。
- 验收 V&V 测试计划的生成与验证。
- 配置管理评价。
- 危险与风险分析。

4. 设计验证

在设计阶段的 V&V 活动中,软件需求已经被转化成了每个组件的架构设计和详细设计,也包括数据库和接口的设计。

设计阶段的 V&V 活动提供了一个保证,即在该设计中表达了软件需求规格说明书中的所有需求,该设计将满足需求,是可测试的并可产生可测试的代码。设计阶段是一个时机,在这一阶段应尽可能多地发现编码之前的错误,并以相对低的成本纠正之。因此,此时的 V&V 活动对程序的成本和进度目标的实现具有实质性的推动作用。

对于设计阶段的 V&V 活动,在每一设计层重复执行时,可能需要改变所使用的 V&V 方法和技术。设计的复杂性确定了 V&V 工作范围。其具体活动如下:

- 可跟踪性分析。
- 软件设计评估。
- 接口分析。

- 关键性分析。
- 组件 V&V 测试计划的生成与验证。
- 集成 V&V 测试计划的生成与验证。
- V&V 测试设计的创建与验证。
- 危险与风险分析。

5. 编码验证

在编码阶段,软件需求被转换为一些表示最终软件项的制品。这一阶段的 V&V 活动,确定实现的代码是否符合设计规范和使用的标准,主要目标是保证产品达到规定完整性等级。其具体 V&V 活动如下:

- 可跟踪性分析的调整。
- 源代码和源代码文档的评估。
- 接口分析调整。
- 关键性分析的调整。
- V&V 测试用例的生成与验证。
- V&V 测试规程的生成与验证。
- 组件 V&V 测试执行与验证。
- 危险与风险分析的调整。

6. 测试验证

测试的 V&V 活动包括软件测试、软件集成、软件质量测试、系统集成和系统质量测试。测试 V&V 活动的目标是通过执行集成测试、系统测试和验收测试来确保系统和软件需求得到满足并达到所要求的完整性等级。在此阶段需要生成和控制自己的测试规程,包括测试计划、测试用例设计等。在测试阶段进行的 V&V 活动如下:

- 可跟踪性分析的调整。
- 验收 V&V 测试规程的生成与验证。
- 集成 V&V 测试的执行与验证。
- 系统 V&V 测试的执行与验证。
- 验收 V&V 测试的执行与验证。
- 危险与风险分析的调整。

因为与测试有关的一些活动(如验收测试规程的评审),远远早于测试的实际执行,因此,支持测试所进行的一些 V&V 活动,实际上贯穿于整个软件生存周期。

还要特别注意的是,测试阶段是确认过程实施的重点,更详细的确认工作包括:

- 准备已选择的测试需求、测试案例和为分析测试结果的测试规格说明。
- 确保这些测试需求、测试案例和测试规格说明反映了特定的用途的具体需求。

- 明确说明测试重点、边界和输入等信息。
- 确认软件产品满足用户预定需要。
- 在目标环境的选定区域测试软件产品的适当部分。

7. 集成验证

该阶段的主要任务是检验安装于用户的环境里的软件性能,V&V 安装指南和规程的正确性。该阶段的主要活动如下:

- 安装配置审核。
- 安装检查。
- 风险分析的调整。
- V&V 最终报告的生成。

8. 文档验证

该阶段的主要任务是评审用于软件运行与维护所需要的支持文档是否达到了使用要求和合同要求。包括的具体活动如下:

- 评审文档的充分性、完整性、一致性。
- 检查文档准备的及时性。
- 审核配置管理的文档是否遵循了规定的流程。

2.9　软件质量保证

软件质量保证(Software Quality Assurance,SQA)是在软件生存周期内,为了保证软件产品符合其指定的需求、软件开发过程符合已建立的计划而提供的保证过程,其工作重点更侧重于事前的预防。

为了保证其公正性,SQA 需要有组织的自由度和权威性,不受制于直接负责开发软件产品或执行开发过程的人员。质量保证可以有内部与外部之分,这主要取决于是向供应商还是获取商演示质量保证的结果。质量保证可以利用其他支持活动的结果,如验证、确认、联合评审、审计和问题解决等。软件质量保证过程包括如下活动:过程规划、产品保证、过程保证、质量系统保证。

2.9.1　计划 SQA 过程

SQA 的目标是规划软件质量保证活动,客观地验证软件产品满足已建立的需求、所实施的过程遵循可用的标准、规程,并与计划一致,把 SQA 的活动和结果通知相关人,及时向高层管理人员提交软件项目中无法解决的一些冲突问题。其主要工作是按计划评估并报告预定义过程、规范等的执行程度。SQA 活动可以为一个软件产品遵守所建立的技术需求，提供充分的信任。因此合理地计划 SQA 过程是实现上述目标的前提。SQA 过程规划主要包括如下内容：

- 根据项目特征建立一个适合本项目的 SQA 过程，来监控软件产品及其开发过程，以确保与标准、过程相符，确保软件产品、过程、使用标准的缺陷对管理者可见。
- 确保 SQA 过程与 V&V 过程、联合评审过程和审计过程一致。
- 开发 SQA 过程的活动和任务计划，并在整个合同期内实施并维护已文档化的 SQA 计划。该计划应该包括：
  ➢ 执行 SQA 活动的质量标准、方法、规程和工具。
  ➢ 符合合同要求的评审规程。
  ➢ 标识、收集、填写、维护并处置质量记录的规程。
  ➢ 为 SQA 活动分配的资源、进度安排和职责委派。
  ➢ 从支持过程（如验证与确认、联合评审、审计和问题解决过程）中选择活动和任务。
- 按计划执行 SQA 活动和任务。当发现问题或与合同需求不一致时，文档化这些问题并作为问题解决过程的输入。记录并维护 SQA 有关信息，包括执行的 SQA 活动和任务、执行过程、发现的问题及问题解决过程。
- SQA 活动和任务记录要符合获取方合同的要求。
- 负责保证遵守合同需求的个人应具有组织自由度和资源的调配能力，并具有允许客观评估或发起、影响、处理和验证问题解决的权威性。

2.9.2　软件产品保证

软件质量保证活动主要关注合同中规定的应向用户提交的文档或产品等是否达到要求。该活动的目标是：

- 所有在文档化的合同中规定的计划、需要遵循的标准都按要求执行。
- 确保软件产品和相关的文档满足文档化的合同要求并按计划提交。
- 在软件产品交付物的准备方面，确保全部满足合同要求并被获取者接受。

2.9.3　软件工程过程保证

软件工程过程保证活动的目标是：
- 确保依照合同要求按时执行所有过程。
- 确保内部软件工程实践、开发环境、测试环节和配置库符合合同要求。

- 确保初始合同需求分解成子合同的合理性,确保子合同的软件产品满足初始合同的需求。
- 在遵守合同、谈判与计划方面,确保获取者和其他团体得到了所需要的支持和合作。
- 确保软件产品和过程度量遵守所建立的标准和规程。
- 确保指定的人员有足够的技能和必要的知识以满足项目需求,并接受必要的培训。

2.9.4　SQA 实施考虑

由于 SQA 的很多工作都是借助于其他支持活动的结果完成的,因此为便于实施,需要在规划 SQA 过程时明确其具体职责。

1. SQA 职责

通常情况下,SQA 的职责可概括如下:
- 对所有开发计划和质量计划的完整性进行评审。
- 作为审查主持人,参与设计和代码的审查。
- 对所有测试计划是否符合标准进行评审。
- 对所有测试结果的显著样本进行评审,以确定是否按计划执行。
- 定期审核 SCM 的执行情况,以确定是否符合标准。
- 参与所有项目的季度和阶段评审,如果没有合理达到相关标准和规程的要求,应对不符合项进行登记。

在规模较小的组织中,对项目的监控工作通常由项目经理自己来承担,不需要其他的 SQA 活动。随着人员数量的增加,管理者要担负其他的职责,很快就会失去和日常技术工作的密切联系,因此通常需要设置专门的 SQA 活动来提醒管理者注意实际情况和已定标准之间的偏差。管理者必须坚持在产品交付用户之前解决质量问题,否则,SQA 就会变成一种代价较高的官僚游戏。

同时还要注意的是,SQA 的职责决定了其活动执行人员在项目中通常处于"审核员"角色,而要求所有人都能客观地对待审核员是不现实的,因此 SQA 能正常行使职责的前提是只有拥有独立的管理报告渠道,只有配置合格的专业人员,只有认清自己在产品质量改进中对开发和维护人员的支持作用,SQA 才能取得一定效果。当所有这些条件都能满足时,SQA 有助于突破高质量软件开发过程中的主要障碍。

还需要强调的一点是,SQA 组织的职责不是生产高质量的产品,也不是制定高质量的计划,这些都是开发人员的工作。SQA 的职责在于审核生产线组织的质量活动,并在出现背离时提醒管理者注意。

为了切实有效,SQA 人员应与开发人员密切合作,他们需要理解计划、验证其执行情况并且对各个任务的完成情况进行评审。如果开发人员把 SQA 视为敌人,SQA 就很难发挥作用。关键在于,SQA 应采取合作和支持的态度。如果 SQA 人员刚愎自用、敌视他人或者吹毛求疵,那么任何管理支持都无济于事。由于 SQA 的作用是监督开发人员实施其职责。这种做法存在如下潜在的缺陷:

- 认为 SQA 人员在质量方面无所不能是错误的。
- 即使具有 SQA 功能,也不能保证标准和规程得到正确执行。
- 除非管理者定期听取 SQA 人员的建议,表明对 SQA 工作的支持,否则 SQA 不可能生效。
- 除非生产线管理人员在上报问题之前,请求 SQA 设法解决他们的项目管理问题,否则 SQA 人员和开发人员很难实现有效合作。

如果 SQA 能够履行这些职责,如果高级管理层不允许生产线管理人员在 SQA 问题解决之前交付产品或作出承诺,那么,SQA 就可以帮助管理者改进产品质量。表 2-1 展示了 SQA 可能实施的审核和评审的实际例子。由于涉及的工作量可能非常大,因此其中的某些评审通常根据统计学原理采取相应方法实施。

表 2-1 SQA 评审条目举例

(1) SQA 确保使用了需求追溯矩阵或其他类似工具,以保证产品规格说明全面涵盖需求。
(2) SQA 验证使用了实现追溯矩阵或其他类似工具,以保证产品规格说明在设计中得以体现。
(3) SQA 评审样本文档,以验证其编制和维护符合标准。
(4) SQA 对开发记录的适当样本进行检查,确保它们经过正确维护,充分反映软件设计。
(5) SQA 定期验证 SCM 保持了正确的基线控制,以及全部需求、设计、代码、测试和文档变更。
(6) SQA 证明所有子承包商的 SQA 功能能够充分监控相应组织的执行情况。
(7) SQA 评审所有计划,确保它们包括要求的内容。
(8) SQA 有选择地监控开发工作、文档编制和测试活动,以确保它们和已批准的计划和标准一致。
(9) SQA 验证正确实施了所有具体测试和同行评审,记录了要求的结果和数据,并采取了恰当的后续行动。
(10) SQA 审核变更控制委员会规程,验证它们是否按照计划要求得到了有效实施。
(11) SQA 有选择地评审产生的设计、代码和文档,以确保它们符合标准。

为了建立 SQA 功能,组织的基本框架应包括以下内容:

- 质量保证实践:定义了足够的开发工具、技术、方法和标准,可用作质量保证评审的标准。
- 软件项目规划评价:如果一开始没有进行充分的质量实践规划,就不可能真正实施该评估。
- 需求评价:由于低质量的需求不可能产生高质量的产品,因此必须评审初始需求是否符合质量标准。
- 设计过程的评价:需要某种手段,确保设计遵循了规划的方法,实现了需求,且设计本身的质量已通过了独立评审。

- 软件继承和测试过程评价：建立软件质量测试规程，测试由独立的组进行，这个组应主动积极并能够找出问题，应及早对测试进行规划，测试本身的质量也要经过评审。
- 管理和项目控制过程内部评价：通过确认管理过程有效实施，SQA 有助于确保整个组织奖重点放在取得高质量的成果上。
- 质量保证规程的剪裁：应对软件质量保证计划进行剪裁，以保证每个项目的特殊需要。

表 2-2 给出了在项目不同阶段通常需要执行的 SQA 任务。

表 2-2　软件开发阶段 SQA 任务举例

核 心 工 作		SQA 任务
配置管理	概念研究	协助确定方针
	需求分析	评审 SCM 计划并开发审核规程
	高层设计	审核 SCM 计划的一致性
	详细设计	审核 SCM 计划的一致性
	编码	审核 SCM 计划和标准的一致性 审核维护用开发记录
	集成/测试	审核库 审核 SCM 的一致性 审核基线 评审开发记录
	运行/维护	审核库 审核 SCM 的一致性 审核基线 评审开发记录
联合评审和审计	概念研究	参与需求评审
	需求分析	参与软件设计评审
	高层设计	参与初步设计审查
	详细设计	参与设计审查
	编码	参与代码审查
	集成/测试	
	运行/维护	
软件规格说明的设计和编制	概念研究	评审软件规格说明和客户要求的一致性
	需求分析	评审初步接口规范
	高层设计	评审初步设计和最终接口规范，评审初步操作手册，审核初期开发记录
	详细设计	评审最终设计规范和最终操作手册，审核开发进展情况，验证需求追溯矩阵
	编码	审核代码和标准的一致性，审核维护开发记录
	集成/测试	评审产品规格说明，最终开发审核，验证测试和设计实现矩阵
	运行/维护	评审更新的文档，审核更新的开发记录

续表

核 心 工 作		SQA 任务
工具、技术和方法	概念研究	评审有什么可用的工具、技术和方法
	需求分析	对适应性进行评审
	高层设计	对工具的确认进行评审
	详细设计	评审设计中工具的使用
	编码	监控工具的使用和维护
	集成/测试	监控工具的使用和维护
	运行/维护	评审操作性工具的确认
软件测试	概念研究	
	需求分析	
	高层设计	评审需求的可测试性
	详细设计	评审初步测试计划、规程和工具
	编码	评审最终测试计划和规程,见证开发测试
	集成/测试	见证集成测试和验收测试,确认测试报告
	运行/维护	评审操作性工具的确认
纠正措施	概念研究	定义软件和文档的纠正措施规程
	需求分析	对适应性进行评审
	高层设计	对设计不足的纠正规程进行监控
	详细设计	审核所有不足以便纠正,审核问题/变更请求系统,分析设计问题趋势
	编码	审核代码不足以便纠正,审核问题/变更请求系统,分析问题趋势
	集成/测试	审核测试不足以便纠正,审核问题/变更请求系统,分析问题趋势
	运行/维护	审核客户提出的问题以便纠正,审核问题/变更请求系统,分析问题趋势
子承包商	概念研究	评审子承包商的质量保证系统和方针,编写对子承包商的 SQA 要求
	需求分析	评审子承包商的需求追溯规范,批准子承包商的 SQA 计划
	高层设计	参照设计标准,评审子承包商的 SQA 程序,监控子承包商的 SQA 计划的实施情况
	详细设计	审核子承包商的活动和设计标准的一致性,监控子承包商的 SQA 计划的实施
	编码	审核子承包商的活动和编码标准的一致性,监控子承包商的 SQA 计划的实施
	集成/测试	监控子承包商的测试活动,见证最终测试和验收,监控子承包商的 SQA 计划的实施
	运行/维护	评审/批准子承包商的变更
计划实施	概念研究	定义 SQA 的职责、人员需求和工具
	需求分析	实施 SQA 计划
	高层设计	评审 SQA 计划并监控其一致性
	详细设计	评审/更新 SQA 计划,监控 SQA 计划的一致性
	编码	评审/更新 SQA 计划,监控 SQA 计划的一致性
	集成/测试	评审/更新 SQA 计划,监控 SQA 计划的一致性
	运行/维护	更新 SQA 计划

续表

核 心 工 作		SQA 任务
管理监控	概念研究	评审软件开发计划和审核规程
	需求分析	参加状态会议,评审状态报告
	高层设计	审核开发计划的工作分工,参加状态会议,评审报告
	详细设计	审核工作开始、状态管理评审、资源和进度方面的开发记录
	编码	参与状态会议、评审状态报告,审核开发记录
	集成/测试	参与状态会议,评审状态报告,最终测试完成后审核开发记录
	运行/维护	更新 SQA 计划
交付项审查	概念研究	
	需求分析	审查初步接口规范
	高层设计	审查初步设计和最终接口规范以及初步操作手册
	详细设计	审查最终设计规范、操作手册和初步测试计划/规程
	编码	审查最终测试计划/规程
	集成/测试	审查产品规格说明,审查测试报告和交付项
	运行/维护	审查更新的文档

SQA 与 V&V 这两个活动的相同点是,两者的目标都是监控项目和产品,确保客户得到符合质量标准的产品。但它们却是从两个非常不同的角度来实现同一目标的。在 V&V 工作期间,质量保证功能的作用是对其进行监督,确保它们遵守 V&V 计划中给出的规程。因此质量保证的功能是确保组织所进行的工作符合项目规定的方法和规程。但 V&V 和 SQA 具有不同的观点:

SQA 是一种内部的方法,主要处理标准的符合问题和产品流的符合问题。SQA 并不评估软件本身是否符合技术规范,如那些安全、保密以及质量属性等,也不评估功能和性能需求。而这些是 V&V 活动的任务。

V&V 工作关注一个项目产品的技术属性及其开发过程。V&V 为评估一个软件项是否满足它的技术规范和所期望的使用,提供了详细的工程评价。如果组织得当,V&V 和 SQA 是可以互补的,几乎没有多少重叠,为软件开发工作提供综合的保证程序。

SQA 的工作成果通常以 SQA 报告的形式展现,因此需要注意 SQA 报告内容的层次和报告的被提交对象。

SQA 组织很容易失去效力。在缺乏促进力量的情况下,常常会降低到统计缺陷数量、争论一些无关紧要的细节问题的地步。有的 SQA 组织过于保守,不敢同意任何产品的交付。在更高一级的会议上,他们罗列一长串的令人震惊的缺陷,开发人员不得不对此花费大量的时间,结果却发现这些所谓的缺陷,大部分是不影响软件运行质量的标点和拼写错误。修复这些细节后,很快就可以交付产品了。

SQA 报告的一个简单原则是,它不应该受软件开发经理的控制。项目进度总是很紧张,这些生产线经理通常不愿支持诸如测试计划不充分、存在认为问题或文档不正确之类的

SQA 报告。SQA 应能向级别足够高的管理层报告，以便可以促进问题的优先解决，并获得修复关键问题所需要的资源和时间。

对报告级别的选择也需要进行权衡。当报告的级别较低时，有利于和开发活动保持密切的联系，但却会降低报告的影响程度。对此，不存在统一的解决方案，每个组织都要根据自己的实际情况，选择合适的报告级别。以下是一些指导意见：

- SQA 不能向项目经理报告。
- SQA 不宜跨本地实验室或工程组织进行报告。
- SQA 和本地高级管理者之间最多只能存在一个管理级别。
- SQA 和公司的高级质量主管之间应始终保持"虚线"联系。
- 在可能的情况下，SQA 应向特别关注软件质量的人员报告（如提供现场服务的负责人）。

SQA 很容易丧失积极性而变成统计缺陷数量的官僚机构。坚持不懈地贯彻抽象的原则是十分困难的，SQA 最好能够向对软件质量影响最大的人员报告。如，对于跳伞来说，跳伞指挥官就是降落伞质量保证组报告的最佳人选。

2. SQA 启动程序

建立 SQA 功能的第一步是保证高级管理层同意 SQA 的目标。由于在 SQA 过程中，很多重要问题必须由高级经理出面解决，所以必须事先取得他们的同意和支持。否则当 SQA 和生产线管理人员发生冲突时，就很难得到管理层的支持，从而影响 SQA 活动产生的效果。

启动一个 SQA 程序有以下 8 个步骤：

（1）启动 SQA 程序。对 SQA 的关键角色进行定义，并由管理者对此进行公开承诺。这一步要将目标和职责形成文档，并确定一个 SQA 的领导人。

（2）表示 SQA 问题。SQA 的负责人和早期人员与其他项目管理人员共同努力，表示 SQA 应关注的关键问题。

（3）编制 SQA 计划。SQA 计划要定义 SQA 的深化和控制活动，表示所需要的标准和规程。SQA 计划与 SCM 和项目计划结合在一起。

（4）建立标准。开发并批准用于指导 SQA 活动的标准和规程。所有特殊的项目规定也应通过评审并获得批准。

（5）确定 SQA 功能。为实施已经确立的计划，针对各项 SQA 功能配备适当的资源。

（6）进行培训并宣传 SQA 程序。应对 SQA 人员简要说明 SQA 计划，并就项目和 SQA 方法进行必要的培训。通过适当的会议和评审活动，让项目人员熟悉 SQA 的角色和目的。

（7）实施 SQA 计划。将每个关键的 SQA 活动落实到特定的 SQA 人员，编制进度，建立管理监控系统并实施问题解决系统。

(8) 评价 SQA 程序。定期对 SQA 功能进行审核,确定其执行任务的有效性。识别并实施必要的纠正措施。

在编制 SQA 计划时,需要一个合理有效的统计抽样方法。SQA 通常无法对每个开发行动或产品项进行全面评审,所以,计划应能表示最有效利用现有 SQA 资源的抽样系统。在此对可能的抽样方法举例如下:

- 确保实施所有必要的设计和代码审查,并参与(一般作为监控者)已选择的一个子集活动。
- 评审所有审查报告,并对超出既定控制范围的情况进行分析。
- 确保进行所有必要的测试并编制测试报告。
- 检查选定的一组测试报告的准确性和完整性。
- 评审所有模块测试结果,并对超出既定控制范围的模块数据进行深入分析。

对于不成熟的软件工程过程,SQA 要想进行有效的统计抽样是很困难的。随着成熟度的提高,保证功能本身将会变得更加有效。

在进行"SQA 评价"时,重要的是建立一套评价 SQA 效果的方法。方法之一是收集交付后产品质量的数据,并将其和前面的 SQA 评价进行对比。虽然这样似乎把 SQA 的职责扩大到了产品质量,但这确实能够提供一个客观的度量。对于每一个在最终用户中发生严重问题的产品,都应进行研究,以找出生产这一产品的软件工程过程中的错误。如果没有执行已建立的过程,则 SQA 和开发管理都会因没有正确进行工作而出错。然而,如果正确实现了过程,就应对过程本身提出异议。这不是 SQA 的问题。

另一个评价 SQA 业绩的方法是定期建立评审团队,其成员由来自其他 SQA 组织的人员组成,如果可行,还包括目前没有参与本项目的其他经验丰富的软件专业人员。此类同行评审有利于识别 SQA 运作中的优势和不足。

值得一提的是,很多 SQA 组织对软件质量影响不大,潜在的原因很多,最常见的原因包括:

- SQA 组织内部缺乏经验丰富、知识渊博的人员。
- SQA 管理团队常常不能和开发团队进行沟通和协商。这取决于 SQA 管理团队的才干,而这又是由 SQA 专业人员的素质决定的。
- 在大多数问题上,高级管理层往往支持开发人员而非 SQA 人员。从而导致开发人员更加不重视 SQA 问题。
- 很多 SQA 组织在运作中没有形成文档且经过批准的开发标准和规程。没有这些标准,他们就失去了判断开发工作的可靠依据。所有的问题只能以意见的形式提出和存在。从而在实际争论中很容易被开发团队的观点击败,这在进度紧张的时候尤为如此。
- 软件开发团队很少能够制定出可验证的质量计划。这样 SQA 人员将陷入对个别缺陷的争论而无法关注整体质量。

3. SQA 计划

每个开发和维护项目都应有一个软件质量保证计划（Software Quality Assurance Plan，SQAP），以规定目标、需要实施的 SQA 任务、度量开发工作情况所依据的标准以及规程和组织结构。

根据 IEEE 有关标准，SQAP 的要点为：

- 目的
- 参考文件
- 管理
- 文档
- 标准、惯例和约定
- 评审和审核
- 软件配置管理
- 问题报告和纠正措施
- 工具、技术和方法
- 代码控制
- 媒介控制
- 供应商控制
- 记录的收集、维护和保持

其中文档部分应当说明要编制什么文档以及如何对其进行评审。表 2-3 举例说明了文档的最低要求。

表 2-3　建议的 SQAP 文档举例

文 档 种 类	要　　求
软件需求规格说明	描述每个要求的软件功能、性能参数、接口和其他需要说明以便验证的特征。SQAP 确定要使用的验证方法
软件设计描述	对重要组件、数据库和内部接口的描述
软件验证和确认计划	描述验证方法，验证内容包括：需求已在设计中实现，设计已在代码中实现且满足需求
软件验证和确认报告	报告 SQA 验证和确认活动的方式
用户文档	正确安装、操作和维护软件所需要的文档，以及计划的评审方法
其他	软件开发计划、软件配置管理计划、标准和规程手册中所要求的其他文档，以及计划的评审方法

标准、惯例和约定部分至少应包括：

- 文档标准
- **逻辑结构标准**

- 编码标准
- 注释标准

正确定义软件组织的运作还需要其他许多标准。表 2-4 展示了 IEEE 标准在这方面的要求。

表 2-4　SQAP 评审和审核举例

软件需求评审	确保需求的重复性
初步设计评审	评价初步设计的充分性
关键设计评审	确定软件设计描述是否满足软件需求规格说明的要求
软件验证和确认评审	评估软件验证和确认的充分性和完整性
功能审核	软件交付前进行的审核,用于验证需求是否得到了满足
物理	软件交付前进行的审核,用于确定软件及其文档与设计一致,并且已为交付做好了准备
过程审核	对开发过程进行统计抽样审核,以验证代码和设计与接口规范之间、设计和需求之间、测试计划和需求之间是否一致
管理评审	对质量保证计划的执行情况进行独立评审

2.10　联合评审

联合评审(Joint Review)过程也称为里程碑评审,它是在适当的时机评估项目和产品活动的过程,包括项目管理和技术标准两方面的评审,并贯穿于整个合同周期。这一过程可由任何两个团队来实施,其中一个团队评审另一个团队的软件产品和活动。这一过程包括对评审过程进行规划、项目管理评审和技术评审三个活动。

2.10.1　计划评审过程

联合评审过程规划中需要考虑如下方面:

- 联合评审通常是对项目计划中规定的在指定的预定义里程碑处进行的定期评审,也可以是在认为必要时进行的特别评审。
- 在团队间就评审所需的资源达成一致,这些资源包括评审人、地点、设备及软硬件工具。
- 评审团队应该就每次评审的如下条目达成一致:会议日程、软件产品(活动的产出物)和被评审的问题、评审的范围和规程、评审的启动与退出标准。
- 在记录评审和进入所需的问题解决过程中的问题诊断。
- 评审团队间就评审的输出、每个评审活动职责以及关闭标准达成一致。

2.10.2 项目管理评审

项目管理评审按计划、进度表和需求,检查产物的一致性、充分性,并监控进度。评审对象是产物的审计报告、进度报告、V&V 报告。各种类型的计划,包括风险管理、项目管理、软件配置管理、软件安全性报告和风险评估报告。依据上述评估结果了解项目实际进展状态。在实际评估结果给出前,两个评审团队要经过认真讨论,达成一致。评审结果应包括如下信息:

- 基于软件产品状态或活动的评估确保生存周期活动依据计划向前推进。
- 通过适当的资源分配维护全面项目控制。
- 改变项目方向或为被选计划明确需要。
- 评估和管理可能危及项目成功的风险。

2.10.3 技术评审

技术评审考察项目计划中规定的需求规格说明、软件设计文档、测试文档、用户文档、安装规程等各阶段提交物及其配置管理等支持过程的执行情况,并证明这些阶段提交物达到如下要求:

- 内容描述是完整的。
- 符合标准和规范。
- 对被评审对象的变更的实现是恰当的,且其影响仅限于配置管理标识的那些区域。
- 被评审对象都按计划实施。
- 为接下来的活动做好了准备。
- 开发、运行与维护过程是依据项目计划、进度、标准和指南建立的。

无论是项目管理评审还是技术评审,其评审材料的范围都由评审目的而定。评审的主题并不一定是完整的软件产品,可以是部分相对完整的产物。如软件需求的子集,只评审特定的功能集合,几个涉及的模块,也可以按其提供的文档(计划、设计、用例和规程、报告)对各类测试分别进行评审。

2.11 审核

审核是对软件产品是否满足需求及其标准规范、过程是否遵循合同与计划独立做出的相符性评价。审核的范围较广,可对软件开发和维护的任何阶段的任何产物施行审核。审核是正式的有组织的活动,有稳定的人员参与。通常由任何两个团队来实施,一个评审团队审核另一个团队的软件产品或活动。该过程包括如下活动:

- 审核过程规划。
- 审核的实施。

2.11.1 审核过程规划

在规划审核过程时，需要明确如下方面内容：
- 在项目计划中指定的预定义里程碑处进行的定期评审。
- 要求评审人对被评审的软件产品和活动不负有任何直接的责任。
- 在团队间就评审所需资源达成一致，这些资源包括评审人员、评审地点、所需设备及软硬件和工具支持。
- 团队间应就每次审核涉及的如下条目达成一致：审核日程、需评审的软件产品和每个活动的输出物、审核范围与审核规程，以及审核启动与退出标准。
- 审核过程中发现问题的记录，以及进入所需的问题解决过程。
- 完成审核后，审核结果归档并提交被审核团体。被审核单位向审核单位告知已知晓问题并提交整改计划。
- 审核单位间就审核结果、问题责任人及关闭条件达成一致。

2.11.2 审核的实施

实施审核活动要确保：
- 作为代码形式的软件产品（如软件项）反映了设计文档。
- 测试数据遵守了规格说明。
- 软件产品被成功地测试并满足了其规格说明。
- 测试报告正确，实际结果与期望结果的差异已经解决。
- 用户文档符合要求的标准。
- 依据应用需求、计划和合同建立了要求的活动。
- 成本和进度反映了已建立的计划。

2.12 软件文档管理

软件文档作为软件产品的一部分，它是该软件产品的开发人员、管理人员、维护人员、用户以及其他与项目相关人员交流的基础。软件文档的编制在软件开发工作中占有突出的地位和相当的工作量。高效率、高质量地开发、分发、管理和维护文档在整个软件生存周期内都有着重要意义。

在软件生存周期内,软件文档可大致分为 3 类文档:软件开发类、软件工程过程管理类和用户类。

- 软件开发类文档。这些文档作为重要的体现形式标志着软件开发过程中各阶段、活动或任务开始的依据或结束的标志。如需求分析规格说明书、概要设计说明书等。
- 软件工程过程管理类文档。该类文档作为项目管理、配置管理、质量保证等工作的实施依据或工作成果,如项目计划、配置管理状态报告等。
- 用户文档。该类文档为用户了解软件的使用、操作和维护提供了详细的资料,如用户操作手册等。

其中,前两类文档主要为软件开发与维护人员服务,它们作为软件开发过程中其他过程或活动的伴随工作,记录了一个生存周期过程或活动所产生的信息。用户文档主要服务对象是客户或最终用户。

文档过程包括如下活动:文档计划、设计与开发、制备、维护。

2.12.1 计划文档过程

文档计划的主要任务是为在软件生存周期内要产生的文档制订计划并文档化。所指出的每个文档中应当含有下述内容:
- 题目和名称。
- 目的。
- 预期的读者。
- 规定输入、开发、评审、修改、批准、生产、储存、发行、维护和配置管理的步骤和责任。
- 中间的和最终版本的时间表。

2.12.2 文档的设计和开发

文档的设计与开发的主要任务如下:
- 应当根据可适用的文档标准设计每个指定的文档的格式、内容说明、页码编号、图/表的设置、产权/保密标记、包装和其他条文。
- 应当保证文档的输入数据经过验证确定是否是原始数据并且适当。可以使用自动文档开发工具。
- 应当对照着文档标准评审已准备好的文档的格式、技术内容和表现风格。

2.12.3 文档的生产和发行

生产和发行活动含有下述任务:文档的生产与包装,并根据文档计划向预期的读者提供所需要的文档。文档可以纸、电子或其他媒体介质作为载体,主要资料的储存应当适当考虑项目的记录、保密、维护和备份要求。在配置管理过程中要建立相应的文档控制。

2.12.4　文档的维护

当要修改一个现有的产品时,应执行维护文档活动。对正处于配置管理、修改中的产品进行修改时,应当遵循配置管理的相应规范。

2.13　基础设施过程

基础设施过程的主要任务是在组织级别为软件产品生存周期过程提供基础支持。基础设施可以包括硬件、软件、工具、技能、标准,以及开发、运行、维护所需要的设备。该过程包括如下活动:基础设施过程规划、基础设施建立、基础设施维护。

1. 基础设施过程规划

规划基础设施过程时应在充分考虑可用的规程、标准、工具和技能的情况下定义并文档化基础设施来满足软件产品生存周期中各过程的需求。依据这些需求计划并文档化基础设施的建立、维护,及其资源配备等方面所涉及的活动和任务。

2. 基础设施建立

按照制定的计划建立并文档化基础设施的配置,在此期间需要对功能、性能、安全、保密、可用、空间需求、设备、成本和时间约束的每一个需求逐一考虑,然后及时执行相关过程,建立基础设施。

3. 基础设施维护

该活动的主要任务是维护、监控并根据需要修改基础设施,来确保其持续地满足过程需求。基础设施在配置管理控制之下,并作为配置管理的一部分来维护。

2.14　改进过程

改进过程是建立、评估、度量、控制和改进软件生存周期过程的过程。它包括如下活动:过程建立、过程评估和过程改进。

1. 过程建立

一个组织为应用于其业务活动的所有软件生存周期过程建立一套组织过程。这些过程及其应用具体案例在组织内作为出版物被文档化。与其相适应,一个过程控制机制应该建立,用于开发、监控、控制和改进过程。

2. 过程评估

过程评估规程被开发、文档化并应用。评估记录应该保持并维护。以适当的时间间隔评审组织计划和执行过程,确保对评估结果的持续适应性和有效性。

3. 过程改进

组织在实施过程改进前,应首先定义其过程的必要信息,来作为过程评估和评审的结果。更新过程文档以反映组织过程改进意图。为了解现有过程的优缺点,需要收集并分析与该过程相关的历史数据、技术数据和评估数据,并将分析结果依次作为反馈输入来改进该过程,使过程变得更朝着有利于实现项目目标的方向推进,并确保技术先进性的需要。为了防止和解决软件产品与服务中出现的问题或不一致性,降低软件开发成本或维护成本,需要收集、维护过程的质量成本数据,并在管理活动中利用这些数据改进组织过程。

2.15 培训过程

培训过程是提供并维持已培训人员的过程。软件产品的获取、供应、开发、运行与维护在很大程度上依赖于具备知识和良好技能的个体。如开发人员应该具备必要的软件管理和软件工程知识。因此,尽早地计划并实施必要的个人培训,以便训练有素的个人能满足软件产品的需要。这一过程包括如下活动:过程实施、培训材料开发、培训计划实施。

1. 过程实施

根据评审后的软件产品需求,在培训方面可以明确:完成该软件产品的开发或获取所需要的资源和人员的技能要求;培训的类型、级别与参与培训人员的分类;培训计划、实施进度、资源需求和培训需要应该被开发并被文档化。

项目需求评审完成,项目获取和开发所需的资源与人员技能基本明确,培训类别与级别、培训人员分类也可以确定。培训计划、实现进度说明、资源需求和培训需要应该被开发并被文档化。

2. 培训材料开发

开发的培训材料包括培训中使用的手册、演讲材料。

3. 培训计划实施

培训计划的实施需要完成如下任务：为个人提供培训计划，维护培训记录。同时，要确保受训人员接受的培训内容能及时满足已计划的活动和任务的要求。

2.16 本章小结

需求分析、设计、构造、测试等软件开发的核心活动固然重要，但支持这些核心活动的项目管理、配置管理、验证与确认、质量保证等支持活动对提高软件产品的开发效率与保护软件开发成果等，与主要的软件开发活动同等重要，有时在这些支持活动上花费的成本可能更高。如良好的质量保证有助于避免在软件开发阶段的后期进行大量返工而耗费时间与费用，最终交付用户满意的产品。

但这些辅助工作都要穿插在开发的主要活动之中。如，每一阶段完成之后要"评审"技术问题和"审核"财务和进度，构造完成之后要"确认"，发现缺陷和问题则要进行"问题解决"，"管理过程"、"文档"、"配置管理"及"质量保证"则贯彻开发过程始终，不是只执行一次，而是在项目主过程中不断实施。有的文献把主过程的技术活动称作关键活动域，把辅助过程和支持过程的活动称做伞形活动域，故其示意图像一把伞，如图2-6所示。

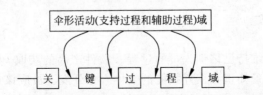

图2-6 支持过程和辅助过程的活动插入关键域示意图

显然，图2-6是十分简化的示意图。有些活动或子过程是必须做完一个再做下一个的，如顶层设计没有完成，就无法进行详细设计；模块编码没有完成，就不能进行测试；构造完成，才能进行验收测试。有些活动插入的时间有弹性，如若邀请用户参与开发全过程，开发过程一开始，"培训过程"就开始了，到产品交付后，再做集中培训，就简单一些；若用户参加不了，则从交付后开始集中培训。

在一个项目的开发过程中，如果这些支持过程做得好，那么主过程目标的实现保障就会很强。支持过程的插入也意味着工序的复杂，从而增加了阶段性的开发成本。因此，在实际应用中，应根据实际项目/系统本身的关键度与复杂度、开发人员水平等因素对支持过程所包含的活动进行剪裁，以便既能保证项目的预期目标、进度和成本，又能向用户提交满意的产品。

第3章

软件生存周期模型

软件工程的核心就是过程,如图 3-1 所示。软件产品、人员、技术通过过程关联起来。软件工程过程能够将软件生存周期内涉及的各种要素集成在一起,从而使软件的开发能够以一种合理而有序的方式进行。

图 3-1　软件工程过程的核心元素

在 ISO/IEC 12207 标准中,规定了一个完整的软件生存周期应该包括哪些过程,过程中应该包括哪些活动来保证质量。至于什么时候实施什么过程/活动,反复几次合适则根据项目特点定义。在具体实践中,开发者通常通过一些模型来刻画软件生存周期。在 ISO/IEC 12207 标准中,软件生存周期模型是指一个包括软件产品开发、运行和维护中有关过程、活动和任务的框架,其中这些过程、活动和任务覆盖了从该系统的需求定义到系统的使用终止。

把这个概念应用到软件开发过程中,可以发现所有的模型的内在基本特征:

- 描述了开发的主要阶段。
- 定义了每一个阶段要完成的主要过程和活动。
- 规范了每一个阶段的输入和输出(提交物)。
- 提供了一个框架,可以把必要的活动映射到该框架中。

根据过程模型提出的时间不同,可以把软件工程过程模型分为传统软件工程过程模型和现代软件工程过程模型。

传统软件工程过程模型的主要代表是编码修正模型、瀑布模型、增量模型、演化模型和螺旋模型;IBM 公司的统一过程(以下简称 RUP)、敏捷过程(AP)和微软解决方案(MSF)等则是现代软件工程过程模型的主要代表。下面重点介绍几种典型的软件开发生存周期模型。

根据软件模型所要求的规范的全面程度,又可把过程模型分为计划驱动的模型和敏捷模型,如瀑布模型、统一过程模型等为计划驱动的模型,极限编程(简称 XP)为敏捷模型。本章将首先介绍最原始的模型——编码修正模型,接下来介绍瀑布模型、增量模型、演化模型、螺旋模型和统一过程模型 6 个计划驱动的模型,然后介绍在这些模型中,被广泛采用的原型构造、并行开发和商业组件 3 种方法。有关 XP 过程的详细内容,将在本书的第 8 章详细介绍。

3.1　编码修正模型

编码修正模型是所有模型中最古老的也是最简单的模型,如图 3-2 所示。该模型将软件开发过程分成编码和测试两项活动。在编码之前几乎不做任何预先的工作,该模型的使用者很快就进入所开发产品的编码阶段。典型情况是,完成大量的编码后测试产品并且纠正所发现的错误。编码和测试工作一直持续到产品开发工作全部完成并将产品交付给客户。

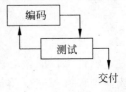

图 3-2　编码修正模型

该模型的主要特点是:

- 最适用于很小且简单的项目。编码修正模型是从一个大致的想法开始工作,然后经过非正规的设计、编码、调试和测试方法,最后完成工作。
- 成本可能很低。经过少量设计就进入编码阶段。
- 易于使用,人员只需要很少的专业知识,任何写过程序的人都可以用。
- 对于一些非常小的、开发完后就会很快丢弃的软件可以采用。
- 对于规模稍大的项目,采用这种模型是很危险的。由于缺乏预先的计划并且通常伴随着不正规的开发方式,容易导致代码碎片,交付的产品质量也很难保证。且因为设计没有很好地文档化,因此代码维护困难。

3.2　瀑布模型

瀑布模型(Waterfall Model)是典型的软/硬件开发模型,该模型也称为传统软件生存期模型,如图 3-3 所示。它包括需求、设计、编码、测试、运行与维护几个阶段。在每一阶段提交以下产品:软件需求规格说明书、系统设计说明书、实际代码和测试用例、最终产品、产品升级等。工作产品流经“正向”开发的基本步骤路径。“反向”的步骤流表示对前一个可提交产品的重复变更,由于所有开发活动的非确定性,因此是否需要重复变更,这仅在下一个阶段或更后的阶段才能认识到。这种“返工”不仅在以前阶段的某一地方需要,而且对当前正在进行的工作也同样需要。

该模型的主要特点是:

- 每一阶段都以验证/确认活动作为结束,其目的是尽可能多地消除本阶段产品中存在的问题。

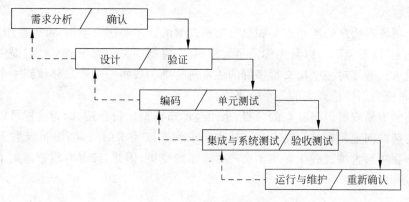

图 3-3 瀑布模型

- 在随后阶段里,尽可能对前面阶段的产品进行迭代。

3.2.1 瀑布模型的优缺点

瀑布模型是第一个被完整描述的过程模型,是其他过程模型的鼻祖。其优点是:

- 容易理解、管理成本低。瀑布模型的主要成果是通过文档从一个阶段传递到下一个阶段,各阶段间原则上不连续也不交迭,因此可以预先制定计划,来降低计划管理的成本。
- 它不提供有形的软件成果,除非到生存周期结束时。但文档产生并提供了贯穿生命期的进展过程的充分说明。允许基线和配置早期接受控制。前一步作为下一步被认可的、文档化的基线。

其不足是:

- 客户必须能够完整、正确和清晰地表达其需要。但在系统开发中经常发现用户与开发人员沟通存在巨大差异、用户提出含糊需求又被开发人员随意解释,以及用户需求会随着时间推移不断变化等问题。
- 可能要花费更多的时间来建立一些用处不大的文档。
- 在开始的两个或三个阶段中,很难评估真正的进度状态。
- 在一个项目的早期阶段,过分强调了基线和里程碑处的文档。
- 开发人员一开始就必须理解其应用。
- 当接近项目结束时,出现了大量的集成和测试工作。
- 直到项目结束之前,都不能演示系统的能力。

瀑布模型是传统过程模型的典型代表,因为管理简单,常被获取方作为合同上的模型。一个阶段完成后,生产出一个具体的产品;如果需要的话,可以对这一产品进行独立的检验。获取方组织可以按每一阶段向开发方组织支付费用,这意味着双方必须客观地对其完成情况进行核实。

当一个项目有稳定的产品定义和很容易被理解的技术解决方案时,可以使用瀑布模型。在这种情况下,瀑布模型可以帮助你及早发现问题,降低项目的阶段成本。它提供开发者渴望的稳定需求。若要对一个定义得很好的版本进行维护或将一个产品移植到一个新的平台上,那么瀑布模型是快速开发的一个恰当选择。

对于那些容易理解但很复杂的项目,采用纯瀑布模型比较合适,因为这样可以用顺序的方法处理复杂的问题。在质量需求高于成本需求和进度需求的时候,瀑布模型表现得尤为出色。由于在项目进展过程中基本不会产生需求的变更,因此,纯瀑布模型避免了一个常见的、巨大的潜在错误源。

3.2.2　V 模型

瀑布模型的一个变体就是 V 模型(如图 3-4 所示),它在每一个环节中都强调了测试(并提供了测试的依据),同时又在每一个环节都做到了对实现者和测试者的分离。由于测试者相对于实现者的关系是监督、考察和评审,因此测试者相当于在不断地做回顾和确认。

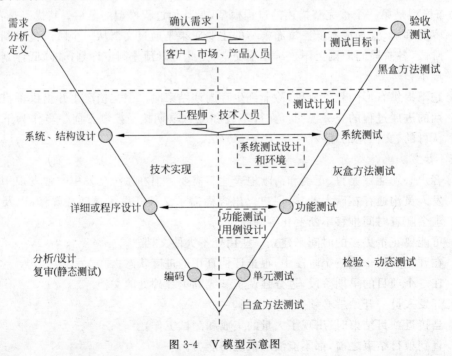

图 3-4　V 模型示意图

在图 3-4 中,左半部分是设计和分析,是软件设计实现的过程,同时伴随着质量保证活动——审核的过程,也就是静态的测试过程;图的右半部分是对左边结果的验证,是动态测

试的过程,即对设计和分析的结果进行测试,以确认是否满足用户的需求。如:

- 需求分析和功能设计对应验收测试,说明在做需求分析、产品功能设计的同时,测试人员就可以阅读、审查需求分析的结果,从而了解产品的设计特性、用户的真正需求,确定测试目标,可以准备用例并策划测试活动。
- 当系统设计人员在做系统设计时,测试人员可以了解系统是如何实现的以及基于什么样的平台,这样就可以设计系统的测试方案和测试计划,并事先准备系统的测试环境,包括硬件和第三方软件的采购。因为这些准备工作实际上是要花去很多时间的。
- 当设计人员在做详细设计时,测试人员可以参与设计,对设计进行评审,找出设计的缺陷,同时设计功能、新特性等各方面的测试用例,完善测试计划,并基于这些测试用例来开发测试脚本。
- 在编程的同时进行单元测试是一种很有效的办法,这样做可以尽快找出程序中的错误,充分的单元测试可以大幅度提高程序质量,降低成本。

从图 3-4 中可以看出,V 模型中的质量保证活动和项目同时展开,项目一启动,软件测试的工作也就启动了,从而避免了瀑布模型在代码完成之后才进行软件测试的弊端。

- 图 3-4 的水平点划线上部表明,其需求分析、定义和验收测试等主要工作是面向用户,要和用户进行充分的沟通和交流,或者是和用户一起完成。相对来说,水平点划线下部的大部分工作都是技术性工作,在开发组织内部进行,主要是由工程师、技术人员完成。
- 从垂直方向看,越在下面,白盒测试方法使用越多,集成与系统测试大多将白盒测试方法和黑盒测试方法结合起来使用,形成灰盒测试方法。在验收测试过程中,由于用户一般要参与,所以使用黑盒测试方法。

V 模型被广泛应用于软件外包中。由于劳动力短缺等多种原因,很多企业把项目直接外包给国内/国外的开发团队,项目成果的阶段性考察则成为他们的第一要务,因为这直接决定了何时、如何以及由谁来进入下一个环节。

因此 V 模型变得比其他模型更为实用。模型的左端是接受外包任务的团队或者公司,而右端则是外包的软件企业中有丰富经验的工程人员。这样既节省人力,又可以保证工程质量。事实上,即使图 3-4 左端的外包任务是由多个团队同时承接,右边的工程人员也不需要更多的投入。

3.3　增量模型

增量生存周期模型(Incremental Life Cycle Model)是由瀑布模型演变而来的,它是对瀑布模型的精化。该模型有一个假设,即需求可以分段,成为一系列增量产品,对每一增量可以分别地开发,如图 3-5 所示。

在开始开发时,需求就很明确,并且产品还可以被适当地分解为一些独立的、可交付的软件,称为构造增量;在开发中,期望尽快提交其中的一些增量产品。在一些情况下,通常采用增量模型。如一个数据库系统,它必须通过不同的用户界面,

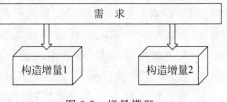

图 3-5　增量模型

为不同类型的用户提供不同的功能。在这一情况下,首先实现完整的数据库设计,并把一组具有高优先级的用户功能和界面作为一个增量;以后,陆续构造其他类型用户所需求的增量。

图 3-6 表达了如何利用瀑布模型来开发增量模型中的构造增量。尽管该图表示对不同增量的设计和实现完全可以是并发的,但在实际中,可以按任一期望的并行程度进行增量开发。如,可以在完成了第一个增量设计之后,吸取经验教训,再转向第二个增量的设计。图 3-7 给出了一个应用实例。

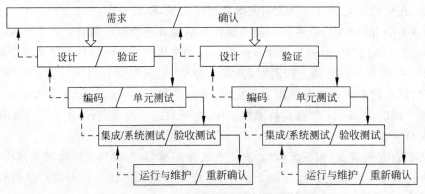

图 3-6　增量的瀑布开发模型

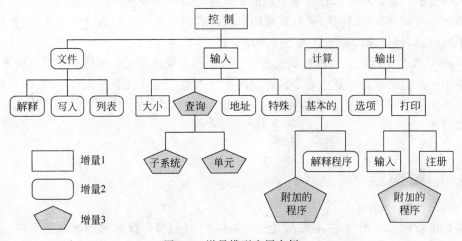

图 3-7　增量模型应用实例

如果一个增量并不需要交付给客户的话,那么这样的增量通常称为一个"构造"。如果增量需要被交付,那么它们就被认为是发布版本。在编写软件生存周期计划时,不论是正式的还是非正式的,都要注意使用客户期望的术语,其表达要与合同和工作陈述保持一致。

增量模型作为瀑布模型的一个变体,具有瀑布模型的所有优点,此外,它还有以下优点:

- 第一个可交付版本所需要的成本和时间是很少的。
- 开发由增量表示的小系统所承担的风险是不大的。
- 由于很快发布了第一个版本,因此可以减少用户需求的变更。
- 允许增量投资,即在项目开始时,可以仅对一个或两个增量投资。

然而,如果增量模型不适于某些项目,或使用有误,则有以下缺点:

- 如果没有对用户的变更要求进行规划,那么产生的初始增量可能会造成后来增量的不稳定。
- 如果需求不像早期考虑到的那样稳定和完整,那么一些增量就可能需要重新开发、重新发布。
- 管理发生的成本、进度和配置的复杂性,可能会超出组织的能力。

从以上第一点和第三点可以看出,如果客户的变更要求与以前的增量相矛盾,双方容易发生冲突。因此在采用此模型时,开发方需要有合适的配置管理和成本计算系统,并在合同中明确给出"变更条款"。如果出现问题,可以依据合同进行处理,化解矛盾。

如果采用增量投资方式,那么客户就可以对一些增量进行招标。然后,开发人员按提出的截止期限进行增量开发,因此,可以用多个契约来管理组织的资源和成本。

当需要以增量方式开发一个具有已知需求和定义的产品时,可以使用增量模型。优点是产品的各模块在很大程度上可以彼此并行开发,从而可以在开发周期内尽早地证明操作代码的正确性而降低产品的技术风险。注意在项目中并行执行的活动数量增大,则管理项目的复杂度就会加大。

3.4　演化模型

演化模型是显式地把增量模型扩展到需求阶段。从图 3-8 可以看出,为了第二个构造增量,使用了第一个构造增量来精化需求。这一精化可以有多个来源和路径。

首先,如果一个早期的增量已向用户发布,那么用户会以变更要求的方式提出反馈,以支持以后增量的需求开发。第二,通过实实在在地开发一个构造增量,为以前还没有认识到的问题提供了可见性,以便实际开始这一增量工作。

在演化模型中,仍然可以使用瀑布模型来管

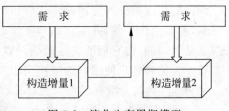

图 3-8　演化生存周期模型

理每个演化增量。一旦理解了需求,就可以像实现瀑布模型那样开始设计阶段和编码阶段。

使用演化模型不能够成为弱化需求分析的借口。在项目开始时,应考虑所有需求来源的重要性和风险,对这些来源的可用性进行评估。只有采用这一方法,才能识别和界定不确定需求,并识别第一个增量中所包含的需求。此外,合同条款应该反映所采用的开发模型。例如,对每一个增量的开发和交付,双方应该按照合同进行协商,包括下一个增量的人力成本和费用的选择。

同样,成本计算、进度控制、状态跟踪和配置管理系统必须能够支持这一模型。由于演化的增量具有明确的顺序,因此与增量模型相比,演化模型面临的挑战通常是较弱的。但应该认识到,一定程度的并发总是存在的,因此系统必须允许某一层次的并行开发。

演化模型的长处和不足与增量模型类似。特别地,演化模型还具有以下优点:

- 在需求不能予以规范时,可以使用这一演化模型。
- 用户可以通过运行系统的实践,对需求进行改进。
- 与瀑布模型相比,需要更多用户/获取方的参与。

演化模型的缺点有:

- 演化模型的使用仍然处于初步探索阶段,因此具有较大的风险,需要有效的管理。
- 该方法的使用很容易成为不编写需求或设计文档的借口,即使需求或设计可以很清晰的描述。
- 用户/获取方不理解该方法的自然属性,因此当结果不够理想时,可能产生抱怨。

当需求和产品定义没有被很好地理解,以及需要更快地开发和创建一个能展示产品外貌和功能的最初版本时,特别适合使用演化模型,这些早期的增量能帮助用户确认和调整需求及帮助他们寻找相应的产品定义。

演化模型与增量模型具有许多相同的优点,而且具有能使适合产品需求变更的显著优点,它还引进了附加的过程复杂性和潜在的更长的产品周期。

3.5　螺旋模型

螺旋模型(如图 3-9 所示)是由 Boehm 提出的另一种生存周期过程模型。在这一模型中,开发工作是迭代进行的,即只要完成了开发的一个迭代过程,另一个迭代过程就开始了。

该模型关注解决问题的基本步骤,由此可以标识问题,标识一些可选方案,选择一个最佳方案,遵循动作步骤,并实施后续工作。尽管螺旋模型和一些迭代模型在框架和全局体系结构上是等同的,但它们所关注的阶段以及其活动是不同的。

开发人员和客户使用螺旋模型可以完成如下工作:

- 确定目标、方案和约束。
- 识别风险和效益的可选路线,选择最优方案。

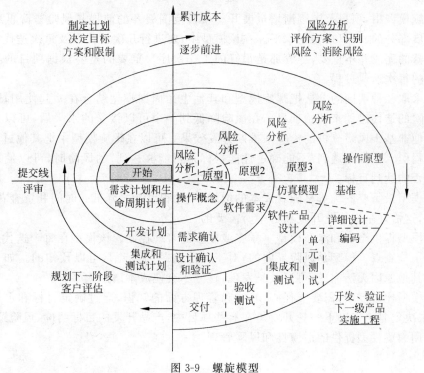

图 3-9　螺旋模型

- 开发本次迭代可供交付的内容。
- 评估完成情况,规划下一个迭代过程。
- 交付给下一步,开始新的迭代过程。

螺旋模型扩展了增量模型的管理任务范围,因为增量模型基于以下假定:需求是最基本的,并且是唯一的风险。在螺旋模型中,决策和降低风险的空间是相当广泛的。

螺旋模型的另外一个特征是:实际上只有一个迭代过程用于真正开发可交付的软件。如果项目的开发风险很大,或客户不能确定系统需求时,螺旋模型就是一个好的生存周期模型。

螺旋模型强调了原型构造。需要注意的是,螺旋模型不必要求原型构造,但原型比较适合于这一过程模型。

在螺旋模型中,把瀑布模型作为一个嵌入的过程。即分析、设计、编码和交付的瀑布过程,是螺旋一周的组成部分。

螺旋模型是一种以风险为导向的生存周期模型,它把一个软件项目分解成一个个小项目。每个小项目都标识一个或多个主要风险因素,直到所有主要风险因素都被确认。"风险"的概念在这里是有外延的,它可以是需求或者架构没有被理解清楚、潜在的性能问题、根本性的技术问题等等。在所有的主要风险因素被确定后,螺旋模型就像瀑布模型一样中止。

在螺旋模型中,越早期的迭代过程成本越低。规划概念比需求分析的代价低,需求分析比开发设计、集成和测试的代价低。

在螺旋模型中,项目范围逐渐增量展开。项目范围展开的前提是风险被降低到仅仅是下一步扩展部分的、可以接受的水平。在该模型中,要进行几次迭代以及每次迭代中通常采用几个步骤的完成并不重要,尽管那是很好的工作次序。重要的是要根据项目的实际需求调整螺旋的每次迭代过程。

可以采取几种不同的方法把螺旋模型和其他生命周期模型结合在一起使用,通过一系列降低风险的迭代过程来开始项目。在风险降低到一个可以接受的水平后,可以采用瀑布模型或其他非基于风险分析的模型来推断开发效果。可以在螺旋模型中把其他过程模型作为迭代过程引入。如当遇到"不能确定性能指标是否能够达到"的风险时,可以使用原型法来验证是否能达到目标。

螺旋模型最重要的优势是随着成本的增加,风险程度随之降低。时间和资金花得越多,风险越少,这恰好是在快速开发项目中所需要的。

螺旋模型提供至少和瀑布模型一样多或更多的管理控制。该模型在每个迭代过程结束前都设置了检查点。模型是风险导向的,对于无法逾越的风险是可以预知的。如果项目因为技术和其他原因无法完成,可以及早发现,这并不会使成本增加太多。

螺旋模型比较复杂,需要责任心、专注和管理方面的知识,通过确定目标和可以验证的里程碑,来决定是否启动下一轮开发。在有些项目中,产品开发的目标明确、风险适度,就没有必要采用螺旋模型提供的适应性和风险管理。

3.6　原型构造在生存周期模型中的应用

在生存周期模型的发展中,下一步自然是:显式地规划如何使用一个或多个演化增量,作为一个明确的需求开发工具,这样一个增量称为一个原型。尽管原型可以由用户以某一受限的方式使用,但不能把它看成是一个具有完备功能的增量。

在软件开发中,构造原型的目的有二:其一是开发需求,具备完备功能的、可交付的、可支持的增量的实现就是基于这些需求。这些需求包括功能需求和界面需求。其二是用于为一个项目或一个项目的某些部分确定技术、成本和进度可行性。如一个原型有助于回答:

- 一个新的开发环境或工具,是否能够满足客户成本和进度约束?
- 一个被安装的、可用的软/硬件基础设施,是否可以支持客户新的性能和能力需求?
- 是否能够创建这一产品,即这是可行的吗?

原型构造被普遍使用在那些具有用户界面和数据库的系统中。

3.7　生存周期模型中并发的作用

当一个项目经历其选择的生存周期时,一些过程之间的重叠几乎是不可避免的,不论这一重叠是规划的还是没有规划的。如,需求可能是非常清楚的,出于对成本和进度的考虑,可能选择了通常的瀑布模型。从表面上看,这排除了并发的可能性,但事实上这是非常困难的。如,一个子系统的详细设计在另一个子系统之前完成,这是很常见的事。在这种情况下,如果两个子系统之间所提供的接口是稳定的,那么提前进入已完成详细设计的那个子系统的编码是很合情理的事情;并且,完成详细设计的开发人员经常负责同一个子系统的编码,而不是去帮助完成第二个子系统的详细设计;从而导致了一个系统的详细设计阶段和编码阶段的并发。而人们往往把这一并发认为是顺序的。

组织管理系统必须有能力支持并发,该系统包括进度安排、成本控制、状态跟踪和配置管理,包括技术复审机制和任何设计工具。当两个以上子系统同时处于一样的开发阶段时必须严格监控其接口定义。

另外,在所有生存周期模型的反向流中,还可能隐含地存在一些并发。这是客观存在的。围绕并发,需要考虑并发程度和并发管理两方面的问题。

3.8　商业组件和复用的作用

现代软件系统的创建趋势是:使用商业应用框架和商业组件,或复用组织内部已开发的组件和框架。当然,也可以复用组织的实践和规程。这一趋势的出现,有以下 3 个原因:

- 市场和成本的竞争压力。
- 交付环境的日趋复杂和标准化。
- 产品线工程的出现,其中,应系统地规划和执行多个相关软件产品的开发和演化,在产品线的所有成员中复用部分设计和实现。

这种趋势对一个项目生存周期过程具有或大或小的影响。如,若开发组织使用一个新的商业应用框架来构建一个产品,那么就需要开发一个原型,以获取框架使用的经验,并检验该框架对这一应用的适应性。如果使用的框架是组织内部开发的,那么也需要开发一个原型,以评估该框架对应用开发的适应性。框架的选择就是这样一个基本的设计决策,以至于必须在项目生存周期的早期实施原型构造。如果可能的话,原型构造应在承约项目的成本和进度之前实施。

如果使用内部开发的组件或从市场购买的组件作为新系统的组成部分,那么就必须在项目早期评估这些组件的适应性。确切地说,就是怎样使用这些组件以及什么时候评估这些组件。例如,如果产品的很大部分都涉及与用户的交互,那么就应该仔细地评估实现图形用户界面的组件,以确保它们支持所要求的功能。在操作文档开发之前,就应立即进行评估。

如果一个商业组件为产品提供较少的但很关键的部分,那么就应该在设计阶段之前或期间对其进行评估,一旦发现组件不适合该产品,就要开发一个组件或在一些可选的组件中获得一个组件。

按照一般原则,如果一些事先存在的组件或框架正在用于一个产品的开发,那么也应该对它们进行评估。评估过程应在生存周期模型中予以明确表达。如,在某些情况下,评估过程可能在很大程度上影响生存周期模型的选择或生成,如选择螺旋模型,而不选择增量模型。

使用已存在的组件,除了会引起项目生存周期模型结构上的改变,还可能极大地影响个体技术过程。如果复用的组件占据了该产品中的重要部分,那么单元测试工作量所占的百分比就会相对减少,但集成该部分的工作量就会增大。同样,由于必须建立或修改子过程,以确保设计与任何可复用的框架或组件是一致的,因此设计过程将是有效的。

3.9　统一软件工程过程模型

早期的瀑布模型很好地解决了当时的开发"混乱"问题,但随着软件承载的应用的日趋复杂,简单的线性思维显然很难适应快速变化的环境,于是出现了螺旋模型。该模型很好地刻画了迭代思想在系统开发中的应用,展示了一个系统或产品从用户构想到可运行的软件系统的演进过程,明确提出了影响软件开发的众多因素,每一个决策都需要在众多因素和系统目标间进行权衡,其螺旋式上升的处理问题的理念一直指导着众多软件从业者。但在实际应用中,因其过于复杂使实际过程难于掌控而影响了其作用的发挥。

软件开发过程从形式看,是一个任务框架,其本质是实践经验的集合,它的目标是提升质量和效率。如果能把上述 3 方面集成在一个自动化的过程定义中,将给项目有关各方参与者带来明显的效益,图 3-10 所示的统一过程模型(Rational Unified Process,RUP)就实现了上述目标。

RUP 吸取已有模型的优点,克服了瀑布模型过分强调序列化和螺旋模型过于抽象的不足,总结了多年来软件开发的最佳经验:

- 迭代化开发,提前认知风险。
- 需求管理,及早达成共识。
- 基于构件,搭建弹性构架。
- 可视化建模,打破沟通壁垒。
- 持续验证质量,降低缺陷代价。
- 管理变更,有序积累资产。

RUP 在此基础上,通过过程模型提供了一系列的工具、方法论、指南,为软件开发提供了可操作性指导,使软件开发组织能较容易地按照预先制定的时间计划和经费预算,开发出高质量的软件产品以满足最终用户的需求。其主要特点是以用例驱动的、以构架为中心的、风险驱动的迭代和增量的开发过程。

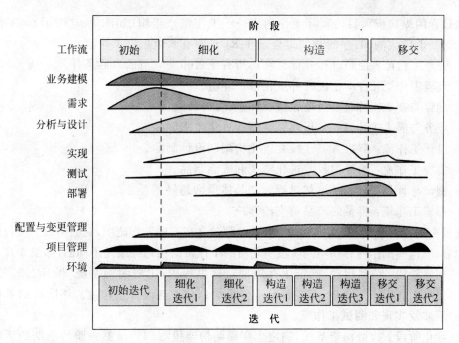

图 3-10 RUP 模型框架

3.9.1 过程框架

如图 3-10 所示,在 RUP 模型中,其横向按时间顺序来组织,将软件开发周期分成 4 个阶段,并以项目的状态作为开发周期的阶段名字——初始、细化、构造和移交,每个阶段目标明确。每个阶段的结束都有一个主要里程碑,如图 3-11 所示。实质上,每个阶段就是两个主要里程碑之间的时间跨度。在每个阶段结束时进行评估(活动:生存周期里程碑复审),以确定是否实现了此阶段的目标。良好的评估可使项目顺利进入下一阶段。每个开发周期将给客户和用户提供产品的一个新版本,叫做一个增量。在每个阶段,为了完成阶段目标可以进行多次迭代。每次迭代都要执行需求、设计、编码、测试、管理等多个软件开发中的主要活动。为了区别于瀑布模型,RUP 把软件开发中的这些主要活动称作核心工作流,以使人们能明确地认识到所有阶段的活动的连续性。

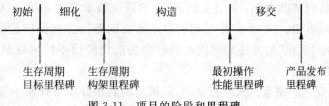

图 3-11 项目的阶段和里程碑

　　该过程的纵向按项目的实际工作内容——工作流来组织(如图 3-10 所示)。工作流通常表示为一个内聚的、有序的活动集合。在 RUP 中有 8 个顶层工作流:

- 管理工作流:控制过程并保证获得所有项目相关人员的取胜条件。
- 环境工作流:自动化过程并进化维护环境。
- 配置与变更工作流:自动化过程并进化维护环境。
- 业务与需求工作流:分析问题空间并进化需求制品。
- 设计工作流:解决方案建模并进化构架和设计制品。
- 实现工作流:构件编程并进化实现和实施制品。
- 测试与评估工作流:评估过程和产品质量的趋势。
- 部署工作流:将最终产品移交给客户。

　　在整个生存周期中,涉及的所有重要活动都包含在这些工作流中,它们构成了项目的所有工作内容,但这些工作内容在不同阶段所花费的工作量的相对等级是不同的,如图 3-10 所示。

- 初始阶段:项目启动,确定生存周期目标里程碑,主要明确系统“做什么”。活动主要集中在需求工作中,有少部分工作延续到分析与设计工作流。该阶段的工作几乎不涉及实现和测试工作流。
- 细化阶段:构造构架基线,确定生存周期构架里程碑。虽然该阶段前期的活动仍然着重于完成需求,但分析和设计工作流中的活动更趋于活跃,为构架的创建打下基础。为了建成可执行的构架基线,有必要包含实现和测试工作流中的一些活动。
- 构造阶段:形成系统的初步可运行能力,确定在用户环境中初步运行的软件产品,即最初操作性能里程碑。在此阶段需求工作趋于停止,分析工作也减少了,大部分工作属于设计、实现和测试工作流。
- 移交阶段:完成产品发布,即产品发布里程碑。在用户的运行环境中安装并运行软件系统。该阶段工作流的混合程度依赖于验收测试或 β 测试的反馈。如果 β 测试没有覆盖实现中的缺陷,则重复进行的实现和测试工作流中的活动会相当多。

　　通常情况下,软件系统在其生存周期中要经历几个开发周期。其中第一个开发周期交付的第一个增量版本是最难开发的。它奠定了系统的基础以及系统的构架,是对有可能存在严重风险的新领域的探索。一个开发周期随着它在整个软件生存周期中所处位置的不同有着不同的内容。在后期版本中,如果系统构架有了较大变化,即意味着开发过程早期阶段需要做更多工作。但如果系统最初的架构是可扩展的话,那么在后期版本中新的项目只是建立在已存在产品的基础之上;也就是说,产品的后期版本将建立在其早期版本基础之上。

　　软件开发实践表明,在每个开发周期的早期解决问题往往比把问题留到晚期去解决更为有利。因此使用“迭代”的方法来解决初始阶段和细化阶段中的问题解决序列,以及构造阶段中的每个构造系列。

　　RUP 模型的迭代和增量是风险驱动的,但风险的到来并没有任何明显的提示,必须要识别风险,限定风险范围、监控风险状况,并尽可能地降低风险。最好首先处理最重大的风险。

同时,还必须仔细考虑迭代的顺序以首先解决最重要的问题。总之,要先做最难做的事。

在 RUP 过程中,明确体现了:

- 计划、需求和构架以明确的同步点一起进化。
- 风险管理以及客观地度量进展和质量。
- 借助提高功能的演示使系统能力得以进化。

3.9.2　核心元素

RUP 按照增量和迭代的思想来组织软件开发过程。每个迭代过程都要经历多个工作流,每个工作流都涉及若干种活动(如图 3-12 所示),每个活动都需要考虑由谁来执行? 其输入和输出制品是什么? 在执行活动中,有哪些工具可以支持这一活动? 具体的工作指南、编写制品的模板、建议的检查点以及在整个项目执行过程可能涉及哪些概念等都可以通过 RUP 的在线软件找到,所以说,RUP 不仅仅是一个工程过程,它还是一个百科全书,软件工程学科涉及的绝大部分概念都可以在这里找到准确的定义和说明。

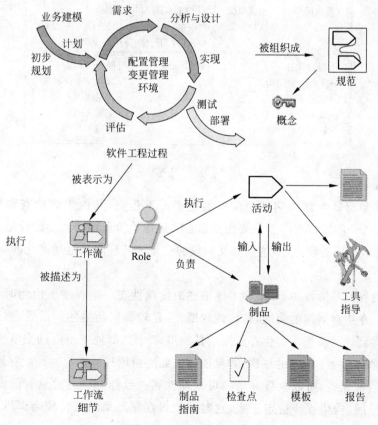

图 3-12　RUP 核心元素

3.9.3　制品集的进化

在 RUP 中,核心工作流中的各活动不是简单按线性方式进展的,过程中的制品的构造进展也不是单调地从一个制品转向另一个制品。相反,活动的焦点应该是反复地构建制品,在保持信息的广度和深度的平衡方面利用所学到的经验教训,不断丰富整个系统的描述和过程。

RUP 制品集如图 3-13 所示。工程制品集由需求集、设计集、实现集和实施集组成。评价每个制品集的进化质量的主要手段是信息在集与集之间的转移,因此必须在需求、设计、实现和实施制品之间维护理解的平衡。系统描述的这些构件中的每一个都是随着时间而进化的。

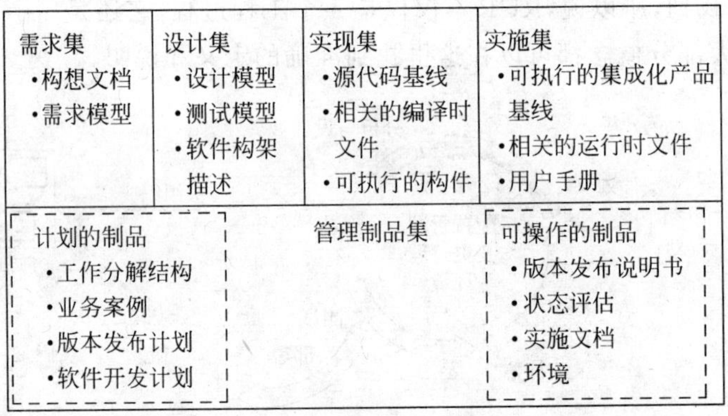

需求集	设计集	实现集	实施集
•构想文档	•设计模型	•源代码基线	•可执行的集成化产品基线
•需求模型	•测试模型	•相关的编译时文件	•相关的运行时文件
	•软件构架描述	•可执行的构件	•用户手册

计划的制品	管理制品集	可操作的制品
•工作分解结构		•版本发布说明书
•业务案例		•状态评估
•版本发布计划		•实施文档
•软件开发计划		•环境

图 3-13　制品集概述

每个制品集都是生存周期某个阶段的主要开发焦点,其他集起检查和平衡作用。如图 3-10 所示,每个阶段都有一个主要焦点:需求是初始阶段的焦点;设计是细化阶段的焦点;实现是构造阶段的焦点,实施是移交阶段的焦点。管理制品也是进化的,但在生存周期中相当稳定。

在开发过程的各阶段中,对最终系统描述的精确性在一定程度上由当时各个制品集合的状态表征。在生存周期的前期,精确性较低,且是较高层的描述。最后,描述的精确性高且每件事都得到详尽说明。在生存周期的任一点,5 个集处于不同的完整性状态。不过,它们应该在细节上处于协调的层次,并且能够彼此适当地相互追踪。在生存周期前期,因为精确性低且经常变更,所以执行详尽的可追踪性和一致性分析通常只有很低的投资回报。随着开发的进展,构架逐步稳定下来,这时才值得在制品集间维持较为详尽的可追踪性的联系。

开发的每个阶段都以一个特定的制品集为中心。每个阶段结束时,整个系统状态在每个集上都有进展,如图 3-14 所示。

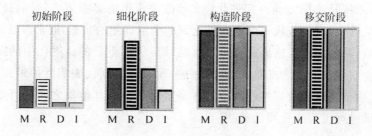

其中:M—管理制品集 R—需求制品集 D—设计制品集 I—实现与实施制品集

图 3-14 制品集的生存周期进展

1. 初始阶段

初始阶段主要侧重于关键需求,其次侧重于初始的实施视图,很少侧重于实现(除了可能的语言和商业构件的选择外),而且可能侧重于高层次的设计架构但不是设计细节。

2. 细化阶段

在细化阶段,需求更加深入,设计集也更广泛,而且进一步解决了实现和实施问题,如在主要场景和制造/购买分析下的性能权衡。细化阶段的活动包括生成一个可执行的原型。这个原型包括在所有 4 个集中开发的子集,并专门在系统的主要需求和场景的语境内评估构件间的接口和协作是否一致和完整。尽管对构件的接口有了广泛的理解,但对定制构件的实现通常没有深入理解。在一个构架基线建立以前,要求按需求集的关键用例对设计集、实现集和实施制品集进行充分的评估,以便能充分理解该项目的风险状况,并制定可行的风险规避方案,保证项目能按计划进行。

3. 构造阶段

构造阶段主要侧重于设计和实现。在这个阶段的前期,主要侧重于设计制品的深度。在构造的后期,重点是以源代码和个别已测试的构建来实现设计。这个阶段应促使需求、设计和实现集接近完成。在实施集中也应做实质性的工作,至少通过 α 测试和 β 测试这样的手段来测试一个或几个已编程系统的实例。

4. 移交阶段

移交阶段主要侧重于在其他集的语境中取得实施集的一致性和完整性。残留的缺陷得到了解决,从 α 测试、β 测试和系统测试中得到的反馈被合并。

随着开发的继续进行,每个部分得到了更详尽的进化。当系统完成时,所有 4 个制品集已完全细化,而且彼此一致。与传统实践不同,它不是先需求、再设计、再编码等的线性序列化,而是使整个系统从不同方面一起进化;实施的决策可能影响需求,影响到设计,反之亦然。整个系统在进化过程中,从一个状态进化到一个更详细的状态,通常涉及每个部分的进化。在移交阶段,需求集和实施集之间的可追踪性是极其重要的。进化中的需求集捕获项目相关人员的验收标准的一个成熟、准确的陈述,而实施集则代表实际的最终产品。因此,在移交阶段,这两个集之间的完整性和一致性是重要的。在其他集之间的可追踪性只是在一定程度上辅助进行工程或管理活动。

5. 测试制品

在这里要特别说明关于测试制品。传统的软件测试遵循与软件开发相同的文档驱动的方法。开发团队在构造任何源文件或可执行代码之前,建立需求文档、高层设计文档和详细设计文档。类似地,测试团队在构造任何驱动程序、桩程序等之前,要建立系统测试计划文档、系统测试规程文档、集成测试计划文档、单元测试计划文档和单元测试规程文档。这种文档驱动的方法在测试活动中导致了与开发活动一样的问题。

现代过程的一个真正可区分的原则是,产品的测试活动采用与产品开发一样的集、符号和制品。本质上,也可以简单地将执行测试过程所需的测试基础设施,标识为一个最终产品需要的子集。这样,在过程中强迫执行几个工程规范。

- 测试制品必须从初始到实施阶段与产品同时开发。因此,测试是整个生存周期的活动,而不是生存周期后期的活动。
- 测试制品必须与开发的产品一样,在同样的制品集内进行交流、管理和开发。
- 测试制品要以可编程和可重复的格式实现(像软件程序那样)。
- 测试制品要和产品一样以相同的方式记录。
- 测试制品的开发人员要采用与软件工程师开发产品一样的工具、技术和培训过程。

这些规范使得每位测试人员与开发人员一样,在工程制品中的 4 个集的符号和技术内工作,从而使得围绕项目的工作,如团队成员的沟通、评审、工程分析等,能使用最少的专门符号,以更少的不确定性及更高的效率来执行。

测试只是评估工作流的一个方面,其他方面包括评审、分析和演示。测试是指在有预期和客观结果的受控场景下,通过执行集的构件来取得一个明确的评价。成功的测试可以用明确的数学精度来比较预期的结构和实际的结构。测试是自动化的评估形式。

表 3-1 展示了在初始、细化、构造和移交的每个生存周期阶段中,制品的分配和每个工作流的重点。

表 3-1　与每个工作流有关的制品和生存周期各阶段重点

工作流	作　用	制　品	生命周期的重点
管理	控制过程并保证获得所有项目相关人员的取胜条件	业务案例 软件开发计划 状态评估构想 工作分解结构	初始阶段：准备业务案例和构想 细化阶段：计划开发 构造阶段：监督和控制开发 移交阶段：监督和控制实施
环境	自动化过程并进化维护环境	环境 软件变更等单数据库	初始阶段：定义开发环境和变更管理的基础设施 细化阶段：安装开发环境并建立变更管理数据库 构造阶段：维护开发环境和软件变更订单数据库 移交阶段：移交维护环境和软件变更订单数据库
需求	分析问题空间并进化需求制品	需求集 发布版规格说明 构想	初始阶段：定义可操作概念 细化阶段：定义构架目标 构造阶段：定义迭代目标 移交阶段：细化发布版目标
设计	解决方案建模并进化构架和设计制品	设计集 构架描述	初始阶段：简述构架概念 细化阶段：实现构架基线 构造阶段：设计构件 移交阶段：细化构架和构件
实现	构件编程并进化实现和实施制品	实现集 实施集	初始阶段：支持构架原型 细化阶段：生产构架基线 构造阶段：生产完整的构件 移交阶段：维护构件
评估	评估过程和产品质量的趋势	发布版规格说明 发布版说明书 用户手册 实施集	初始阶段：评估计划、构想和原型 细化阶段：评估构架 构造阶段：评估中间发布版 移交阶段：评估产品发布版
实施	将最终产品移交给客户	实施集	初始阶段：分析用户群 细化阶段：定义用户手册 构造阶段：准备移交资料 移交阶段：将产品移交给用户

3.9.4　项目计划

　　计划与软件一样是一种无形的知识资产，所有和软件相同的概念都适用。计划也分制定计划和执行计划两个活动。当人们对问题空间和解空间的理解进化时，计划必须随之进化。计划的错误正如产品的错误一样，在生存周期中越早解决，对项目成功造成的危害就越小。

　　由于计划不足或计划过度都阻碍项目的推进，因此在计划细节的等级和项目相关人员的买入之间取得平衡是非常重要的。计划的基础是工作量估算，而工作量的估算通常通过工作分解结构（Work Breakdown Structure，WBS）来获得。

1. 工作分解结构

使用 WBS 估算工作量早已得到业界认同，但关键是如何对项目进行 WBS 分解，从某种程度上影响着工作量估算的准确性，并进而影响计划的质量。

（1）传统的 WBS

WBS 是将项目计划分解为离散的工作任务。一个 WBS 提供了如下所示的信息结构：

- 一个对于全部重要工作的描绘。
- 一个用于分配职责的清晰的任务分解。
- 一个用于进度安排、预算和开支跟踪的框架。

离散项目工作有很多方法：产品子系统、构件、功能、组织单元、生存周期阶段甚至地理参数。大多数系统以是以子系统的形式进行第一级分解的，而子系统接着分解为它们的构件，其中典型的一种构件就是软件。（这里软件，可能是整个项目或只是大型系统中的一个构件。）图 3-15 给出了传统的 WBS 结构及产品的层次示例。

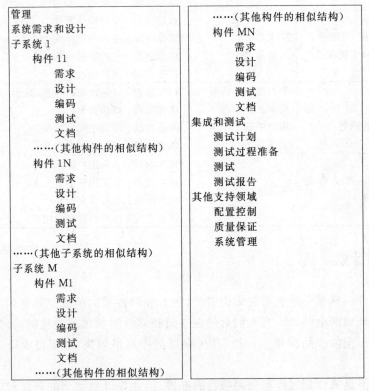

图 3-15　传统的工作分解结构及产品层次

图 3-15 给出了围绕产品架构的子系统进行了结构化,然后进行分解成各个子系统的构件,这种方法存在如下不足:

- 它们过早地围绕产品设计进行了结构化。
- 它们过早地在过于详细或过于简单的细节上进行了分解、计划和预算。
- 它们是针对具体项目的,项目间横向的比较通常很难或者根本不可能。

(2) 进化的 WBS

进化的 WBS 应该围绕着国产框架组织计划的元素,而不是围绕产品框架组织这些元素。这种方法能更好地适应进化中计划的预期变更,而且可以直接进化计划的精确度级别。关于 WBS,基本的建议是将层次组织成如下形式:

- 第 1 级 WBS 的元素是工作流(管理、环境、需求、设计、实现、评估和实施)。这些元素通常分配给单一的团队,它们构成了用于项目的计划和项目间比较的解剖结构。
- 第 2 级是为生存周期的阶段而定义的(初始、细化、构造和移交)。这些元素允许计划的精确度以更加自然的方式包含对需求、构架和内在风险的理解。
- 第 3 级元素是为生产各阶段制品的活动而定义的。这些元素可能是结构中级别最低的,用来对给定阶段的离散制品进行成本结算,或许它们可以进一步分为几个更低层次的活动,一起共同生产一个制品。

默认的 WBS 是与过程框架(阶段、工作流和制品)相一致的,如图 3-16 所示。推荐的这个结构示范了如何将过程框架的元素集成到计划中。它提供了一个框架,用于估计每个元素的成本和进度,在一个项目组织中分配元素,跟踪开支。

图 3-16 所示的结构仅是一个起点,它需要根据项目的特点在许多方面进行剪裁。

- 规模。更大型的项目需要更多层次和子结构。
- 组织结构。包含子承包商或跨多个组织实体的项目可能会引进对不同工作分解结构的分配限制。
- 定制开发的程度。根据项目的特点,需求、设计和实现工作流会各有侧重。基于原有构件的业务过程再造项目,对于需求元素要求很高,而对于设计元素和实现元素的要求则较低。而完全定制的技术应用开发可能要求高水平的设计和实现元素,以此管理定制开发的第一个增量构件的相关风险。
- 业务环境。合作性项目要求更加细致的管理和评估元素。开发要交付给广大客户的商业产品的项目,可能需要更加细致的实施元素基础。局限在单个站点的应用程序可能有一个很简陋的实施元素(如内部开发的业务应用程序)或者一个精致的实施元素(如为达到零停顿而转变一个任务关键的并行遗留系统)。
- 经验。很少的项目是从零起步的,多数是作为一个遗留系统(又有成熟的 WBS 结构)的下一代进行开发的,或遵循现存的组织标准(拥有预期的 WBS)进行开发。引入这些限制的重大意义在于,可以保证新的项目利用已存在的经验基础和项目性能基准。

A 管理
AA 初始阶段管理
　AAA　业务案例开发
　AAB　细化阶段发布版规格说明
　AAC　细化阶段工作分解结构基线的制定
　AAD　软件开发计划
　AAE　初始阶段项目控制和状态评估
AB 细化阶段管理
　ABA　构造阶段发布版规格说明
　ABB　构造阶段工作分解结构基线的制定
　ABC　细化阶段项目控制和状态评估
AC 构造阶段管理
　ACA　实施阶段计划
　ACB　实施阶段工作分解结构基线的制定
　ACC　构造阶段项目控制和状态评估
AD 移交阶段管理
　ADA　下一增量(或下一代)计划
　ADB　移交阶段项目控制和状态评估
B 环境
BA 初始阶段环境规格说明
BB 细化阶段环境基线的制定
　BBA　开发环境安装与管理
　BBB　开发环境集成与定制工具制造
　BBC　配置数据库维护
BC 构造阶段环境维护
　BCA　开发环境安装与管理
　BCB　配置数据库维护
BD 移交阶段环境维护
　BDA　开发环境维护与管理
　BDB　配置数据库维护
　BDC　维护环境包装与移交
C 需求
CA 初始阶段需求开发
　CAA　构想规格说明
　CAB　用例建模
CB 细化阶段需求基线的制定
　CBA　构想基线的制定
　CBB　用例模型基线的制定
CC 构造阶段需求维护
CD 移交阶段需求维护

D 设计
DA 初始阶段架构原型设计
DB 细化阶段架构基线的制定
　DBA　架构设计建模
　DBB　设计演示计划并实施
　DBC　软件架构描述
DC 构造阶段设计建模
　DCA　架构设计模型维护
　DCB　构件设计建模
DD 移交阶段设计维护
E 实现
EA 初始阶段构件原型设计
EB 细化阶段构件设计
　EBA　关键构件编码演示集成
EC 构造阶段构件实现
　ECA　初始发布版构件编码与单元测试
　ECB　α发布版构件编码与单元测试
　ECC　β发布版构件编码与单元测试
　ECD　构件维护
ED 移交阶段构件维护
F 评估
FA 初始阶段评估计划
FB 细化阶段评估
　FBA　测试建模
　FBB　构架测试场景实现
　FBC　演示评估与发布版说明书
FC 构造阶段评估
　FCA　初始发布版评估与发布版说明书
　FCB　α发布版评估与发布版说明书
　FCC　β发布版评估与发布版说明书
FD 移交阶段评估
　FDA　产品发布版评估与发布版说明书
G 实施
GA 初始阶段实施计划
GB 细化阶段实施计划
GC 构造阶段实施
　GCA　用户手册基线的制定
GD 移交阶段实施
　GDA　产品向用户移交

图 3-16　默认的工作分解结构

工作分解了项目的特点,并将它映射到生存周期、预算和人员上。评审一个 WBS 可以更加明确项目计划的重要属性、优先权和结构。实践表明,WBS 是为项目计划的制定提供了客观信息的最有价值的来源。软件项目计划和商业案例创造了一个供评审的语境,同时 WBS 和元素间的相关预算分配为管理方法、优先权和关注点提供了最具意义的指标。

好的 WBS 的另一大好处,是从每个元素继承的计划保真度与当前生存周期阶段和项目状态相称。图 3-17 表述了这一观点。从图 3-17 可以看出,该组织的 WBS 允许的计划元素范围很大,小到正在计划的包(粗略的预算,作为将来细化的估计,而不分解到细节),大到计划完好的活动网络(有完备的预算,连续额的实际开支与计划开支的评估)。

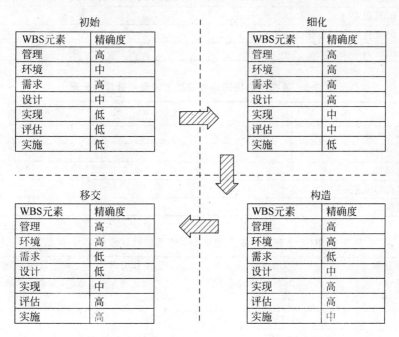

初始	
WBS元素	精确度
管理	高
环境	中
需求	高
设计	中
实现	低
评估	低
实施	低

细化	
WBS元素	精确度
管理	高
环境	高
需求	高
设计	高
实现	中
评估	中
实施	低

移交	
WBS元素	精确度
管理	高
环境	高
需求	低
设计	低
实现	中
评估	高
实施	高

构造	
WBS元素	精确度
管理	高
环境	高
需求	低
设计	中
实现	高
评估	高
实施	中

图 3-17　整个生存周期,计划精确度在工作分解中的进化

2. 计划指南

由于在工作量估算中,工作分解结构是围绕过程框架进行的,因此这为项目组织计划、实施计划提供了前提条件,这也为项目间的横向比较提供了可能。表 3-2、表 3-3 给出了使用瀑布模型进行软件开发时的一些个人经验数据。表 3-4、表 3-5 给出了使用 RUP 模型进行软件开发时的一些个人经验数据。其中的表 3-2 和表 3-4 是软件开发中的核心活动或核心工作流工作在整个项目工作中所占的比重。表 3-3 和表 3-5 是软件开发中各阶段工作量和进度分配比重。

表 3-2　瀑布生存周期中核心活动默认的工作量分配

活　　动	预算（%）
需求分析	4
产品设计	12
编程	44
详细设计	
编码和单元测试	
集成测试	
测试计划	6
确认和验证	14
项目职责	7
配置管理和质量保证	7
手册编写	6

表 3-3　瀑布生命周期中各阶段工作量和进度的分配

活　　动	工作量（%）	进度（%）
计划与需求	（＋8）	（＋36）
产品设计	18	36
详细设计	25	18
编码和单元测试	26	18
集成测试	31	28

表 3-4　RUP 生存周期模型中核心工作流的默认预算（个人经验）

第一级工作分解的结构元素	默认预算（成本分配，不是工作量分配）	第一级工作分解的结构元素	默认预算（成本分配，不是工作量分配）
管理	10%	实现	25%
环境	10%	评估	25%
需求	10%	实施	5%
设计	15%	合计	100%

表 3-5　RUP 生存周期中默认工作量和进度在各阶段的分布（个人经验）

项目参数	初始	细化	构造	移交
工作量	5%	20%	65%	10%
进度	10%	30%	50%	10%

对于不同的项目，通常都要根据通用生存周期框架进行剪裁，项目计划也自然要随之调整。在一个项目刚开始或在评估时，通常采用如下策略应用上述这些经验数据：一是根据表 3-2 或表 3-4 对第一级工作分解结构元素间的成本进行默认分配；然后再根据表 3-3 或

表 3-5 给出的各阶段中的默认工作量和进度分布,分配每一工作分解结构元素的工作量和进度,把人力分配到团队中,制定一个初步的项目计划。

在项目的初期很难一下子拿出一个完整的详细的项目计划,其进一步细化的内容,可以根据项目的进展自底向上逐步细化,且在有偏差时可以根据项目的实施情况予以调整。

3. RUP 的迭代计划

RUP 把迭代的思想充分显示化地表达出来,在具体执行过程中体现着"长计划、短安排"的原则,如图 3-18 所示。在项目启动初期,鉴于对项目的总体情况了解的局限性,制定的项目计划只是一个"路线图",通常仅明确了项目要经历的阶段和主要里程碑,简明扼要地描述了系统"做什么和什么时候做";在阶段计划中对每个阶段要进行的迭代次数、迭代目标和每个迭代可能持续的时间给出了粗略的描述,因此这时的计划还较粗;但对当前的和接下来即将进行的迭代则给出了详细的可实施计划。这也符合人们的认识规律。在项目进行过程中,随着项目团队的稳定、沟通渠道的畅通、基础设施的完善,特别是随着对项目细节特征的准确把握,后期的迭代计划、阶段计划和项目计划会更加准确,可实施性会更强。

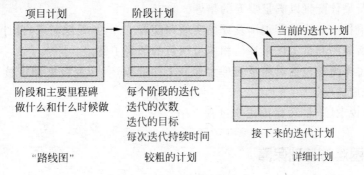

图 3-18　RUP 的计划游戏

项目计划活动对于项目的成功至关重要,它提供了一个框架和必须的功能,这些功能包括制定决策、确保项目相关人员和执行人员买入、将主观的通用框架转变为客观过程。一个项目计划定义了如何在商业限制内将项目需求转变成为产品。它必须是实际的,必须是当前的,必须是面向团队的,必须被项目相关人员所理解,并且必须被使用。

计划不仅是管理者的事,计划的过程和结果越公开和明确,执行它的团队成员的主人翁感就越强烈。隐秘的计划造成摩擦,公开的计划塑造文化,并激励团队协作。

3.9.5　质量内嵌于过程中

RUP 认为,如果能提供一种规范的方法来在一个开发组织中分配任务并明确责任,则在一个预期的时间表和预算内保证生产出满足最终用户需要的高质量软件的可能性会大大增加。

RUP 的质量管理贯穿其所有工作流程、阶段和迭代过程之中。一般来说,在整个生存周期内进行质量管理即是要使流程质量和产品质量达标,并对此进行评测和评估。下面是每一工作流程在管理质量维度要强调的工作。

需求工作流程中的质量管理涉及分析需求工件集的一致性(工件标准和其他工件之间)、清晰性(向所有的股东、涉众和其他角色明白无误地传达信息)以及精确性(适当的详细程度和精确度)。

分析设计工作流程中的质量管理涉及评估设计工件集,包括评估设计模型从需求工件转变过来,再转换为实施工件的一致性。

实施工作流程中的质量管理涉及评估实施工件,并根据需求、设计和测试工件评估相应的源代码/可执行工件。

测试工作流程主要就是质量管理的过程,该工作流程的绝大部分工作都是为达到管理上述确定的质量目标而进行的。

环境工作流程,和测试一样,主要工作要为实现管理质量的目的而服务。在此,可获得如何对流程进行最佳配置以满足需要的指导。

部署工作流程中的质量管理涉及评估实施和部署工件,并根据需求、设计以及将产品交付给最终客户所需的测试工件来评估相应可执行的部署工件。

项目管理工作流程包括对质量管理大部分工作的概述,涉及复审和审核开发流程的实施、遵守以及进展情况。

因此,可以说 RUP 的质量内嵌于过程之中。

3.9.6　主要困难与基础保障

采用 RUP 模型的主要困难是多层次持续的规划与评估、判断构架中关键风险的经验、高效率的验证和评价手段、多工种之间的频繁沟通和多版本工作产品的管理。必须做好如下基础保证工作:核心人员具有必要的管理与技术经验,自动化的验证和评价工具,团队成员之间有(高)效的沟通工具,以及软件配置与变更管理工具。

3.10　MSF 过程模型

2000 年微软公司在其解决方案框架(Microsoft Solution Framework,MSF)中提出了自己的应用开发过程模型。该模型综合了瀑布模型和螺旋模型的优点。

受瀑布模型的启发导出基于里程碑的过程,加强了阶段评审,增强了项目的可预见性。参照螺旋模型组织过程,保持了迭代的灵活性,有利于创造。简化了螺旋次数,以发布为中心作一次回环(展开了即线性过程),传统的开发活动(分析、设计、编码、测试)大部分压缩到一个子过程内,子过程内部活动可以迭代。

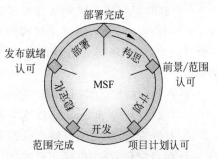

图3-19 MSF应用开发的过程模型

　　MSF应用开发过程模型如图3-19所示。从图中可以看出,它和螺旋模型相近,只是简化为由4个子过程构成的一个回环,以一次发布为终结,下次发布再重复。每个子过程以里程碑分隔,里程碑即对阶段成果进行评审,不通过不往下走。各子过程要做的工作如下:

- 在构思阶段,项目小组和客户一起定义业务需求和项目的总目标,即这一次发布要达到什么目标,以前景认可里程碑(方框表示)为其终结,表明小组和客户已就项目的总目标达成一致。
- 在计划阶段,项目小组和客户一起定义小组要做出什么,以及什么时候怎么做。以项目计划认可里程碑为其终结,表明项目的客户和项目关键的当事人已就要交付出什么东西以及什么时候交付达成了一致意见。
- 在开发阶段,项目小组实现了所有的交付物(软件代码和各种文档),并已按项目预计的范围完成工作。以范围完成里程碑为其终结,表明本项目软件的所有特征均已开发完成,产品成型并就绪于外部测试和定型。
- 在稳定化阶段,项目小组不再做大量新的开发工作,而是消除所有已发现的问题,以项目发布里程碑为其终结,此后产品可移交给使用方的运营小组。
- 在部署阶段,项目小组工作的重心是在生产环境中向客户提交一个稳定的解决方案,把运营和支持移交给客户,项目满足了成功准则,结束项目。该阶段分成核心组件部署、站点部署完成和部署稳定3个中间里程碑,结束于部署完成里程碑。

　　请注意,本模型突出了稳定化过程,这是MSF解决方案的特点。一般项目开发不太注重稳定化,只注重解决大问题,带着小毛病就急于交付。这十分容易损害客户关系和公司形象,同时也不利于下一版的开发。

　　本模型的另一特点是里程碑驱动。计划里程碑及其交付物为项目树立了明晰的工作目标。里程碑是评审的同步点,不是冻结点(与瀑布模型阶段评审不同之处),使小组能评估进展并做事中的调整。交付物是小组到达里程碑的物证。

　　MSF过程模型采用两种里程碑:

　　(1) 主里程碑。即图3-19所示的4种里程碑,表征从一个阶段到另一个阶段的转移,责任角色也随之转移。主里程碑为小组成员、客户、最终用户同步交流交付物及其预期质量(期望值)创造了一个机会,也是各方人员(项目的开发者、支持和桌面帮助人员)一次交流演练的机会,也是利用分布式通道项目关键当事人做同步交流的一个机会。编写完主里程碑文档表示小组与客户及相关人员就做法达成了一致。

　　(2) 临时里程碑。如果项目工作量大,可以将工作分段成可检测的片断,MSF 提出了每一主里程碑之间设置临时里程碑的建议。临时里程碑的作用与主里程碑一样,有利于同步对齐,但比主里程碑灵活,项目组可根据项目性质、大小、类型选用。临时里程碑的建议如下:

　　① 在构思阶段,组建核心开发组,形成前景文档草案、风险评估文档草案。

　　② 在计划阶段,形成功能规范草案、项目计划草案和项目总调度草案。

　　③ 在开发阶段,按项目特点分若干个内部发布。

　　④ 在稳定化阶段,进行 β 测试,做到零 Bug 提交,完成安装部署,准备黄金(随时)发布。

3.11　本章小结

　　本章介绍了软件工程过程模型的演变、发展历程。软件开发早期遇到的主要问题是技术问题,因此编码修正模型、瀑布模型、增量模型主要规避的风险是技术风险。瀑布模型作为完整的过程模型首次描述了软件开发中的关键活动,这些活动一直影响着当今的软件开发。为了规避需求风险出现了演化模型,对风险范围的不断扩充衍生了螺旋模型。螺旋模型的最大贡献是将风险源从需求扩大到软件开发过程中的方方面面,但因其模型的抽象层次过高,使其在实际中难于应用。统一过程模型很好地总结了传统生存周期模型的优势与不足,集结了软件工程实践中的最佳经验,提出了自己的过程模型框架。为了解决可操作性问题,从各阶段、活动、任务、评审等工作涉及的人员、输入、输出、执行流程,到工作制品的参考模板、可利用的工具、指南等事无巨细地一一给出,为各层次参与者提供在线指导。MSF模型对产品级开发活动的组织提供了一种值得借鉴的思路。

　　尽管如此,对于具体项目到底采用什么样的过程模型,还有很多具体情况需要考虑,在后续章节中会陆续讨论这些问题。

第 **4** 章

瀑布模型应用实例

第3章以软件开发过程为例,重点讨论了软件工程过程从编码修正模型、瀑布模型、增量模型、演化模型、螺旋模型到 RUP 模型的演进过程。其中的瀑布模型作为最早提出的模型,因其执行过程直接关注软件开发的主要活动,且执行简单易于理解,管理成本低,故通常被用户作为合同过程的默认模型。许多大公司在较为成熟的项目或产品开发中也广泛使用瀑布模型。本章将首先介绍作为 Infosys 公司标准过程的瀑布模型的实例——Infosys 过程模型,然后讨论应用该模型进行具体项目的开发过程中需要注意的问题。

4.1　过程实例活动

软件工程过程模型从较高的层次抽象出软件开发过程中需要执行的过程、活动及任务序列,但因软件开发过程与待开发项目的特点、项目团队对业务及技术的熟练程度、已有的工作积累、团队文化、成本等多个方面相关,因此,在实际应用中,每个公司或团队都是在某一种过程模型的指导思想下,根据综合因素对模型进行剪裁、定制,以使项目团队使用的过程模型能很好地指导开发工作。下面将要讨论的 Infosys 过程模型就是瀑布模型的一个实例。

4.1.1　Infosys 过程模型概述

Infosys 信息技术有限公司于 1981 年由 7 位软件专家创立,总部位于印度信息技术中心——班加罗尔市,在我国上海设有全资子公司。该公司目前在全球范围内拥有逾 2.5 万名员工,2000 年位列福布斯全球 20 强。1993—1994 年度收入仅为 950 万美元,到 2001—2002 年度收入达 5.45 亿美元。其客户遍布世界各地,包括一些从事银行、金融、零售、制造、电信、保险及交通业的大公司——其中 60 家公司在全球财富排行榜上名列前 1000 家,Infosys 已成为印度第二大软件出口商。

　　Infosys 公司有着很高的声望,其内部采用面向过程管理软件开发,同时不断进行过程改进。Infosys 公司 1993 年获得 ISO 认证,1999 年通过 CMM5 级认证。Infosys 公司在软件工程过程改进方面取得的成绩为其企业的良性发展奠定了基础。该公司采用的标准过程模型是对瀑布模型的细化,这里称为 Infosys 模型。该模型每年被成功地应用于 500 多个软件项目的开发。

　　如图 4-1 所示,Infosys 模型把瀑布模型定义的各个阶段划分成更小的阶段或活动,允许这些阶段或活动并行执行。如将系统测试划分成系统测试计划和执行系统测试两个不同的阶段,这样更有利于在团队内部将系统测试计划和编码两个阶段并行执行,而系统测试的实际执行则在编码完成之后。

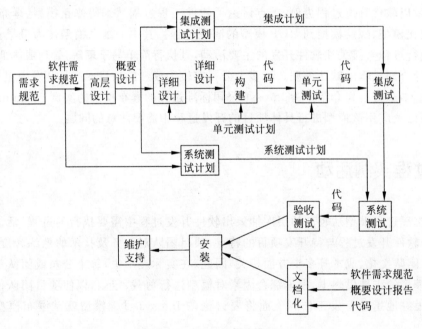

图 4-1　Infosys 过程模型

　　在图 4-1 给出的模型中,将软件开发过程划分成如下阶段:需求规范、高层设计、详细设计、构建、单元测试、集成测试计划、集成测试、系统测试计划、系统测试、文档化、验收测试、安装和维护支持。从图 4-1 中可以看出,各阶段间有明确的依赖关系,但这些依赖关系可以根据实际执行需要进行调整。

　　本章后续内容将详细介绍该模型描述的每个阶段包括的主要活动、开始条件、结束条件、主要输入和输出、参与人员及需要度量的数据。为了加深理解,本章引入周活动报告系统(以下简称 WAR 系统)作为应用该模型的实际案例,来深入阐述该模型在实施中需要考虑的问题。

4.1.2 需求规范

需求是任何软件开发项目的基础。软件需求表达了用户的使用需要和置于软件产品之上的约束,这些产品用来解决现实世界中的某个或某些问题。

需求阶段的活动主要集中在两个方面:问题分析和产品描述。问题分析回答的是"这个软件要解决什么问题? 在解决这些问题时还有哪些要求?"一旦这些问题和要求明确之后,产品描述则是"开发的软件产品是什么样,是怎么解决这些问题和满足要求的。"其过程如图 4-2 所示。

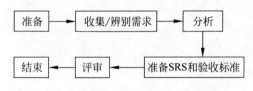

图 4-2 需求分析与规格说明过程

需求分析活动可细分为需求准备、收集和分析 3 个步骤。产品描述活动也可细分成规格说明书的准备、评审和客户的最后认可 3 个步骤。客户认可后,则可建立需求的初始基线。

在图 4-2 中,这一阶段的活动步骤是线性化的,但很显然回溯也是必需的,特别是在需求收集、分析和规格说明的准备期间更是如此。从理论上看,这些需求活动有先有后——收集需求后才能对其进行分析,之后才能写成规格说明。因此,规格说明过程中的这些活动按线性化表述。

本阶段的主要参与人员是系统分析团队、评审团队和客户,主要输出是软件需求规格说明书文档和验收测试标准,结束条件是软件需求规格说明书文档和验收标准被用户签字认可。在实施过程中需要度量如下因素:需求分析与规格说明的工作量投入、需求评审中发现的规格说明书的缺陷数、评审工作量和返工工作量。这些度量数据以及其后的每个阶段输出的度量数据为软件工程过程的量化管理、软件工程过程的改进积累数据。

需求规范阶段的主要活动如下:

(1) 需求分析的准备工作。

- 阅读与任务有关的技术和商业概念等背景资料,参加培训。
- 熟悉目前客户使用的方法和工具。
- 确定信息收集方法。
- 制备获取信息的调查问卷。
- 确定用户组和访谈对象。
- 计划原型。

- 定义需求说明书的标准。
- 开发访谈计划和用户评审计划。

（2）收集需求。

- 建立系统目标和范围。
- 收集功能需求。

  ➤ 确定业务事件。
  ➤ 确定每一事件的输入和输出。
  ➤ 定义输入与输出的关系。
  ➤ 定义事件间的优先级关系。

- 收集外部接口信息。
- 收集操作环境需求。
- 收集性能需求。
- 收集相关的需求标准。
- 收集特殊用户需求。
- 制备原型。
- 评估原型。
- 获取用户反馈信息（基于目前对需求的理解）。

（3）分析需求。

- 开发业务过程模型。
- 开发逻辑数据模型。
- 建立数据字典。

（4）制备软件需求说明文档。

（5）制备验收标准。

（6）评审需求说明和验收标准。

（7）获得用户认可，结束需求阶段。

下面分述需求规范阶段的各种活动。

1. 需求分析的准备工作

为了更好地理解客户的需要，了解待开发系统所承载的业务领域知识、正在使用的软硬件平台技术、客户使用某些特定方法或工具（如果有的话）等相关内容非常重要。为了获得多数用户对某些限定问题的答案，使用调查问卷是很不错的选择。因此系统分析师应该准备与客户业务和操作环境相关的调查问卷。为便于进行用户访谈，可将用户分组。分析客户方的组织结构有助于确定合适的访谈对象。通常情况下，很少有组织在工作任务安排上考虑用户在新系统开发上投入的工作量，这样用户能投入到系统需求分析乃至后期测试等方面的时间非常有限。因此，为了能充分利用用户有限的时间搜集更多的需求，需要开发用户访谈计划来使需求搜集工作能有计划、高效地进行。对于采用不够成熟的新技术的产品，应在定义规格说明之前开发出该技术工作的原型；即使使用成熟的技术，只要时间和资金允许，对关键功能点开发原型也是有益的，因为原型开发在捕获需求方面给用户提供了直观可视化的手段。在开发原型前，应该明确原型目标及其收集用户反馈的机制和计划。

2. 收集需求

收集需求是获取有助于理解客户需要的所有相关信息的过程。需求一般可分为业务需求、功能需求、接口需求、操作环境需求、性能需求、标准需求和特殊需求等。业务需求建立了系统的范围和目标。功能需求是终端用户需要系统完成的业务功能，实现这些功能是项目的基本目标。业务系统响应并处理一系列事件，因此，通过系统对所发生事件的响应及处理过程来理解业务系统的功能。业务系统响应两种类型的事件：由外部实体触发的外部事件和由时间触发的临时事件。必须标识所有事件的输入和输出。事件输入和输出的关系表征了要求系统对业务事件的响应与处理流程。

待开发系统可能与已有的自动化系统或非自动化系统存在很多交互。需要明确标识这些外部接口数据的信息流向，以及希望待开发系统运行的软硬件环境要求。因为上述信息将直接影响系统的设计与实现。性能需求描述了对业务系统响应时间、吞吐量等的约束。这些需求可通过高峰条件和正常条件加以区分。

项目中显然有必须遵循的某些标准，则应明确标识，如用户界面标准、编码标准及文档标准等。

特殊用户需求包含了所有的支持需求，如安全、可靠、备份、事务处理及合法性等需求，这些需求可能对系统的解决方案和开发的工作量产生极大的影响，因此需要明确标识，透彻理解。

3. 分析需求

需求分析的目标是从所收集到的信息中提取出完整地、准确的、一致的、无歧义的需求。分析活动通过构建系统模型实现其目标。模型集中描述了系统为每个用户做什么，而不是怎么做。业务过程模型阐述了系统中数据的处理过程。模型建立的方法有两种：传统方法和基于事件的方法。传统方法是把系统看成一个"黑盒"，标识其输入输出，为系统勾画顶层的数据流图，然后逐层细化，依次标识其各层数据流图。基于事件的方法是列出系统响应的外部事件，为每一事件建立处理模型。

系统的数据模型给出了数据的用户视角。通常数据模型描述为实体关系图。实体关系图给出了系统中的业务实体及其相互关系。通过数据模型可导出物理数据库。在数据字典中描述了业务模型和数据模型中的所有对象。在数据流图中描述了数据的存储、处理和外部实体间的关系。

数据分析后，应制备软件需求规格说明书。这一任务包括将系统的目标和边界文档化，业务模型、数据模型和数据字典等也一并文档化。悬而未决的问题也应该包含在文档中。规格说明书自然要涉及验收标准,验收标准是用户接受交付的软件的条件。通过制备验收标准,可以有利于清晰理解用户认为可以接受的软件是什么。应该对需求规格说明书文档和验收标准进行评审,以获取用户的签字认可。

上面的这一过程描述了传统的面向功能的分析。对于遵循面向对象分析方法的项目,这一过程稍有不同。在需求分析过程中,面向对象方法用对象间发生的事件来刻画需求,建立面向对象的业务模型。"分析需求"活动变成了提取用例。在这种方法中,一个用例包含一个或多个业务事件,对用例的细化叫用例路径,通过用例路径对用例满足的业务事件的处理过程进行详细的刻画。在用例分析的同时还要对使用系统的人进行分类,即找出参与者。将用例与参与者之间建立联系,构建用例模型。

通过对这些用例路径的分析,从中抽取类。对类的属性、方法进行细化,最后构建类图。关于面向对象的分析过程请参见第 5 章的有关部分。

需求分析前,要明确用户开发新系统或新产品的原因,以便准确理解用户希望待建系统/产品解决什么问题?因此在进行需求分析前,对用户目前如何做事的情况进行调查是一个不错的方法。在调查中,根据不同的产品类别,如新产品、换代产品、升级产品、临时产品等,其侧重点也有所不同:

- 新产品——一定要熟悉当前系统支持的业务过程以及新系统上线之后支持的业务过程。
- 换代产品——一定要详细了解现有系统的优缺点。这是在新一代 IT 技术支持环境下需要考虑的问题。
- 升级产品——原系统的结构及其存在的问题。
- 临时产品——已有资金、环境和交付时限。

在需求分析时,应做到:

- 定位系统边界,明确与其他外围系统的接口。
- 不仅要分析需求可能的实现,同时要分析每种实现方案可能出现的问题。
- 突出需求冲突,以便采取折中方案,如完备性和时效性往往是冲突的,保密性和通用性的、先进性与可靠性的平衡等。

目前的系统将会包含正常处理的方法以及处理错误和多种可能性的方法。需求分析不仅会提供有关如何做的建议,而且会提供有关需求做什么的说明。此外,产品必须与已经在使用中的其他系统兼容。对使用新产品的环境进行研究有助于确保新产品顺利地适应这个环境。如,对用户的组织进行研究将有助于确保程序很好地适应这个组织,并且会与目前的工作兼容。

需求分析既要考虑到业务的正常情况,又要考虑到非正常情况。研究正常的业务行为意味着对所有非错误的用户与认为处于正常状态的程序之间相互作用的结果进行定义。正常业务行为通常是问题的最简单部分,需求分析通常以此作为切入点。

然而,没有错误的例子只代表了一小部分的程序行为,考虑并描述一个程序面对错误如何表现是必不可少的。分析者必须设法揭示所有可能出现的错误,并且系统要设法对每种可能出现的错误给予响应。业务系统在运行中产生错误的来源有二:一是与系统交互的用户,二是系统运行的软硬件环境。

4. 撰写需求说明书

计划、收集和分析活动的目的是撰写需求规格说明书,这一文档是需求阶段的主要输出。为了确保所有必要的需求都已纳入,一个简单的方法是定义一个需求规格说明书模板。4.3 节给出了一个需求规格说明书的模板。模板中所列的条目构成了确保完整性的检查列表。对于面向对象分析方法,使用的模板有所不同。

需求抽取、分析和说明的过程是人们试图把客户理念中的目标和概念转化为形式化文档的过程。显然,在这一阶段错误是不可避免的。众所周知,需求阶段产生的错误到系统测试阶段修复代价很高,而且容易因此产生客户和供应商的沟通裂痕,而直接影响客户的满意度。因此仔细确认需求说明书,确保其所描述内容确实是客户需要实现的,这一点至关重要。

需求分为功能需求、性能需求、外部接口需求、设计约束以及质量属性需求。其中可测量的和可交付的这两个质量属性通常是难以规范的。

软件需求规范是从开发者的视角编写的,表达了用户的需要。软件需求规范被认为是开发者的“宪法”,是软件项目中的关键要素,直接影响项目的成功和失败。目前已有多种软件工程和方法可用于发现用户需求、分析用户需求。

需求规格说明书不但是设计和验收测试的主要依据,而且也是编写系统用户手册的基础。用户手册对需求文档的适应性提供了一个独立的检查途径。在编写用户手册时可以很容易地发现系统不易操作的问题。同样,通过阅读使用手册,用户可以注意到先前所忽略的规格中的不足之处。

需求分析成本一般占软件项目总成本的 $4\%\sim10\%$,但却在很大程度上决定了其余 $80\%\sim90\%$ 资金的开销。

在全局的过程模型中,需求确认、需求评审是必需的活动且通常需要用户的参与。在需求评审中,给评审者提供一个检查清单可以提高评审的效率。检查列表出自需求规格说明书模板和过去可能发现的错误的种类列表。应特别指出容易犯的错误:冗长的分类、不正确的事实、不一致、含糊不清,这些是大多数需求文档中常犯的错误。

在需求规格说明书完成撰写与评审后,项目开发进入后续阶段,并同时伴随着需求管理与跟踪活动,在此从略。

4.1.3　高层设计

需求规格说明完成并经评审后即进入高层设计阶段,高层设计是从计算机实现的角度提出满足用户需求的解决方案的过程。它是抽象的高层解决方案。这个解决方案主要包括两个方面：应用系统的功能结构（以实现的逻辑结构表述）和数据库设计。在此期间，确定标准等活动也在并行执行。

本阶段的主要参与人员是系统设计团队、评审团队和客户。当需求规格说明书已经被评审并授权认可，即可进入本阶段。主要输入是软件需求规格说明书文档。输出是高层设计的各种文档：项目标准、包括各子系统和模块规格说明的功能设计文档、数据库设计文档和高层设计评审记录。结束条件是高层设计文档已经通过评审并授权认可。度量数据主要为高层设计工作量、高层设计缺陷、评审工作量和返工工作量。

本阶段主要活动序列如下：

（1）定义相关标准（编码、文档、用户接口等）。

（2）确定/设计操作环境的详细资料。

（3）进行模块设计。

- 划分模块。
- 创建事件和模块间的交叉引用。
- 定义每个模块的处理过程细节。
- 文档化模块的结构框架。

（4）开发物理数据库设计。

- 更新数据模型。
- 将实体关系模型转化为数据库表/记录类型。
- 进行数据规模估算。
- 规格化数据项。
- 建立索引。

为了在限定的工期和成本内，开发出满足用户要求的高质量产品，必须在本阶段确定相关的标准。需求规范和用户接口标准在需求分析阶段已经确定。项目中所有其他必需的标准应该在设计阶段开发完成，这些标准包括细化设计时遇到的标准、代码标准、文档标准等。

操作环境是此次开发的应用系统实际运行的平台，建立该环境应由客户方的经济、技术和其他因素综合决定。因为操作环境可能影响到解决方案，因此在设计前必须充分了解并定义操作环境。

模块设计是将需求分析阶段提取的业务功能转化为软件功能的活动，每个活动都实现了一定的业务逻辑。组成实际应用系统的每个模块实现了业务处理过程的每个业务事件。事件和功能间以及模块与功能间可以是多对一的关系。

软件模块应确保业务处理模型中多个业务事件的交叉引用都得到了满足。这些信息可以通过建立跟踪矩阵来体现。一旦应用系统的功能确定了，所有的业务逻辑都映射到了具体功能模块/对象中。最后通过文档详细描述构成应用系统的所有功能模块/对象及其模块/对象间的关系。

设计阶段按需求规范阶段建立的数据模型提取物理数据库的结构。物理数据库设计包括数据库表、记录类型、字段和其他附加信息的定义。在设计期间,早期开发的数据模型可能会因为功能设计的进一步细化而调整。如某些实体需要添加更多的属性,而有些属性可能是没有用的。数据库结构一经确定,数据模型中的实体就被转化为数据库表和记录,并被规格化。数据库表和记录结构一经确定,即可进行数据库表空间及其文件大小的估算。这些信息对分配数据库空间非常有用。

规格化数据库不是一定要进行的。如果一个应用需要频繁访问某个数据集,则为了提高访问效率,减少联合查找次数,应将这些数据尽量放在一个表中。这是控制规格化的一个例子。出于对性能的考虑,为频繁访问的表建立索引是必需的。这时需要确定建立哪些索引。

4.1.4 详细设计

在详细设计阶段,将高层设计阶段的子系统和模块的规格说明落实到部件或模块。这里的部件是指具有逻辑功能的一个或多个模块。应对每个部件进行逻辑设计并文档化,为每个部件创建一个单元测试计划。详细设计阶段的重要活动包括识别、标识通用过程或程序(如数据确认程序),形成合理的程序框架。此外开发相应的实用工具可以改进生产力。

进入条件:已经评审通过并认可的高层设计文档。

参与者:该阶段的主要参与人员是设计团队成员。

主要输入:高层设计文档。

主要输出:各部件的规格说明书文档和单元测试计划。

结束条件:各部件的规格说明和单元测试计划通过评审并授权认可。

度量数据:主要集中在详细设计工作量、单元测试计划缺陷数、程序框架缺陷数、评审工作量和返工工作量。

本阶段的主要活动序列如下:

(1) 拆分模块为一系列部件。

(2) 开发数据迁移程序(如果需要的话)。

(3) 设计/开发程序框架。

(4) 开发实用工具。

(5) 进行部件设计。

- 确定部件的调用方法。
- 确定输入和输出。
- 设计部件内部逻辑。
- 确定数据结构。
- 确定使用的通用过程。

- 编写并评审部件说明书。

（6）计划单元测试。

- 确定测试环境。
- 确定单元测试用例。
- 确定测试数据。
- 编写并评审单元测试计划。

业务逻辑按模块单位被拆分成一个或多个组件组成的部件。因此详细设计的第一步是将功能分解，并确定这些部件和模块间的接口。如果存在遗留系统，则需要开发数据迁移程序，并测试其正确性。如果没有这些数据，那么待建系统将无法正确运行。因此在此阶段开发和测试数据迁移程序是非常重要的。

程序框架或模板在项目开发中起着至关重要的作用。很多典型的应用程序可以分成几类。同一类型任务的实现思路基本一致。因此一种框架可以实现一种类型的任务，其中的大部分代码都可复用。构建程序框架的优点是尽量统一编程风格，减少对个人编程风格的依赖，同时也减少了犯错误的机会。因为这些框架可以用来开发很多程序，故对其进行评审和测试是非常重要的。

实用工具可以提高生产率。在很多情况下，实用工具的使用可以加速软件的开发过程。为了从实用工具中获得最大效益，应在编码活动开始前，尽早开发这些工具。

部件设计是指对部件的调用方法、输入输出、实现算法、数据结构和模块特征的详细描述。

每一部件的规格说明对应着一到多个测试用例，在实现规格说明的详细设计时，有时要同时设计出测试用例（一般是事后进行测试设计）。详细设计一旦完成就应该写出单元测试计划（包括多少测试部件、多少测试用例、工作量、测试环境和条件、交付结果、完成时限等）。测试部件前，需要首先准备好单元测试用例。为尽量覆盖被测试部件的所有情况，应精心挑选测试数据的取值范围和测试数据的数量，同时要详细描述这些测试数据的建立方法。单元测试计划应文档化并被评审。

4.1.5　构建（编码）与单元测试

在构建（编码）阶段，详细设计被转化为用某一种语言实现的程序。在这一阶段将产生遵循一定编码标准的源代码、可执行程序和数据库。这一阶段的主题是连续的测试与验证。

进入条件：已经评审通过并认可的部件说明书。

参与者：本阶段的参与者是项目团队成员和 SQA 人员。

主要输入：物理数据库设计文档、项目标准、部件规格说明、单元测试计划、程序框架说明、实用程序、工具及其相关文档。

主要输出：测试数据、源代码、可执行程序、代码评审报告/评审记录、独立单元测试报告/评审记录。

结束条件：单元测试计划中的所有测试用例都已经被成功执行。

度量数据：主要集中在构建测试用例和执行单元测试的工作量、代码评审缺陷数、独立单元测试缺陷数、评审和返工工作量。

该阶段包括的主要活动序列如下：

（1）建立测试数据库。

（2）生产代码。

① 编写代码。

② 执行自我单元测试。

• 进行自我单元测试。

• 进行附加的测试。

• 修复缺陷。

③ 评审代码。

④ 记录并修复缺陷。

（3）实施独立的单元测试。

① 准备独立单元测试。

② 进行独立单元测试。

③ 记录所有缺陷。

④ 结束独立单元测试。

测试数据库可以依据需求产生。编写代码是这一阶段的主要活动。在编码期间，软件的详细设计被转化为所选定的编程语言。编码过程包括创建源程序、执行自我单元测试、进行代码评审、执行独立单元测试。在自我单元测试期间，程序员使用详细设计阶段开发的单元测试计划测试自己编写的程序。对发现的缺陷直接修复，不做记录。

一旦程序员提交了自己认为满意的代码，就可进行独立单元测试了。独立测试团队或测试人员根据单元测试计划测试程序员提交的测试部件。独立测试人员研究单元测试计划，建立测试环境，复制或创建测试数据、测试驱动程序和桩程序，记录测试中发现的缺陷。在独立单元测试期间，测试者不修复测试中发现的程序错误，这些错误要程序员自己来修复。一旦缺陷被修复，独立单元测试又要再次执行。

4.1.6　集成测试计划与实施

集成是使用单元测试通过的模块或部件构建项目要求的完整软件结构的过程。集成可以通过很多方法来实现，集成计划必须说明模块的集成顺序。在此期间，测试发现的缺陷一般都与接口有关。集成按照集成计划规定的顺序执行每个测试用例。集成计划描述了集成的顺序、软件开销（包括桩程序与驱动程序）、测试环境和所需资源。伴随集成计划的完成，集成测试计划也就完成了。集成测试阶段的目标是验证由各软件部件组成的软件产品,能否完成应有的功能。集成计划与测试阶段执行的入口与出口条件如下:

参与者:测试团队成员。

进入条件:已经评审通过并认可的高层设计文档。

主要输入:高层设计文档和通过单元测试的模块或部件。

主要输出:集成计划。

结束标志:集成计划和集成测试计划已经评审通过且被认可。

本阶段包括的主要活动序列如下:

(1) 识别环境需求。

(2) 确定集成过程。

- 确定被集成的关键模块。
- 确定集成的顺序。
- 确定集成的接口。

(3) 开发集成测试计划。

- 确定集成测试用例及其执行过程。
- 确定集成测试数据。
- 确定希望的输出结果。
- 序列化集成测试用例。

集成计划的第一步是确定集成的环境需求,它包括硬件、通信及系统软件、使用模式(如单机)等物理特征。模块/部件的集成顺序可以采用自顶向下、自底向上或中间两分等多种方法,如重要的优先集成、新开发的优先集成等。也可将软件分成小段开发与测试,错误很容易被隔离修正,接口也容易全面测试。集成策略的选择取决于软件的特性。为了能尽早进行测试,集成计划应标识关键模块/部件、明确模块间的集成顺序、确定需要测试的接口、需要使用的工具、需要执行的集成活动以及检查测试结果的规程。

集成计划工作最早可在高层设计完成时启动,最晚应在编码与单元测试完成之前完成。这样就可基于模块的集成顺序设计集成测试用例。这些测试用例主要集中在对模块接口的测试上。测试过程描述了执行每个测试用例的输入输出数据、期望的结果。

根据集成计划,制定集成测试计划,指导集成测试过程的实施。在 Infosys 过程中,将集成计划从集成测试活动中分离出来,与详细设计、构建与单元测试并行,以迫使系统设计人员在详细设计阶段的早期就对软件产品中包括的所有模块/部件划分不同的优先级别,如某些重要的且需要优先集成的模块/部件的详细设计、编码等工作尽早安排;某些不很重要的且没有优先集成要求的模块/部件安排在详细设计阶段的后期完成。这样可以使详细设计、构建和单元测试 3 个阶段的工作尽可能并行开展,从而缩短项目开发的总体时间。

集成测试计划的实施用来验证集成的效果。集成测试期间发现的所有缺陷都要记录并修复。集成完成后,一个完整的软件产品就诞生了。

4.1.7　系统测试计划与实施

系统测试是根据软件规格说明书确认软件产品的活动。这一阶段的目标是发现那些只有通过测试整个系统才能发现的缺陷。在此阶段，要验证系统的外部接口、性能、安全、一致性、可恢复性、可靠性等规格说明书中要求的非功能指标与约束。在系统测试阶段，按要求执行不同类型的测试来验证系统是否满足了需求。

参与者：测试团队成员。

启动条件：已经评审通过并认可的需求规格说明书文档和高层设计文档。注意，系统测试计划可以在编码之前完成，事实上，它通常与编码并行完成。

主要输入：需求规格说明书文档和高层设计文档。

主要输出：系统测试计划、系统测试报告和测试结果。

结束标志：系统测试报告已经被评审通过且认可。

本阶段的步骤序列如下：

（1）定义环境需求。

（2）定义系统测试规程。

① 识别被测试的系统特征。

- 标识用户接口。
- 标识硬件接口。
- 标识软件接口。
- 标识通信接口。
- 标识系统执行的主要业务过程。

② 确定没有参与测试的重要特征及其被省略的原因。

③ 确定关键的测试。

（3）开发测试用例。

- 确定每个测试用例及其执行过程。
- 确定输入输出的数据需求。
- 确定期望的结果。

标识环境需要后，应该测试的系统特征以及所需要的边界也就确定了。以上这些为开发测试用例提供了基础素材。系统测试用例主要测试标识出来的系统特征。测试用例描述了每个测试用例执行的过程、输入输出、期望的结果以及检查结果的方法。

一旦测试规程准备好，就可以执行实际的系统测试了。在测试期间，系统测试人员研究测试计划，建立测试环境。测试工作量包括搭建测试域、测试数据库、开发测试工具（如果没有现成工具可用）和其他一些资源。获取或创建测试数据的副本。然后根据系统测试计划，遵循测试规程，执行系统测试用例，检查测试结果，标识缺陷位置。如果需要附加的测试用例,那么将用新的测试用例更新测试计划,并再次执行测试用例。测试人员将测试中发现的缺陷提交开发人员进行修复。一旦缺陷被修复,则需再次执行系统测试。

系统测试验证系统在运行每一个测试用例时,是否得到了预期的结果,是否修复了已标识的缺陷。如果在测试中发现了严重缺陷,那么测试人员有权决定系统测试是否继续。根据测试的结果和查出的缺陷,建议是否重新设计与实现。开发团队应分析每个失败的测试用例,确定其缺陷的修复方法,然后记录变更、更新文档,并修复缺陷。

通过系统测试的软件将被打包成全功能的可运行的软硬件系统并被部署到用户现场,此时还伴随用户培训等活动的展开。

4.1.8　验收测试与安装

验收测试是指将软件产品集成到用户的操作环境,在接近于真实环境下或在真实环境下测试系统,以确保软件产品达到了用户的要求。这一阶段包括两个主要任务:用户验收软件系统和在客户环境下安装软件产品。

客户根据早期制定的验收测试计划组建正式的验收团队/小组,在真实或接近于真实环境下执行验收测试用例(其主体源于集成测试用例集和系统测试用例集),分析测试结果,确认系统是否达到了验收标准。若测试结果达到了验收标准,用户接受该系统,则在实际的生产环境中安装软件。

验收测试与安装阶段执行的启动与出口条件如下:

参与者:安装团队、客户、项目负责人。

启动条件:系统测试成功完成。

主要输入:被测试的软件和验收标准文档。

结束标志:客户在验证文档上签字。

主要输出:在用户的真实环境下,软件安装完成。

度量数据:本阶段投入的工作量、发现的缺陷数量。

本阶段主要活动如下:

(1) 执行验收。

① 制定验收计划。

- 从客户方获取验收环境的详细描述。

- 准备安装。

- 准备软件发布文档。

② 参与验收。

- 在验收环境下安装软件。

- 运行软件。

- 协助客户做验收测试。

- 修复验收中发现的缺陷。
- 更新文档,反映最新变化。
- 从客户处获取验收签字。

（2）执行安装。

- 在生产环境下安装软件。
- 建立生产环境。
- 装载数据和软件。
- 引导运行软件。
- 为每个安装获取用户签字。
- 修复安装缺陷。

（3）组织客户培训。

与其他活动一样,必须首先为验收测试准备计划。准备好的软件发布注释中包含了指导用户如何一步步安装软件的说明书。说明书中包括了有关创建目录结构的信息、安装的源目录和执行目录、需要装载的安装数据等。验收测试的执行者是客户。开发团队协助客户完成测试工作。验收测试需要建立一个测试环境,这个环境是生产环境的镜像,因此应该尽可能接近于生产环境。依据安装计划,在验收环境下安装软件、创建验收测试数据。对安装时遇到的任何问题都要记录下来,并文档化。同时更新安装计划。标识验收测试中发现的缺陷并尽快修复。

验收测试完成后,软件必须正式发布以用于生产。除了软件需要装载到用户主机上外,其他步骤与验收测试相似。在安装期间,基本目标是将软件嵌入到用户的生产环境中,供终端用户使用。在准备过程中,需要收集所有与最后的软件产品相关的信息,如数据库数据、操作文档和安装计划等,并将这些信息打包到用户指定的介质上交付给用户。根据安装计划,将软件产品和需要的数据安装到生产环境。

可用数据装载到数据库后,系统就可实地运行了。如果现场条件影响了系统性能,那么这些影响都要文档化。对在安装中遇到的任何问题都要文档化,并修复它。安装完成后,必须获得客户认可的签字。相关小组可为用户提供如何操作软件的培训。

当软件产品已经顺利安装到用户实际生产环境,并通过用户的验收后,系统进入维护支持阶段,直到软件在生产环境稳定运行为止,该阶段才结束。

4.1.9　维护支持阶段

维护支持阶段是指应用系统从安装到用户环境到稳定运行这段时间。

参与者:安装团队。

入口条件:应用系统已在生产环境运行。

主要输入:应用系统安装报告、用户使用文档和验收测试与安装期间出现的软件问题报告。

　　结束条件：合同规定的保证支持期已满足，用户在项目完成报告上签字。

　　主要输出：用户签收认可的文档和维护支持报告。

　　度量数据：维护支持阶段的工作量、发现的缺陷数。

　　维护支持阶段结束后，软件应用系统全部移交给客户。标志着软件开发过程彻底结束，同时软件运行与维护过程开始。

4.2　文档编制

　　在软件开发过程的各个阶段中，凡是对软件开发有影响的信息都要文档化，如各阶段的重要输入输出制品、各种活动记录等。这些文档可分为两类。一类是用于开发、修改和历史存档的内部文档，如与产品制作相关的各种项目计划、分析报告以及与产品相关的软件需求规格说明书等类文档。这类文档已在本章前面讨论的各阶段内容中介绍过。另一类文档是外部文档，也是本节将重点讨论的文档，该类文档主要是指提供给用户的产品操作手册、培训资料和其他用户所需文档。这类文档可以是开发团队自己撰写的，也可以是文档团队使用开发团队提供的基本素材撰写的。

　　该阶段的主要活动如下：

- 准备用户手册。
- 准备操作手册。
- 准备数据转换手册。
- 准备在线帮助。
- 评审文档/手册。

　　尽管文档编制可以在需求规范阶段结束后的任何时候开始，如需求分析完成就可以开始编写初步的用户手册，这有利于进一步验证需求的准确性。在系统测试过程中，可以逐步开展用户培训，因此用户使用手册最好在系统测试前完成，最迟也应该在验收测试前完成。有关培训资料等应该在有关培训前提供给用户。

　　项目的后期阶段的努力目标是尽快结束项目，涉及软件开发活动的人数也在逐渐减少。

4.3　WAR 系统开发过程实施案例

　　定义过程的目的是为了很好地实施过程，为此本章给出每个阶段的具体实施考虑。按照面向过程的形式组织实施软件开发过程通常有两种方法。第一种是首先标准化过程，给出完成每个阶段的方法、步骤和规则的标准，然后再对具体步骤的执行过程给出定义，并辅以材料说明。最终目的是给出详尽的过程说明书,保证项目相关人员能够了解这些方法、步骤和规则,并按照说明书有效的实施软件开发。第二种方法是只关注输出和输出制品的质量,而不关注每个阶段实施步骤的具体细节。因此了解阶段性输出是首要的,具体的步骤只是作为指导。这种方法要求阐明期望输出以及判断和评价其品质的策略和方法。

为了说明 Infosys 模型中各阶段及其活动的执行情况,本章将综合以上两种方法以 WAR 系统为例,给出 Infosys 模型的每个阶段的一些实施考虑。当然主要关注点是项目实施过程中生命周期各个阶段的输出,同时也定义了各个阶段内的步骤,不过只给出关于这些步骤如何使用的指导性说明。

4.3.1　WAR 系统需求概述

BA 公司是一个多年从事软件研发的机构。为了能更好地改进现有软件工程过程,提高工作效率,BA 公司希望能开发一套新的 WAR 系统,来跟踪员工每天工作时间的分配情况。

1. 原始需求

在 BA 公司,一个项目正式启动的同时,其项目计划(使用 Microsoft Project(简称 MSP)创建的)也随之提交到公司内部项目管理数据库中。项目计划中明确标识了每个项目组成员所承担的任务及其完成时间。项目组成员则每周结束前提交该项目的周活动报告,列出每天花费在不同活动(注:每项活动由代码唯一标识)上的时间。

活动本身又分为计划内和计划外两种。计划内活动是在这个项目计划中明确标识分配给每个人的活动。这些活动由系统自动同步到个人 WAR 中。计划外活动是一些项目计划外的其他活动。对于这些活动,则要求用户在 WAR 中明确地设定活动的代码。

BA 公司现有的 WAR 系统是 C/S 结构的,公司职员每周需向系统管理员提交个人周活动报告的纸件,再由系统管理员录入到系统中。因此 BA 公司希望新版 WAR 系统要具备如下特性:

- 能提供一个支持不同操作系统终端(UNIX、Apple、Windows)的基于 Web 的访问界面,使员工轻松访问系统。
- 公司职员可以直接向系统在线提交个人周活动报告。
- 公司职员可依据权限浏览个人承担的任务列表。

2. 需求分析与规格说明

这是一个内部联机系统,所有提交的 WAR 都保存在一个中心数据库中。公司的所有员工,包括 CEO 在内,每周都需要通过 WAR 系统向其上层管理者提交个人 WAR。经过上层管理者审核通过后,报告提交完成,此后提交的 WAR 不能再修改。如果某人在规定的时间内没有提交报告,则认为他休假了。

一个 WAR 记录项由一个记录序列组成,每周一个记录。每个记录是一个条目列表,每个条目包含如下字段:部件代码、模块代码、任务代码、任务描述和从周一到周日的工作小时数。

任务代码表示任务的特征。为了做到组件级监控,以及便于支持项目间的分析与比较,需要采用统一标准对模块或组件的工作量进行认定,因此需要将任务代码标准化。表 4-1 给出了 BA 公司的项目采用的任务代码。

表 4-1　工作量的任务代码

任务代码	描　　述	任务代码	描　　述
PAC	验收	PIA	影响分析
PACRW	验收测试后的返工	PINS	安装/客户培训
PCAL	项目捕获器	PIT	集成测试
PCD	编码和自我单元测试	PITRW	集成测试后的返工
PCDRV	代码走查/评审	PRI	项目启动
PCDRW	代码走查后返工	PPMCL	项目收尾任务
PCM	配置管理	PPMPT	项目规划和跟踪
PCOMM	沟通	PRES	技术问题研究
PCSPT	客户支持任务	PRS	需求规范任务
PDBA	数据库管理任务	PRSRV	需求规范评审
PDD	详细设计	PRSRW	需求规范评审后返工
PDDRV	详细设计评审	PSP	策略规划任务
PDDRW	详细设计评审后的返工	PST	系统测试
PDOC	文档	PSTRW	系统测试后的返工
PERV	模型和图纸的评审	PTRE	项目特有的培训任务
PERW	模型和图纸的返工	PUT	独立单元测试
PEXEC	建模和制图	PUTRW	独立单元测试后返工
PHD	高层设计	PWTR	等待资源
PHDRV	高层设计评审	PWY	保修期间工作量
PHDRW	高层设计评审的返工	PWY	

任务代码为很多阶段的返工提供了专门的代码。这种分类有助于计算质量成本。达到组件级工作量与成本监控粒度后,就可以按阶段分析工作量数据或者按子阶段分析工作量数据。项目规定的程序代码和模块代码用于记录项目的不同单元的工作量数据,从而简化了对单元的分析。

为了简化项目级计划的工作量和实际所花工作量的分析,WAR 系统与项目计划——MSP 描述相连接。项目人员只有在提交了项目的 MSP 后才开始提交项目的 WAR(一旦提交了 MSP,系统就知道了哪些人应该从事该项目)。在 MSP 中,列出了本项目的所有计划内任务,并为每个任务指定了负责人;没有列出的任务都属于其他项目任务,出现时才添加到 MSP 中。

输入一周的 WAR 时,用户根据屏幕进行操作。屏幕被分成两部分:计划内任务和计划外任务。在 MSP 中,每周分配给某个特定人的所有任务都显示在那个项目计划的任务部分。用户不能增加或者修改该部分中显示的任务,只能输入不同的任务每天所花的时间。为了登记计划外任务所花时间,用户可以在该项目的计划外部分输入任务代码及其描述以及这些任务每天所花的时间。

WAR 系统的需求规格说明书如表 4-2 所示。

表 4-2　WAR 系统需求规格说明书

1. 概述

　　本文档描述了周活动报告系统(the weekly activity report system)的需求。

1.1　现有系统

　　BA 公司利用 WAR 现有系统记录周活动报告,系统是基于图形界面的 16 位应用程序,能够安装在以下操作系统上,如 Windows 3.X、Windows 95、和 Windows NT。但 WAR 现有系统本身有如下限制:

- 在 MS Project 中的条目不能删除,因为删除操作可能导致数据丢失。
- 在系统运行时,MS Project 文件不能被改变。
- 人们只能在本地网内访问 WAR 系统。
- 不允许出现 MS Project 数据冗余。
- 如果 WAR 系统没有被授权,那么任务无法标记成百分之百完成(如果使用者在授权之前打开任务,那么会导致 WAR 系统中的活动消失)。
- MS Project 数据上载应用不够健壮。

1.2　待改进系统的目标

　　待开发系统的目标就是针对现有系统的局限性进行完善。这些系统需求不但是汇集了不同层面的用户反馈,同时也是基于过去的缺陷记录和请求给出的。

　　以下是具体的待改进系统的目标。

- 全球性:WAR 2.0 可应用于互联网。
- 位置独立:WAR 2.0 应该可以适应在不同的地理区域中的各种客户端。
- 灵活部署:由于位置独立,通过被复制到各自位置的本地数据库,用户应该可以很容易的访问数据。
- 重用性。
- 操作流程:系统应该给出 WAR 系统业务流程的注释和说明。

2. 功能需求

2.1　系统需求

- 对于每个项目,用户应该可以从标准集和代码模块集中指定活动代码集。
- 公司内部项目管理数据库系统中,项目经理可以清除项目数据,而对 WAR 系统没任何影响。
- 任何时候,任务都能够标记为 100% 完成。
- MS Project 是 WAR 2.0 系统唯一的项目计划工具。
- 系统会自动对数据进行清除和存档操作。

2.2 业务事件

系统支持的外部事件:

- 进入 WAR 系统。
- WAR 系统的评审与授权。
- 项目精确信息的建立。
- 项目收尾。
- 上传项目计划。

系统支持的内部事件:

- 定期产生报告并分发给授权用户。

2.3 界面

- 登录界面。
- WAR 进入界面。
- WAR 评审/授权界面。
- 活动代码的主要维护界面。
- 模块代码的主要维护界面。
- 生成报告界面。
- 为填写报告的用户注册界面。

2.4 报告

- 用户提交的个人周活动报告。
- 待特殊审批的个人周活动报告。
- 给已注册用户的系统自动报告。

3. 外部接口需求

- 通过对比职工号码表(可从企业数据库获得)确认用户 ID。
- 只有在企业的数据库中有定义的项目才可用于 WAR 2.0 系统。
- 现有的 WAR 系统已经具备了遗留系统接口。

4. 运行环境要求

在 HLD 设计结束后,软硬件环境要求将会被重新界定。

4.1 硬件环境

奔腾服务器,512MB 内存,40GB 硬盘。

4.2 软件环境

- Netscape 公司 Web 服务器(高速轨道/企业版)运行在 Windows NT 4.0 上。
- SQL 服务器 6.5。

4.3 网络环境

为达到预计响应时间,至少需要 10Mbps 网速。

4.4 通信协议

TCP/IP、IPX/SPX。

5. 性能需求

- 每次打开 WAR 系统的时间小于等于 5s。
- 保存 WAR 系统详细信息时间小于等于 5s。

6. 验收标准

应满足进入系统、评审和报告相关的所有的需求。

7. 标准需求

BA 公司标准应被有效运用。另外，在执行任务前应该先给出标准。

8. 特殊用户需求

8.1　安全和授权

将存在 3 类用户：企业经理、项目经理和用户。下列各项是安全限制：

- 企业经理有权维护整个公司用到的所有活动的代码表。
- 项目经理有权定义活动代码组或项目代码模块。
- 用户必须通过身份和密码验证才能成为有效用户。

8.2　审计跟踪

审计跟踪将主要用来记录增加、修改和删除企业和项目级的活动或代码模块，而不对 WAR 系统登录和授权起作用。

8.3　可靠性

- 在 MSP 中删除条目不影响 WAR 系统数据。如果该数据被标明是描述被删除任务的数据，则这个任务应该一直显示直到不存在该类数据为止。
- 报告从活动表格和离线表格都可以选取数据。
- 自动生成报告应该是可靠和健壮的，一旦产生任何错误，系统都应该通知 MIS 部分。

8.4　事务处理量和数据容量

数据库中每张表格可容纳 100 000 条记录。如果超过界限，数据将会自动地被从活动表中清除，同时保存在离线表中。

8.5　备份和恢复

没有特别要求，组织的备份方案可满足目前的需要。

8.6　分布式数据库

为改进系统的性能/正常运行时间，每个 BA 站点应该有一个本地数据库服务器/网络服务器。

8.7　数据迁移

重新设计后，所有的现有数据(在活动表和离线表中的)将移动到新系统的各自表中。

8.8　数据持久化

所有的数据都必须存档，要么保存在活动表中，要么保存在离线表格中。

8.9　用户培训

应用程序的试用版本发布同时将提供用户培训。

8.10　用户手册和帮助

系统中嵌入在线帮助。

8.11　自动和手动功能

创建企业管理者账户和移动旧系统数据到新系统的操作都必须手动完成。

9. 强制约束

无。

10. 原型

由于用户界面可以很好地展示系统的详细需求,所以开发系统原型,作为用户界面和系统导航的演示程序。

下列各项列出了这一原型的目标:

- 通过确定界面细化需求(用户定制界面,可以使双方对概念细节理解一致)。
- 确认网络条件下执行限制(在电子数据表中,总计操作无法完成时,必须单击刷新按钮)。
- 确认用户界面和导航设置。
- 确认捕获或显示哪些细节和数据元素(输入输出的细节)。
- 增加次要特征。

3. 需求变更与跟踪

(1) 变更管理过程

在 Infosys 模型中,需求变更管理过程如图 4-3 所示,具体包括如下步骤:

- 记录变更。
- 分析变更对工作产品的影响。
- 估算变更申请所需投入的工作量。
- 重新估算交付的时间表。
- 执行累计的成本影响分析。
- 获得客户认可。
- 修改工作产品。

图 4-3　需求变更管理过程

维护变更申请日志,以跟踪变更申请。日志中的每条记录项都包含一个变更申请序号、关于变更的简单描述、变更的影响、变更申请的状态以及关键日期。在评估变更申请的影响时,必须进行影响分析:

- 影响分析涉及标识出需要进行变更的工作产品,并估算对每种产品的变更量。
- 通过重新查看风险管理计划,重新评估项目风险。
- 评估需求变更蕴含的总工作量和进度估算的变化。

客户和项目经理需要对分析结果进行评审,并做出答复。变更申请一般作为需求规格说明书附件。有时还需要修改文档的有关部分以反映所做的变更。监督已认可的变更申请并保证它们正确实现。这部分由配置管理过程处理。

如果实现变更所需的总工作量不超过某个预先确定的值,则认为此变更是次要的。次要变更通常作为项目工作量的一部分,利用计划的估算中预留的缓冲工作量。主要变更通常对工作量和进度有更大的影响,并且必须得到客户的正式批准。高级主管通过状态报告和里程碑报告掌握变更情况。

(2) 变更的记录与跟踪

为了说明变更及变更管理过程的输出,可定义包含如下属性信息的简单模板。

- 变更申请号:每种变化都被赋予了唯一的一个变更申请号。
- 变更说明:给出了对变更的简短描述。也可包括变更分类(如设计变更、合同变更、功能变更、性能变更等)说明的变更性质等内容。
- 影响分析:记录了影响范围、需投入的工作量、隐含对进度的影响概要总结。
- 变更状态:说明变更需要完成的最后期限。
- 变更需求被批准的时间(如果需要批准的话)。

表 4-3 和表 4-4 使用通用模板给出了两个变更需求的例子。表 4-3 中的例子说明,本次申请的变更既影响工作量又影响进度。影响分析结果说明这些因素的影响。分析报告还表明客户已经接受了影响分析。表 4-4 给出的例子说明,这个变更对需求的变更管理影响不大。

表 4-3　×××项目的变更申请的影响分析

申请号:_____5_____　　　　　　　　日期:_____2007 年 8 月 1 日_____

变更说明

　　本变更申请是使客户机屏幕根据监视器自动地调整分辨率。这一变更是必需的,因为该项目的所有监视器的分配率都是 800×600,而其他使用该应用的商业伙伴使用的监视器可能为 1024×768。

影响分析

　　变更分类:主要变更,因为它影响所有屏幕。

　　解决方案:布局管理和每个组件的约束设置必须加以修改。由于 Apple 实现,因此必须变更代码,以便屏幕自动地适应监视器的分辨率。

　　工作量影响:总屏幕数为 40。实现一个屏幕分辨率将用 12 个小时左右。因此,估计实现这一变更所需要的总工作量为 480 人时(大约 53 人日)。

　　进度影响:因为团队的平均人数为 5.5 人,所以实现此变更申请对总进度的影响大约为 10 天。

状态

　　影响分析得到客户的认可,并立即加入到需求规格文档中。项目进度将发生变化;在需要的地方,里程碑的日期也可能发生变化。

　　经手人:_____×××_____　　　　　　评审人:_____×××_____

表 4-4　×××项目的变更申请的影响分析

申请号：　　7	日期：　　2007 年 9 月 1 日

变更说明

　　IS-41 分析器——CMDA 的 IS-41 分析器支持。

影响分析

　　不必专门对 CDMA 的配置模块和分析器进行修改。可以重用 TDIVIA 代码和脚本。netconfig 类和 analyzer 类也可以被重用。受影响的模块如下：

- Cgaapp 模块：为 IS-41 单独提供触发分析。
- Cdmaroi 模块。
  - TRIS41 ROI 内容复制到 TRCDMAIS 41 ROI 中。
  - 在 TRCDMAROI 中有一个纯虚拟方法用于设置 ActualCallModelManager，需要对它进行重新定义。
- silverO6guiapp＋＋模块。必须在资源列表中增加 IS-41 项。

进度影响：无。

工作量影响：5 人天。

状态：将被合并到 CDMA 包中。

　　在这些例子中，影响分析的详细内容对于理解需求变更管理过程并不重要。尽管在模板中对变更需求进行了具体说明，但对一个实际的变更需求的跟踪则通过配置管理过程来实现。

　　需求变更的风险之一是，尽管每个变更本身都不大，但一个项目全周期的需求变更的累积影响则很大。如果一个项目频繁接受变更，即使每个变更都很小，这些变更也会严重影响项目的执行。因此除了研究并跟踪个体变更需求外，还要监控累积变更需求对项目的影响。为了累积这些变更，可使用需求变更表单记录每次变更对工作量和进度的影响，表 4-5 说明了对每个变更的维护过程。

表 4-5　跟踪变更的累计影响示例

变更申请号	变更申请日期	变 更 说 明	工作量(人天)	状 态
1.	2 月 18 日	具体用法统计	3	2 月 22 日，关闭
2.	演示期间	用户分组	2	打开
3.	演示期间	强制用户退出	2	打开
4.	2 月 18 日	知识用户的存档	5	2 月 27 日关闭
5.	演示期间	复制窗口	1	打开
6.	演示期间	保存一棵扩展树，并根据需要检索相同的树	10	打开
7.	演示期间	从一个特定的节点启动的能力	2	打开
8.	演示期间	删除时列出所有节点	1	打开
9.	2 月 18 日	注释(创建/删除/批准/修改等)	10	打开
10.	2 月 23 日	PFNETCONFIG——压缩格式的 netconfig 支持	10	打开
11.	2 月 23 日	S-41 分析器——CDMA 的分析器支持	5	3 月 1 日关闭
合计			51 人天	

通过表 4-6 可立即获得这个项目到目前为止需求变更的总费用。需要注意的是,每个项目在做计划时,为了处理"突发事件"都会预留一定的"缓冲时间"。当变更需求需要的工作量及进度在这个"缓冲时间"内可以承受时,对项目的实施不会造成太大的影响。但当这种累积的工作量超过了这个阈值后,需求变更将对整个项目的工作量和进度造成严重影响。在这种情况下,需要重新评估这种需求变更请求。

(3) 需求跟踪管理

在 Infosys 模型中,使用跟踪矩阵跟踪需求。支持跟踪最简单的途径就是建立从需求到设计、从设计到编码、从编码到测试用例各元素间的映射关系图。跟踪矩阵可担当此任,表 4-6 给出了从一个项目入口跟踪需求的一些信息,通过剪裁其内容,可适应不同类型项目的需要。通过表单或数据库可支持矩阵本身信息的存储。

表 4-6　跟踪矩阵

需求编号	描述	高层设计文档编号	对应的设计(功能/结构/数据库)	对应的实现(程序段,类,继承类)	单元测试用例	集成/系统测试用例	验收测试用例
1.1.2	实时数据收集与综合显示	5.3.2	数据收集与显示接口	PB405 数据收集	♯12	♯46	♯11
				CICS203 高亮分开显示	♯1	♯47	♯11

在这个矩阵中,"需求编号"是需求规格说明书的索引号。采用适当机制可对需求规格说明书的每个需求赋予唯一一个索引号。"描述"一栏的内容来源于需求规格说明书。描述的内容可使用关键词、简单句子等。这些描述看似冗余,但却增加了矩阵的可读性,并自成体系。"高层设计文档编号"是满足相应需求的功能设计说明书编号。"对应的设计"是包含满足相应需求的设计文档。在大多数情况下,一个程序实现一个需求,"对应的实现"一栏给出了实现这一需求的那段程序。注意可能需要多段程序实现一个需求,这时需要同时列出。

跟踪矩阵描述了需求在开发的不同阶段的演化过程。这有利于确保所有的需求都在构造的软件中得以体现。除了验证需求确实被实现外,更关键的目标是确保每个需求都得到了测试。这对于非功能性需求,特别是性能需求非常重要。跟踪矩阵中也包含了测试计划和测试用例的索引。所有程序级的需求都至少有一个集成/系统测试用例与之对应。典型的集成测试计划中明确表示了业务测试用例和技术测试用例。

跟踪矩阵有助于追踪生存周期各阶段所有需求的演化轨迹,这样可以减少因遗漏需求而造成的返工。此矩阵为复审人员提供了快速、方便的工具来检查所有需求是否被实现。也有助于给客户演示,以说明所有需求都已在软件产品中体现,并进行了足够的测试。

因为在生存周期中,设计经常变化,所以如果不能正确、及时地维护跟踪矩阵,其作用是非常有限的。起初,矩阵中只包含前两项数据,随着项目的推进,不同列的数据被添加进来。更新矩阵最容易的方法是在相关阶段复审结束点上完善。为了维护一个项目的跟踪矩阵,在所有工作文档中必须采用标号机制。

建立矩阵并实时维护矩阵后,需要进行完整性检查。这里给出了一些检查点和步骤。依据项目或客户的需要,其他检查也很容易设计。

- 遍历需求文档和矩阵,确保所有需求都在矩阵中列出,没有遗漏。这一目标可以通过使用需求义档中的编号对矩阵分类,然后检查二者是否一一对应。
- 确信在最后的软件中,所有列出的需求都有相应的程序与之对应。没有不需要的代码或程序。每个程序、类和其他元素都在矩阵中提到了。
- 一个人检查所有的功能需求都被实现,没有空列。对于其他需求,如果设计和程序栏是空白的,则应确信仔细检查并确认过这些需求对程序没有直接影响。
- 对于每个性能需求应该建立一些测试用例。利用矩阵,可以容易地发现测试用例对每个性能需求的核查是否适用。
- 集成和系统测试计划可在矩阵中交叉使用,以确认系统测试计划中包含了需求中的所有情况。

在需求变更时维护矩阵的完整性不是很容易。需求变更通常以两种方式反映到需求文档中:改变文档中已存在的需求或添加变更请求。可以通过更新跟踪矩阵的方法来跟踪需求文档的更新。如果需求变更请求反映到了文档中,那么需要在矩阵中增加一个附加的需求来反映需求的调整。如果是一些已存在的需求的变更,则需要看这个条目是否需要改变;如果需要调整,则改变之。

4.3.2 高层设计阶段

高层设计是软件生命周期的一个阶段,它从技术角度探讨如何解决客户需求。它给出了在较高抽象程度上的解决方案。功能设计文档和数据库设计文档是这个阶段的主要产品。有时也包括说明如何搭建运行环境的文档。

在这部分给出了 WAR 系统的部分功能架构设计文档和数据库设计文档。WAR 系统运用了组件架构技术,所以架构说明书的模板也适用于组件技术。

在 WAR 的功能架构设计文档中,首先详细说明了架构内的所有层和层间传递的参数;然后细化应用层,列出构成应用层的组件,定义各个组件的实现,定义类并且声明类中的方法,如表 4-7 所示。但是在摘要说明书中只给出了几个组件的说明。此外,组件说明书还包括了安全处理、异常处理等。在这里不一一细述。

数据库设计文档中给出了系统需要的所有表格,并且包括每个表格的属性,主键和外键等。

表 4-8 中给出的只是其中一部分。除了这些表格,这部分还从不同应用角度,给出了存储过程和必需的触发条件。实际上,在 WAR 系统中,已经忽略了大约 30 多个类似的过程。

表 4-7 　WAR 功能架构设计文档示例

WAR 功能架构设计文档

WAR 2.0 是一个基于 Web 应用的软件,包含 4 个层。

1. 界面层(The User Tier):页面浏览器,运用 Java 实现,可运行在个人工作站上。

2. Web 服务层(The Web Server):访问客户端服务。

3. 应用服务层(The Application Server):中间层,独立于用户和数据库服务器。

4. 数据库服务层(The Database Server):终端。

客户端是 VB 5.0 开发的可用于 32 位 CGI(计算机图形接口)的应用程序。必须安装 Windows NT 4.0 服务器用于 Web 访问。同时为了与中间层中不同的应用组件进行通信,采用了分布式对象组件模型(DCOM)。这一层的原型版本已经完成,但相关文档并没有作为独立的一部分给出。数据库设计采用 MS SQL 服务器 6.5 关系数据库管理系统数据,数据库设计将在单独的文档中说明。

组件(Components)

本系统总共有 6 个组件,有些组件可能由多个类构成,但多数组件只包含一个类。这里只列出其中很少一部分组件,并说明它们包含的类和类中的方法。

用户接口组件(Component UserPreferences)

返回和存储来自用户的一些参数。

类:clsUserPreferences 建立一个模板,对一个指定 ID 的用户的设置,进行检查并存储到数据库中。

方法:fnGetUserPreferences、fnGetWarsToBeAuthorized

登录修改组件(Component WAREntryReview)

主要处理登录和修改界面包含的功能。

类:clsGetWAREntryData 建立一个模版,检查和存储 WAR 登录的具体信息和一个面向多种用户的邮件链接接口(a Mail Interface)。

方法:fnCheckMyWARStatus、fnGetMultipleINARStatus、fnGetPlanned Detail、fnGetUnPlannedDetails、thGetAuthIdProject

类 cisGetWARReviewData 建立一个模板用来评估 WAR,保存其检查结果,包括状态和注释,并再次打开经授权的 WAR,包括邮件接口。

方法:fhCheckWARSubmittedToMe、fnSaveWARReview、fnInsertRecordIntoMailRequest

表 4-8 　WAR 数据库设计文档示例

WAR 数据库设计文档

1. 表格

属性/域

序号	主键	列名	数据类型	大小	空	默认	检查约束
1	Y	txtActGroupCode	char	8	N		
2		txtActGroup Description	char	50	N		
3		dtLastModified	Datetime		N	today	

索引

序号	列名	聚族/非聚族
Primary-key	txtActGroupCode	Clustered

注：该表记录了 WAR 系统支持的所有活动的代码

属性/域

序号	主键	列名	数据类型	大小	空	默认	检查约束
1	Y	TxtActCode	char	8	N		
2		TxtActDescription	Varchar	40	N		
3		TxtActGroupCode	char	8	N		
4		DtLastModified	Datetime		N	today	

索　引

序号	列名	聚族/非聚族
Primary-key	txtActCode	Clustered

外　键

序号	引用表	键列	外键列
1	WARMstActGroupCode	TxtActGroupCode	txtActGroupCode

2. 存储过程

这里有超过 30 多个关于各种活动的存储过程,如增加、删除、保存。

以下是部分例子:

spWARGetCorpCodes, spWARGetNotSubmittedUst, spWARGetPlanForWeek, spWARGetProjAct Codes, and spWARGetUnPlanDetails

这里省略了关于它们的具体说明。

4.3.3　详细设计阶段

详细设计有两个主要输出：对高层设计中标识的组件的逻辑设计和系统的单元测试。

在组件的逻辑设计期间,需要给出高层设计阶段已确定模块的所有实现细节。包括每个模块的算法和数据结构。基于详细设计阶段的输出,编码阶段使用选定的语言实现逻辑设计。

如果每个组件的逻辑设计都在详细设计中给出,那么文档可能很大,若只对 50％的重要模块进行逻辑设计,逻辑描述占编程总量的 20％(以代码行计),则对于 4 万行规模的系统的详细设计文档,应该接近 100 页。

对于 WAR 系统,详细设计说明了大多数模块的逻辑设计,如表 4-9 所示。表 4-9 只用一个包含几个方法的类的详细设计举例说明详细设计说明书的本质。

表 4-9　WAR 详细设计文档部分内容示例

Class cIsSetup of Component ComSetup

Private Function fnGetUserPreferences (strUserId As String) As Variant

示例目标变量 Lobi UserPref 引用组件 comUserPreferences 中的类 c1sUserPreferences

利用 LobjUser Pref 调用 fnGetUserPreferehces(strUserId)的方法

结果赋给安全组 LvarUserPreferences

fnGetUserPreferences 返回这个安全组

Private Function fnGetUserPermissions (strUserId As String,strCon- text As String,strProject As String) As String

获得 RDO 环境和连接

创建 SQL:strSQL = "SpWARGetUserPermission"+ strProject.

执行这个 SOL。

获得 RDO 的结果集

在一个安全组中获得结果集

利用这个安全组 fnGetUserPermission 返回许可

许可可以是"Auth" or "NotAuth."

关闭 RIDO 连接

Private Function finGetProjectInfo (ByVal strProjectAs String) As Variant

示例目标变量 Lobi Cache 引用组件 comCache and reference 中的类 c/sCache

利用 L_objCache 调用 fnGetProjectInfb(strProject)的方法

结果赋给安全组 LvarProjectInfo

fnGetUserPreferences 返回这个安全组

Private Function fnGetActivityCodes (ByVal strProject As String) As Variant

获得 RIDO 环境与连接

创建 SOL:strSQL = "spWARGetActivityCodes" + strProject.

执行这个 SQL

获得一个 RIDO 结果集中的结果

获得一个安全组的结果集

fnGetActivityCodes returns this safe array.

关闭 RDO 连接

4.3.4　构建与单元测试阶段

该阶段的主要活动是编码和对已完成编码模块的单元测试。编码将详细设计中描述的逻辑转换为特定语言的描述,故指定的编程标准非常重要。这里没有给出某个模块,但通过给出代码评审表（见表 4-10）来反映编码中容易出现的问题。评审的输出是使用标准数据收集表格描述的评审报告。

表 4-10　代码评审表

代码评审表

完整性

1. 程序是否满足了规格说明书中给定的所有条件、功能和补充说明？

2. 该有的注释有吗？

3. 所有的设计问题都解决了吗？

4. 所有的接口问题都处理完了吗？

5. 所有的边界测试与调试情况都考虑了吗？

逻辑性与正确性

1. 是否检查了所有的输入参数？

2. 是否检查了下标越界情况？

3. 错误检查结果是否报告给调用程序了？

4. 是否满足所有的编码规范和标准？

5. 要做硬编码吗？

6. 要做没有保证的编码吗？

7. 有未初始化的变量吗？

8. 存在死循环吗？

9. 每个程序都有一个入口和出口点吗？

10. 使用的变量都被声明了吗？

11. 程序逻辑都正确吗？

12. 程序模块化了吗？

13. 代码可重用吗？

可靠性、可移植性和一致性

1. 性能和效率已经检查了吗？

2. 代码中使用的字符集及字的大小是否与平台无关？

3. 在整个系统中是否以同样的顺序记录被更新/删除的记录？

4. 整个系统的遵循的编码风格一致吗？

5. 注释与描述的逻辑相符吗？

6. 错误情况是否以可理解和一致的方式被处理？

可维护性

1. 程序代码是否采用缩进格式？

2. 在程序的开始是否有注释说明该程序的功能、作者、调用程序、被调用程序等？

3. 对每个程序/模块的功能的注释清晰且内容最新吗？

4. 数据命名是否具有可描述性？

可跟踪性

1. 源程序能被回溯到程序规格说明吗？

2. 所有的交叉引用都拷贝过来了吗？

4.3.5 系统测试

系统测试包含两个不同的阶段。首先是系统测试计划,然后是系统测试活动,两个阶段的输出不同。系统测试计划可安排在系统高层设计之后、系统测试活动之前的任何时间内,具体时间没有严格限制。但系统测试活动只有在所有模块编码完成并通过单元测试后才能开始,即在构造阶段完成后才能执行系统测试活动。

系统测试计划阶段的输出是测试计划。在系统测试活动期间,执行系统测试计划,生成系统测试报告。这份报告具体说明了测试用例的执行情况:哪些测试用例通过了,哪些还存在问题。有时在测试的后期只给出产生错误的报告。最后还要对系统测试的结果进行评审,确认发现的所有缺陷都已经被修复。为便于管理,所有被发现的缺陷可记录在缺陷管理系统中。带有需要跟踪标识的缺陷直到问题解决并测试通过为止。

系统测试计划定义了测试环境、测试参数和测试流程以及系统测试结束标准。对于测试环境,需要明确标识环境所要求的硬件、软件、通信和安全水平等需求。测试流程描述了需要测试的特征和不需要测试的特征(同时需要提供不测试它们的理由)。待测试的特征包括用户界面、硬件接口、软件接口、通信接口和业务流程。对于每个特征,都给出了不同的测试用例。一个测试用例还需要给出测试的启动条件和期待结果,要为 SRS 中描述的所有场景设计足够的测试用例,这一点非常重要。

如果在系统测试中发现缺陷,则要标记这些缺陷并尽快修复,然后再进行新一轮系统测试。如果又发现了较多的缺陷,就需要不断地循环重复。直到满足整个系统测试的结束条件,测试才能停止。表 4-11 给出了 WAR 系统的系统测试计划的部分内容。

表 4-11 WAR 系统测试计划的部分内容

WAR 测试计划

1. 测试环境

   1.1 硬件

      服务器:Pentium-based 服务器,64MB 内存,1GB 硬盘空间

      中间件服务器:Pentium-based 服务器,32MB/64MB 内存

      客户端:IBM 兼容机 PC,16MB 内存

   1.2 软件

      数据库服务器:SQL Server 6.5

      Web 服务器:运行在 Windows NT 4.0 上的 Netscape Web 服务器

      中间件:微软的 Transaction Server 2.0

      客户机:Netscape 3.0 及其以上版本,IE 3.0 及其以上版本

   1.3 通信协议

      TCP/IP

1.4 安全级别

有 3 类用户:公司管理者、项目管理者和用户

- 公司管理者有权维护整个活动列表

  活动代码用于整个公司
- 项目管理者有权定义组内的活动

  所负责的项目的内部代码或模块代码
- 用户可以进入、提交和批准 WARs

2. 测试的特征

2.1 用户接口(共 10 个测试用例)

序号	被测试的条件	期 望 结 果
1	浏览器接口	所有屏幕的显示应该一致
2	接口元素队列	-do-
3	滚屏	-do-

2.2 在所有测试条件下测试浏览器/操作系统

浏览器:Netscape Navigator 3.0、Netscape Navigator Gold、Netscape Navigator 4.0、Internet Explorer 3.0、Internet Explorer 4.0

操作系统:Windows NT/95、Windows 3.1、Mac、某些 UNIX

2.3 一般测试条件(共 10 个测试用例)

序号	被测试条件	期 望 结 果
1	单击所有链接	系统显示正确的页面,不应该显示"未找到"
2	在非空字段中添加空值	显示相应的错误消息

2.4 软件接口

序号	被测试条件	期 望 结 果
1	中间件应用服务器宕机	程序应该能检测这些情况,并给出相应的提示消息
2	数据库服务器宕机	向用户显示数据库服务器宕机的消息,并提示用户重试的指令

2.5 安全性检查

序号	被测试条件	期 望 结 果
1	使用错误的用户 ID 登录	系统给出相应的信息,并且不允许用户进入系统
2	提供错误密码	-do-

续表

2.6 通信接口

序号	被测试条件	期 望 结 果
1	应用服务器主机宕机	应用不应该不正常结束,但应该给出相应的信息以表明出现了什么问题以及需要采取的动作
2	数据库服务器主机宕机	-do-

2.7 离线和其他处理(共 11 个测试用例)

序号	被测试条件	期 望 结 果
1	WAR 提示器	系统应该自动向所有没有发送 WAR 包的人发送提示信息
2	WAR 上传程序	该程序应该很健壮、可靠,且反映足够快

2.8 业务流程

2.8.1 收件箱(共 8 个测试用例)

序号	被测试条件	期 望 结 果
1	以 1572 登录,单击收件箱主菜单	系统应该显示所有的已提交的 WAR 包,这些包应该被用户 1572 授权
2	已提交的 WAR 包显示在屏幕上	系统按照降序显示所有待处理的 WAR 包,只显示近 8 周之内结束的包。如果包的数量大于该值,则系统应显示"All"以便访问其他未显示的包
3	选择显示一周提交的 WAR 包	系统显示 WAR 入口画面,输入详细信息,并输入授权 ID 号 Sastryms,单击"提交"按钮。程序应该保存所有的条目,并以只读模式显示详细清单,同时显示"取消"按钮

2.8.2 WAR 入口(35 个测试用例)

序号	被测试条件	期 望 结 果
1	显示 WAR 入口画面	显示每个用户的项目代码和授权 ID,日期以 dd-mmm-yyyy 格式显示
2	新建 WAR	应该为用户预先填入同一周结束的 WAR 信息,并提供最大 8 个字符的文本框和 Create/Update 按钮
3	显示已安排的活动	应该按照用户的配置信息进行过滤选择,如果某活动不在选择条件范围之内但有拒绝登录的日志信息,那么该活动即使不满足过滤条件也需要显示
4	写人负的小时数	该时间信息自动更正为正数,并保存
5	存储在已安排活动中的 WAR 没有保存,而且该活动登录的小时数非零	系统应该保存该活动和登录的小时数,并且显示相同的屏幕

2.8.3 **WAR 评审(11 个测试用例)**——略

2.8.4 **启动 29 个测试用例**——略

2.8.5 **用户参数设置(13 个测试用例)**——略

2.8.6 **上载项目计划(11 个测试用例)**——略

2.8.7 **年变更和 Y2K 测试(4 个测试用例)**——略

2.8.8 **报告(20 个测试用例)**——略

系统测试报告给出了系统测试计划执行的结果。在报告中说明了每一个测试用例是否得到了预期的结果。通常情况下,测试计划中会留出空间说明测试的周期数和测试注释。这样系统测试计划本身就可以充当系统测试结果的报告文档。当然也可以撰写独立的测试报告,在报告中给出在测试用例中发现的缺陷数量。

当讨论 WAR 系统的测试计划时,省略了可同时用于测试报告的一些项。如果使用这种方法,那么系统测试报告的结果如表 4-12 所示。

表 4-12 系统测试计划与报告模板

序号	被测试的条件	预期的结果	条件满足否?(Y/N)			标记
			1	2	3	

正如前面讨论的那样,很多系统测试需要被重复执行多次,因此测试报告要为每次循环预留报告测试结果的空间。每个循环结束后,在系统发布前,作者都试图修复缺陷。报告的标记栏用于跟踪缺陷的状态。还有一些方法用于描述系统测试期间发现缺陷的文档。每个缺陷表现的行为说明,以及在什么情况下发生,这些对于修复缺陷是必需的信息。

4.3.6 验收和安装

无论何时,只有软件开发完成并得到用户的接纳和认可后才算成功。通常情况下,客户在软件的最终运行环境下进行验收测试。验收测试工作的内容同系统测试基本相同,要编写验收测试计划,然后执行这一计划。当测试结果达到了验收标准时,软件就会被接受。然而,与系统测试不同,验收测试计划是由客户准备的。测试由客户来执行,但通常情况下,都是供应方帮助客户实施这些工作。因此,开发过程不包括任何"准备验收测试计划"的阶段。然而,验收测试期间发现的所有缺陷都必须由开发团队来修复。正因为如此,在项目计划中应明确标识验收测试阶段/活动。验收通过后,软件被安装在用户的实际生产环境中,然后投入运行。

验收测试和安装需要使用说明书,告知用户在生产环境中如何装载软件。没有这些说明书,用户操作软件是很困难的,即使仅仅进行验收测试也是如此。因此,需要为项目准备一个"发布说明"文档,该文档描述了如何创建目录、文件存放在哪里、为了使软件能在操作环境下运行还需要做哪些工作等。如 WAR 发布版说明了系统中的表格、存储过程、组装数据库的策略、在客户端和服务器端的软件需求以及保存软件的源文件目录等。

验收测试计划的目标是测试系统是否满足了所有需求,因此不同于系统测试计划,验收测试计划中提供的每个测试用例都需明确标识将试图测试的需求数目。利用这些信息,客户可以执行简单的完整性检查,以确保测试用例覆盖了每个需求,因此测试用例的数目可能很大。WAR 系统完整的验收测试计划包括了近 50 个测试用例,每个测试用例还包含很多测试条件。验收测试计划与系统测试计划类似,这里不再举例说明。

验收测试结果与系统测试结果类型,对于分布式系统(如 WAR)验收测试可能要在不同的地域或场地进行很多次,来自不同地点的测试结果编辑汇总后形成一个测试报告,并提交给开发团队,以便他们能修复报告中提出的问题。测试中发现的问题被记录到缺陷控制系统中,然后跟踪直至缺陷被彻底解决才关闭。性能测试的结果可以被文档化并作为独立的报告存在。

4.4　本章小结

本章从阶段、入口条件、主要输入、主要输出、结束条件、度量数据和每一阶段包含的主要活动序列等方面详细介绍了 Infosys 模型。很明显该模型是面向过程的,若采用面向对象方法,则过程总体框架不变,需要在某些阶段进行局部调整,如在需求分析和设计活动的建模过程中,需要使用面向对象的用例、类等方法,相应地,所使用的指南和模板等也要做相应的调整。不过,无论使用何种开发方法,该模型只给出了标准的过程作为输入,还需要根据项目的关键度、规模和开发团队人员状况等具体特征对该模型进行适当剪裁,构建特定系统的合理而有效的软件开发过程,同时明确具体活动及其阶段输出物。因此本章最后给出了应用此模型进行 WAR 系统开发中的一些实施考虑。为方便实施,Infosys 模型还在不同阶段提供了不同的支持手段,如为某些活动提供的检查表可作为执行相应活动的参考,指南为每个活动和阶段实施提供了方法学,为项目中主要阶段的输出制品提供模板。为复审提供检查表可以突出所关心的输出部分,同时为评估输出制品提供指南等。

第 5 章

协同过程模型

RUP 模型很好地总结了软件开发过程的经验与教训,详细描述了各阶段的目标、包含的主要活动、涉及的人员及其评价标准等,但该模型本身过于庞大,在具体应用中,需要对其进行剪裁以适合特定项目的实际情况。本章将给出 RUP 模型的一个应用实例——协同过程模型,它很好地应用了 RUP 倡导的用例驱动、以构架为中心、基于风险的迭代和增量开发思想。经过多年的实践与优化,该模型非常适合于采用面向对象方法开发 C/S、B/S 结构的应用系统。

5.1 模型概述

协同过程模型如图 5-1 所示,该模型包含初始、细化、构造和移交 4 个阶段,每个阶段包含若干活动,如图 5-1 中方框所示。有些活动可能跨越两个阶段,如用例分析和初步建模两个活动就跨越了初始阶段和细化阶段。最终构架活动可在细化阶段的后期完成,也可在构造阶段的前期完成。这些活动间的执行顺序可以根据具体项目有所不同。每个阶段都有明确的目标和结束标准,为了实现阶段目标,在每个阶段内可进行多次迭代,该模型建议每个阶段内的迭代不少于 3 次。图 5-1 上方的环形长方框说明随着时间的推移,该模型可以依据项目进展进行多次循环,每次循环都经历该模型的 4 个阶段,称为一次增量,并向用户发布一个可执行的应用程序版本。该模型建议在软件项目的开发周期内分 3 次增量向用户发布。

协同过程模型很好地展示了软件项目在开发过程中的不同阶段需要执行的基本活动。但这些活动还过于抽象,故在本章后续关于每个阶段的论述中,将首先简要说明通常情况下,每个阶段的阶段目标、主要关注的活动和阶段评价标准,然后详细论述协同过程模型在该阶段包括的主要活动及其具体分解的任务列表,说明迭代的组织及其每个迭代的检查点。

需要说明的是,图 5-1 中的协同过程模型只给出了与技术相关的活动,即主过程所涉及的活动。从 ISO/IEC 12207 标准看,还包括用于管理协调,特别是监控与决策项目进展节奏的与管理相关的活动,以及为完成项目开发团队成员需要具备的能力和获取的过程中与培训相关的活动。这些活动将在每个阶段的具体活动分解中给出。

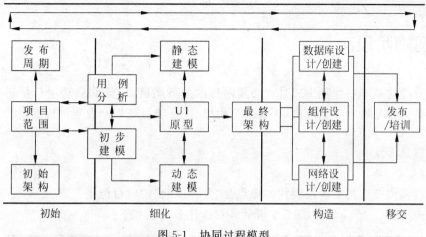

图 5-1 协同过程模型

5.2 实际应用案例需求

为了能更好地展示该模型的执行过程,本章引入实际案例——网上订单系统,来具体说明如何实施该模型中要求的各种活动,展示从原始的用户需求到最终用户系统的演进过程。网上订单系统的原始需求如下:

> RL 是一家小公司,专门收集难以找到的乐器,从传统乐器到不再生产的古代乐器,特别是各种吉他。该公司还销售一些稀有的音乐印刷品以及诸如耳麦、CD 播放机等产品。为此,公司经理刘芳计划一年内在异地建立一个分店。
>
> 该公司商品销售渠道有二:一是第三方的代销,二是柜台的直接面售。刘芳意识到当前陈旧的接收订单系统和账单处理系统已经很难有效地满足这种扩张的需求,希望能开发一个新系统,不但能满足公司现有的业务要求,同时还要满足如下要求:
>
> - 有足够的灵活性来持续性地满足业务发展的需要。
> - 有足够的可扩展性以应对未来技术的发展。
> - 希望能分期投资,以缓解资金紧张的压力。
> - 还要保证在以后数据库平台改变时的工作量尽可能小。
>
> 公司经理对 RL 公司的特点做了总结。根据这些特点,基于网上的查询功能会给 RL 公司带来好处,同时还可为客户提供获取订单等个性化服务。因此,除了复杂的订单需要面议外,绝大部分订单都可以利用基于因特网的订单解决方案。

本章后续章节将依据协同过程模型,制定详细的项目开发计划,精确地指示该项目的演进过程。

5.3 初始阶段

初始阶段的总体目标是生成具有必要内容的业务案例,以证明启动项目是正确的。该阶段的重要工作是确定系统范围、扩展系统构想、进行项目规划和设立评价准则。

5.3.1 基本活动

协同过程模型在初始阶段关注的焦点是"发布周期"、"项目范围"、"初始架构"、"用例分析"和"初步建模"5 个活动,如图 5-2 所示。具体任务列表如下。

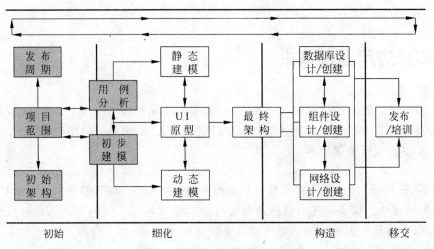

图 5-2 协同过程模型和初始阶段

1. 项目管理方面

- 识别相关业务发起人。
- 定义角色和职责。
- 建立业务目标。
- 组建项目团队。
- 评估项目风险。
- 建立风险评估/转移流程。
- 建立问题解决流程。
- 建立变更控制流程。
- 评估业务目标。
- 建立项目初步的发布周期。

- 评估初步项目发布周期。
- 制定项目计划。
- 开始首次增量开发。
- 制定细化阶段实施计划。

2. 培训方面

- 准备/分析开发人员技能评估。
- 准备培训计划。
- 进行基本目标培训。

3. 技术开发方面

(1) 确定项目范围——迭代 1。

- 评估/选择 CASE 工具。
- 识别项目特征。
- 识别参与者。
- 识别事件。
- 创建事件表。

(2) 用例分析与初步建模——迭代 2。

- 从事件表中识别用例。
- 识别基本事件流(只给出名字)。
- 识别备选事件流(只给出名字)。
- 识别异常处理(只给出名字)。
- 识别潜在用例(只给出名字)。
- 划分基本事件流和备选事件流的优先级别。

(3) 细化用例路径和准备系统初始构架——迭代 3。

- 详细描述基本事件流。
- 评估网络影响。
- 评估操作影响。
- 评估初始执行框架。
- 成本估算。
- 确定增量发布计划。

本阶段是项目建立的初期,项目管理方面的任务比较重。一方面需要识别相关业务发起人,建立项目各方良好的沟通渠道,确定问题解决流程、风险评估/转移流程,以及变更控制流程;另一方面需要尽快在开发方内部组建项目团队,搭建基础设施环境,标识并评估业务目标。在初始阶段的后期确定系统发布周期、后续阶段的项目实施计划,以及详细指导细化阶段的首次迭代计划。

  本阶段培训方面的任务主要集中在需求调研与分析方法的培训，并根据对项目总体需求的了解，制定项目后续阶段的培训计划。

  本阶段有关技术开发方面的任务说明，详见 5.3.2 节。

5.3.2   实施考虑

  初始阶段的关键是制定项目计划，需要关注的内容包括：待建系统需要支持的事件、用例、系统架构等，它是理解应用系统需求的重要步骤。为了不遗漏重要内容，建议采用表 5-1 提供的项目规划模板，完成表中所列各项内容的填写，项目计划工作就基本完成了。

表 5-1   推荐的项目规划模版

条　目	目　的
业务用途	开发本项目的原因，如业务处理流程自动化
业务目标	本项目的商务目的。这个项目最低限度会给组织带来什么好处，例如，提升竞争优势，获取更高利润，迫于无奈等
期望特性	项目必须支持的特征列表，如订单跟踪和控制、方便记账、管理库存清单、一天的特殊订单处理等
关键成功因素	能使项目成功的关键因素，如按时并在预算内交付，雇佣能干的项目经理，从现有项目中选拔熟练的系统分析员和程序员，获得全职用户的确认等
限制	对时间、资金和功能等方面要求。如，项目必须在年底完成，在两年内回收成本，在投产后实现不少于一定量的可使用功能
风险	项目中存在的显而易见的风险。如项目组成员不熟悉开发环境；由于现有系统设计的不合理导致的新老系统衔接问题；业主没有投入专职用户的参与或没有配备业务熟练的用户而导致业务建模困难
人员安排	与项目相关人员的职责。如投资商 Jeffery、分析负责人 Tom、用户负责人 John、设计负责人 Sam 等
地域的影响	期望使用待建系统的地区（如果有的话）。（如北京，贵州等）
参与者	使用系统的用户，如订单职员、配送员、计费系统；也可以是其他系统，如时钟或其他的硬件设施
事件清单/事件表	描述系统必须注意的一些重要事件，它们会引起系统的一些反应。同时还应指出触发事件的位置、频率和方式。如客户下订单、客户查询订单状态、托运货物、支付等
用例	在事件表中标识的一组相关事件的分组。用例用来将主要的功能分组归类，如处理订单、维护订单、托运货物、管理库存、支付订单等
用例的事件流	通过逐一描述事件表中的每个事件的实际操作过程来刻画一个用例的实现路径，每一事件都要有一条穿过某用例的路径来与之对应。如，处理订单：客户打进电话，订购现存货物，用现金付费；同样是处理订单：客户打进电话，订购现在没有存货的商品，并想用信用卡作为支付手段

条　目	目　的
系统初始执行构架	为了应用程序的构建和产品维护,设想待建系统的初步构架。如,系统开发环境使用 VB 开发语言,通过 TCP/IP 协议实现远程访问,采用分层的软件体系结构;使用 SQL Server 数据库,采用 OLE DB 方式实现数据库连接,以兼容将来对其他关系数据库的访问
项目的基础设施	具体阐述如何实现变更控制和风险评估,如,所有的改变都应该回溯到最初的事件表,在这个事件表中没有定义的所有事件 必须要遵循变更的控制流程加以处理
项目发布策略	计划项目发布策略,给出增量开发的次数及目标、每个增量持续时间、预期实现的进度等,如:本项目计划通过 3 次增量完成:(1)订单接收和维护;(2)结账;(3)库存管理

为实现本阶段目标,即确定项目规划模板中的相关内容,本阶段将通过 3 次迭代完成生命周期目标里程碑。

迭代一:确定项目范围。

迭代二:用例分析与初步建模。

迭代三:细化用例路径和准备系统初始架构。

1. 确定项目范围

如图 5-2 所示,本次迭代关注的焦点是"项目范围"和"用例分析"活动。为了明确划定项目范围,需要逐一填写项目规划模板所列的各项内容,确定系统的参与者和必须响应的事件是本次迭代的重点。

参与者是项目的关键制品之一,是项目的必需要素。识别参与者为洞察系统必须支持的事件带来了极大的好处。参与者触发系统并且是事件的发起者;参与者也可以接受来自其他系统的触发。在这种情况下,通常的任务是被动地接受。表 5-2 给出了 RL 系统推荐的参与者。

表 5-2　RL 系统推荐的参与者

序号	参与者	定　义
1	客户	下产品订单
2	供应商	向公司提供可销售的产品
3	记账系统	从系统中获取财务信息
4	结款员	从金融角度协调并跟踪所有商品的销售情况
5	包装工	准备发运的商品
6	订单处理员	接收订单,并维护已存在的订单
7	客户服务员	服务客户,并统计信息
8	配送员	根据订单送货上门
9	经理	索取公司订单状况的报告

为了能很好地获取需求,应从用户最熟悉的日常工作开始,这些工作由一系列事件构成。这里的事件概念是指可以描述的、值得记录的在某一特定时间和地点发生的事情(动作)。在初始阶段提取事件时需要注意:提取事件的目的是确定系统范围,故事件的层次较高;同时要注意不要对系统边界做出不成熟的假定,开始时不要轻易拒绝接纳超出系统范围的事件。事件需要关注的内容如表5-3所示,其中事件发生的频度对网络和操作人员非常重要,它影响着未来系统需要支持的网络负载和支持的并发数量。触发方式是否重要取决于待建系统所属应用领域,其典型值是:

- 周期性的:根据事件发生的周期定义事件。
- 间歇性的:事件发生无周期,不可预测。

表5-3 事件需要关注的信息

主语	动词	宾语	频度	触发方式	响应
…	…	…	…	…	…

事件要求系统的响应也非常重要,因为这部分是最终需要开发者编码实现的部分,尽管在此阶段对其内容的描述层次也比较高。为了确定事件,可以召开头脑风暴会议。建议初次开会集中讨论系统要响应的事件。第二次开会集中精力添加附加信息并填写事件表(表5-3给出了事件表需要关注的信息)。

在项目规划中,团队成员必须对模板中包括的基本组成部分(特性、评价成功因素)、参与者和事件达成一致意见。填写项目规划文档中的相应部分内容。表5-4给出了RL系统需要响应的事件表。

表5-4 RL系统推荐的事件表

主　　语	动词	宾语	频度	触发方式	响　　应
客户	下	订单	1000/天	随机	编辑订单并保存到系统中
配送员	发送	订单所要的货物	700/天	随机	货物已被打包,并按运输要求进行配送
客户	购买	担保	60/天	随机	订单验证完毕并且记录在案
客户	改变	订单	5/天	随机	修改订单并保存
供应商	发送	存货清单	5~10/天	随机	采购新货清单
客户	取消	订单	1/周	随机	从系统中删除订单
时钟	生成	待发货报告	3/周	随机	生成报告
时钟	生成	财务接口	1/周	随机	和记账系统接口
客户	查询	订单	200/天	随机	返回查询结论信息
客户	改变	地址	5/周	随机	地址变更
客户服务员	改变	地址	5/周	随机	地址变更
客户服务员	改变	地址	5/周	随机	地址变更
包装工	准备	订单	100/天	随机	打包完成,等待配送
经理	查询	订单	5/天	随机	发出请求
结算员	查看欠款	发票	10/天	随机	生成欠款报告

为检查是否达到了迭代一的目标,需要召集有项目相关各方代表参加的会议,就如下内容达成一致:

- 项目规划文档中所涉及的有关内容已经确定。
- 依据应用领域的相关信息确定的角色及其职责,符合系统建设设想。
- 未来系统需要响应的事件已全部列出,没有遗漏,且在系统建设范围内。

事件是系统必须支持的功能,它是系统需求的核心,接下来将通过定义用例来满足这些事件的要求。

2. 用例分析与初步建模

本次迭代关注的焦点是图 5-2 中的"项目范围"、"用例分析"和"初步模型"3 个活动,其目标是建立用例模型,确定用例的优先级。

用例是一个参与者履行的与其行为相关的相互作用序列,它要为这个参与者提供一定的价值。用例表明一组交互双方,在交互过程中应含有自治(即能自我结束)的结束单元,业务不能对其强加干涉,进行时间延迟。用例必须由一个参与者发起,并有一个参与者看到结束且使系统保持在一个稳定的状态下,它不应该只是部分完成。

用例面向目标,用例模型是系统既定功能及系统环境的模型,并作为客户和开发人员之间的契约。可以将系统参与者及其使用的事件作为切入点来确定系统用例。用例生成过程一般为:通过系统特征找到系统必须响应的事件,建立事件表,按照参与者对事件表进行排序,然后合并、梳理事件表,从中抽取用例。RL 系统用例模型如图 5-3 所示。

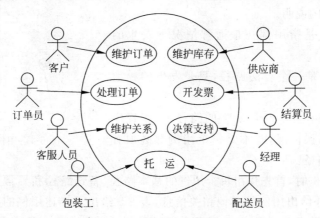

图 5-3 RL 系统用例图

确定用例时要注意以下问题:

- 用例本身应该是自封闭的。
- 相同或相似功能的用例应该合并。
- 用例是面向目标的,要避免编程。

- 用例本身是有层次的，一个用例图中的用例数一般不超过 20 个。

一致性检查需要核对在第一次迭代中提取的任何事件是否都对应了一个用例，否则可能是超出了系统范围，或者表示不正确或者丢失了用例。为此可以通过在事件表中增加一列来记录每一事件与用例之间对应关系。还需要注意范围蠕变问题，因为所有的需求都源于要满足的事件及用来满足它们的用例。如果它没有被定义为一个事件，并且没有通过一个用例来满足，那么它就是一个变更要求，需要一定形式的变通控制动作。

用例在技术实现上是中立的，可用于团队使用的任何过程和方法。它和行为有关，是参与者与系统交互中执行的动作序列，并对参与者提供一定的价值。从项目发起者视角看，用例图最重要，它表示了应用的问题域，从一个较高层次界定了项目的范围，并作为划分项目成为多个增量的依据。

一旦角色和用例已经确定，下一步就要开发一个活动流作为确定不同场景的起始点。当开发了不同的活动流后，所有通用的内部用例就可以确定出来，并且可以分成不同的通用用例。

3. 细化用例路径和准备系统初始构架

本次迭代的目标是确定待建系统的初步解决方案，确定应用系统交付计划，并为后续开发做好准备，关注的焦点是图 5-2 中的"用例分析"、"初始架构"和"发布周期"3 个活动。

为了全面梳理待建系统承载的业务，需要勾画用例内部包含的路径来回应相应事件所采取的步骤。用例路径一般分为 3 类，图 5-4 给出了基本路径和备选路径的说明。

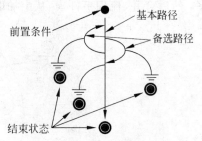

图 5-4　用例路径分类

- **基本路径**：是指用例在最通常情况下发生的路径。
- **备选路径**：是一个合法路径，只是发生的频率低一些而已。
- **异常处理路径**：不经常发生的路径，应用程序用以捕获错误情况，并不是每个用例都必须有异常处理路径。

在逐个描述用例时，首先找出每个用例的基本路径、备选路径和异常处理路径，为每个用例划分优先级，并给出用例的其他相关信息，表 5-5 给出了描述用例的推荐模板，其中的业务规则部分在此阶段还很难完成，可留待后续阶段完善。表 5-6 给出了处理订单用例的描述实例。

在初始阶段，为了更好地理解实现某个用例可能带来的复杂度，估算增量的发布策略，还需要从做什么的角度，详细勾画优先级较高的关键用例的基本路径。细化路径时最好使用面向用户的视角描述细化的路径，表 5-7 给出了处理订单的基本路径的描述实例。

表 5-5 推荐的用例模板

用 例 名	用例名要简明扼要
用例描述	简要描述用来实现的目标
用例作者	用例的作者
参与者	本用例涉及的参与者
物理位置	将要执行这个用例的位置,一般是一个地理位置,但是也可以是一个部门或机构
状态	用例描述的进展状况,如只描述了基本路径
优先级	用例的优先级;通常为 1～5 的序列,1 代表优先级最高
假设	关于本用例假定的真或假的内容
前提条件	用例及其内部路径能被初始化的前提条件,有时也称为用例执行时的系统状态
后置条件	用例执行完成时必须为真的条件,有时也称为完成时需要的系统状态
基本路径	基本路径的名称
备选路径	备选路径列表
异常处理路径	在产生错误的情况下要处理的事情
业务规则	用例实现中需要考虑的业务约束或规则等

表 5-6 处理订单用例描述

用 例 名	处 理 订 单
用例描述	当一个订单初始化或者被查询的时候这个用例开始。它处理有关订单的初始化定义和授权等问题。当订单业务员完成同一个顾客的对话时,该用例结束
用例作者	Tom
参与者	订单业务员
物理位置	公司销售部门
状态	已定义路径
优先级	1
假设	直到可以为顾客提供特定的服务后,订单才可以让订单业务员来获得
前提条件	订单业务员登录进入系统
后置条件	下订单 减少库存
基本路径	客户来访订购吉他,使用信用卡结算
备选路径	客户订购吉他,使用支票付费 客户订购吉他,分期付款 客户订购风琴,使用信用卡付费 客户订购风琴,使用支票付费
异常处理路径	使用信用卡付费时,信用卡无效 使用支票付费时,支票有问题 用户订购的商品库房无货
业务规则	

表 5-7　处理订单用例的基本路径描述实例

处理订单用例负责客户订购商品、下订单。客户可通过打电话给公司的办事员或直接到公司订购商品。将来客户可以通过网上订购商品。一个订单可以同时订购多种商品。客户在订购商品后，付费方式可使用信用卡或支票，将来可分期付款。

(1) 基本路径

- 客户来访订购吉他，使用信用卡付费
  - ➢ 客户提供客户号
  - ➢ 验证客户号有效
  - ➢ 客户重复以下步骤选择自己需要的商品：
    - ✓ 要求的产品号或产品描述
    - ✓ 给出要求产品的必要说明
    - ✓ 需要数量
    - ✓ 单项价格
  - ➢ 计算订单商品总金额
  - ➢ 计算税款
  - ➢ 计算托运费
  - ➢ 计算需付费的总金额
  - ➢ 客户提供信用卡号
  - ➢ 验证信用卡有效
  - ➢ 根据订单减少库存中相应商品总量
  - ➢ 订单处理完成

(2) 可选路径

- 客户订购吉他，使用支票付费
- 客户订购吉他，分期付款
- 客户订购风琴，使用信用卡付费
- 客户订购风琴，使用支票付费

(3) 异常处理路径

- 使用信用卡付费时，信用卡无效
- 使用支票付费时，支票有问题
- 用户订购的商品库房无货

综合以上对系统需求的了解，依据项目组的开发经验，很容易确定待建系统的初步开发与部署环境、工具、数据库以及可能的体系结构，这些信息的集合统称为系统初步架构，如表 5-8 所示。图 5-5 给出了系统初步部署图。

表 5-8 RL 订单处理系统的初始架构

组 件	实现的内容
客户端的硬件	奔腾 166,128MB 内存和 8GB 硬盘
服务器端的硬件	奔腾 400 的双 CPU 服务器,256MB RAM 内存,RAID-5 I/O 支持 60GB 存储的子系统
软件:操作系统(服务器)	Windows NT 4.0
软件:操作系统(客户端)	Windows 2000
软件:应用开发(客户端)	VB 6.0 企业版
软件:数据库(服务器)	MS SQL 7.0
软件:事务处理(服务器)	微软事务处理服务器
软件:Web(服务器)	IIS
软件:Web 界面(服务器)	ASP
软件:建模工具	ROSE
协议:网络	TCP/IP
协议:数据库	ADO

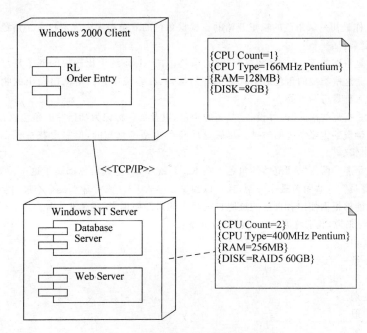

图 5-5 初始架构的组件图和部署图

依据对系统业务范围及其复杂度的理解,以及确定的初步架构,结合用例的优先级,可以对系统的整个工作量进行估算。估算的方法有多种,可采用业界流行的代码行或功能点估算方法,也可采用用例估算等其他方法。表 5-9 给出了使用用例估算法对 RL 系统进行工作量估算的过程。明确工作量后可以进一步确定应用系统增量交付策略,做出增量交付计划,图 5-6 给出了 RL 系统的增量交付计划。

表 5-9 使用用例估算法对 RL 系统进行工作量估算的过程

估算项目所需人-小时数以及交付日期不是件容易的事。一般情况下,大多数人都按照自己的标准来近似的估算。一个人开发过的软件越多,这个估计的近似程度越高。抛开技术层面的差别,我们需要一个更好的估算方式,以便于每个人/成员经验并不丰富的小组进行估算。

Rational 软件在 1995 年采用了 Ivar Jacobson 的 Objectory AB 方法。通过这次并购,他们还获得了 Gustav Karner 的出色研究成果——Objectory AB。它是一种基于用例的软件项目的人-小时估算方法。尽管这项工作是基于 Albrecht 早期使用的函数点分析方法,但它在利用用例生成信息上有独到的见解。

该过程涉及如下的 4 个独立的输入:

- 角色的权重
- 用例的权重
- 技术因素的权重
- 项目参与者的权重

角色

Karner 的工作最初是从角色的权重开始的。根据角色的复杂程度来确定权重。角色的复杂程度分为简单、一般和复杂。

简单的角色是指那些落入"外部系统"范畴的角色。在 RL 系统中比较好的例子是与记账系统或信用卡系统的接口。这些类型的角色通常有定义好的接口,在系统中它们对输出做出的响应以及它们从接口中接收的输入都是可预见的。

一般的角色是指那些落入"硬件设备"范畴的角色,以及那些标记为"时钟"的角色。在 RL 系统中较为典型的例子是触发到记账系统的时钟。尽管这些角色也是可预知的,但需要花费更多的努力去控制它们,并且易于出错。

复杂的角色是那些落入"人"范畴的角色。在 RL 系统中,大多数角色都属于这个范畴,如客户服务员、供应商和结算员。这些角色最难控制,且难以预见。尽管 GUI 或者基于文本的接口能够加强编辑和控制,但是,处理能够根据使用者自己的意愿自由行事的未知使用者,还是非常复杂的。

对于 RL 系统来说,我们将涉及的角色划分如下:

- 客户—复杂
- 订单业务员—复杂
- 客户服务员—复杂
- 经理—复杂
- 时钟——一般
- 结算员—复杂
- 记账系统—简单
- 配送员—复杂
- 信誉卡系统—简单
- 包装员—复杂
- 供应商—复杂

续表

表 1 列出从输入到评估过程的权重因子。

表 1 角色的权重因子

角色类型	描　述	因子
简单	外部系统	1
一般	硬件或时钟	2
复杂	人	3

通过这些系数可以推断出 RL 系统中下面的结论:

$$2 简单 \times 1 = 2$$
$$1 一般 \times 2 = 2$$
$$8 复杂 \times 3 = 24$$

从而得到 RL 系统中的角色权重为 28(2+2+24)。

用例

现在再考虑用例。我们评估用例的主要手段是看它们的路径。路径的数量决定了它们的权重系数。这里的路径包括基本路径和备选路径。如果存在大量的初级的异常处理路径,那么这些路径也应该包括进来。如果这些异常偶尔发生或只是简单的错误情况,那么可以不用考虑它们。注意:对于有些应用程序来说,异常处理路径比基本路径更重要。可以结合表 2 和权重系数一起进行项目的估算工作。

表 2 用例的权重系数

用例类型	描　述	因子
简单	3 个或更少的路径	5
一般	4~7 个路径	10
复杂	超过 7 个路径	15

对于 RL 系统来说,其中包含的用例分类如下:

- 维护订单—12 个路径—复杂
- 处理订单—7 个路径——一般
- 维护关系—4 个路径——一般
- 决策支持—11 个路径—复杂
- 开票—3 个路径—简单
- 发货—6 个路径——一般
- 维护库存—6 个路径——一般
- 安全—5 个路径——一般
- 应用程序构架—5 个路经——一般

根据上述这些系数可以得到 RL 系统的如下结论:

$$1 简单 \times 5 = 5$$
$$6 一般 \times 10 = 60$$
$$2 复杂 \times 15 = 20$$

续表

因此,RL 系统的用例的权重为 85(5+60+20)。

现在需要将所有的角色权重综合加到所有的用例权重上,得到的结果叫做"未调整用例点(UUCP)"。后面可根据技术和项目组指数对这个值进行调整。

由上述的系数推导出如下的结论:

$$\text{UUCP} = 28(\text{角色权重}) + 85(\text{用例权重})$$
$$\text{UUCP} = 113$$

技术因素

估算过程的下一步是考虑项目的技术因素。为此使用了表 3,并为其中的每个主题分配一个 0~5 之间的等级。0 意味着与这个因素无关,5 意味着这个因素非常重要。在为每个主题分配了等级之后,就可以将该等级与权重相乘,得到扩展的权重。表 3 列出了 RL 系统中的权重和等级。

现在,得到了 T 因子,将之插入公式中,就可以得到技术复杂度因子(TCF),它的计算公式为(0.6+(0.01×T 因子)),得到:

$$\text{TCF} = (0.6 + (0.01 \times 26))$$
$$\text{TCF} = 0.86$$

表 3 技术复杂度的权重因子

技术因素	权重	等级 (0~5)	扩展 权重	原因
分布式系统	2	3	6	系统必须能伸缩
响应或吞吐率性能指标	1	2	2	尽管响应时间不是"硬性"的,但必须是可容忍的
终端用户效率(在线)	1	3	3	系统必须易于理解
复杂内部处理	1	1	1	复杂的过程很少
可重用代码	1	3	3	代码必须是可扩展的,便于进一步添加功能
易于安装	5	2	1	对于两种类型的客户端,安装差异做到最小
易于使用	5	4	2	系统必须易于使用
便携	2	0	0	没有便携性的要求
易于修改	1	3	3	系统必须能够根据 RL 逐步变化的要求进行修改
并发性	1	1	1	当前并发性要求很低
专用安全功能	1	2	2	尽管安全的要求在将来的版本中会增加,但这些是基础
第三方的直接访问	1	2	2	要求能够对订单进行 Internet 查询
要求的专门用户培训	1	0	0	没有专门的培训要求
T 总计因子			26	

项目团队成员

最后要考虑的因素是处在不同的经验水平之上的项目团队成员。这被称为环境因素(EF)。在表 4 中列出了每种因素,并为它们分配了 0~5 之间的等级。考虑下面的上下文:

- 对于前面 4 种因素来说,0 表示在项目中没有经验,3 表示经验一般水平,5 表示专家。
- 对于第 5 种因素,0 表示对项目没有积极性,3 表示有一般的积极性,5 表示有很高的积极性。

- 对于第 6 种因素，0 表示极其不稳定的需求，3 表示一般稳定的要求，5 表示稳定的要求。
- 对于第 7 种因素，0 表示没有兼职的技术人员，3 表示一般情况，5 表示都是兼职技术工作人员。
- 对于第 8 种因素，0 表示易于使用的编程语言，3 表示使用难度一般的编程语言，5 表示使用很难的编程语言。

表 4　项目参与者的权重系数

序号	环境因素	权重	等级 0~5	扩展 权重	原　　因
1	使用正规过程模型	1.5	3	4.5	对使用的协同开发过程模型经验一般
2	应用程序经验	0.5	5	2.5	用户非常了解 RL 系统的需要
3	面向对象编程经验	1	0	0	开发组和用户都没有面相对象的概念
4	首席分析师的能力	0.5	5	2.5	非常有能力
5	积极性	1	5	5	高涨的积极性对于项目有促进作用
6	要求的稳定	2	5	10	要求是不变的
7	兼职的工作人员	−1	0	0	没有兼职人员
8	编程语言的难度	−1	3	−3	VB 是一个易于上手和使用的语言，但项目成员不熟悉它
	E 因子			21.5	

将得到的 E 因子插入公式中，得到环境系数(EF)，它的计算公式为：$(1.4+(-0.03 \times E$ 系数$))$。

$$EF = (1.4 + (-0.03 \times 21.5))$$
$$EF = 0.755$$

用例点

通过 UUCP、TCF 和 EF 三个方面的数据，可以得到一个称为"用例点(UCP)"的基本数据。UCP＝UUCP×TCF×EF，RL 系统中的 UCP 计算如下：

$$UCP = 113 \times 0.86 \times 0.755$$
$$UCP = 73.37$$

项目评估

在 Karner 的研究中，假定每个 UCP 需要 20 个单位的个人时间。这样，我们可以得出 RL 系统最终需要的$(20 \times 73.37) = 1467.40$ 个单位的个人时间。如果每周工作 32 小时，那么一个人完成整个项目大约需要 46 周。

由于在这个项目中有 5 个人，所以我们允许 10 周来完成这项工作。但是，考虑到各种无效时间、交流问题，以及展示和讲述过程等，可在时间表中增加额外的 4 周。这样使得该项目持续时间达到 14 周。

从增量交付计划中可以看出首次增量的重要性。它不仅仅提供给用户可使用的功能，更重要的是通过首次增量搭建了应用系统的整体框架，完善基础设施，验证了系统构架的稳定性与合理性，为后续增量的开发奠定了坚实基础。从重要程度看，首次增量规避了解决方

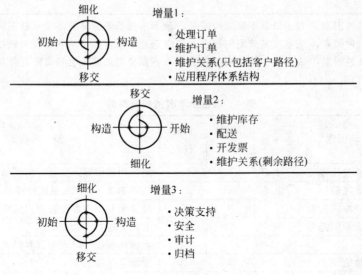

增量1:
· 处理订单
· 维护订单
· 维护关系(只包括客户路径)
· 应用程序体系结构

增量2:
· 维护库存
· 配送
· 开发票
· 维护关系(剩余路径)

增量3:
· 决策支持
· 安全
· 审计
· 归档

图 5-6   RL 系统增量发布计划

案中所有存在的风险,后续增量只是工作量的累加。因此增量中涉及的用例是用户急于获得的,更是构建稳定系统不可或缺的组成部分,它们决定了系统的成败。

到目前为止已经输出了许多阶段制品,对照项目规划模板看是否还有遗漏。这些输出制品构成了完整的需求模型。这些阶段性的成果需要项目相关人员共同评审确认,达成一致意见,以指导后续阶段的工作。

5.4   细化阶段

细化阶段总体目标是以实际所能达到的最快速度定义、确认架构并将其基线化,设置构想的基线,为构造阶段的高可信度计划设定基线,通过演示说明基线架构可以在期望的时间和费用内实现预期的构想。本阶段的主要工作是细化构想,建立对大多数关键用例的确定理解,这些关键用例将驱动做出最终架构和决定性的计划;细化过程、基础设施、开发环境,而且过程、工具和自动化支持也都各就各位;细化架构并选择组件;评价潜在组件,可更好地理解制作/买进/重用决定,对构造阶段的成本和进度安排做出决定。主要评价标准是构想是否稳定;构架是否稳定;可执行的演示是否表明主要的风险要素已被处理并被可靠地解决;构造阶段的计划是否足够准确;是否得到一个可靠的基本估计的支持;如果在现有构架的语境中执行当前计划来开发完整的系统,所有项目相关人员是否都赞成当前的构想;与计划相比,实际的资源开销是否可接受。

5.4.1　基本活动

如图 5-7 所示,协同过程模型在细化阶段关注的焦点是"用例分析"、"初步建模"、"静态建模"、"动态建模"、"UI 原型"和"最终架构"6 个活动。

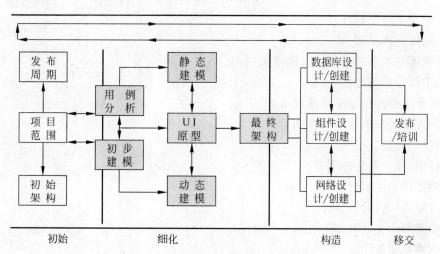

图 5-7　协同过程模型和细化阶段

具体任务如下:

1. 项目管理方面

（1）监控项目计划。

（2）监控政策的变化。

（3）监控预期目标。

（4）评估项目计划。

（5）评估项目风险。

（6）重新确认发布周期/日期。

（7）评估变更控制。

（8）制定构造阶段项目计划。

（9）制定构造阶段实施计划。

2. 培训方面

（1）进行 UI 原型培训。

（2）进行数据库培训。

（3）进行对象构造培训。

(4) 构架知识培训。

(5) C/S 或对象工具知识培训。

(6) 组件构造和语言培训。

3. 技术开发方面

(1) 建立文档库标准。

(2) 确定建模标准。

(3) 根据基本事件流创建初始测试用例。

(4) 用例分析与建模。

① 为备选事件创建事件流细节。

② 为异常处理创建事件流细节。

(5) 静态建模。

① 标识/分类业务规则。

② 集体讨论类(名词)。

③ 过滤类(名词)。

④ 确定类的关联和多态性。

⑤ 创建初步类图。

⑥ 添加已知的属性/操作。

(6) 创建 UI 原型。

① 选择开发 UI 原型工具。

② 构建/购买 UI 标准工具。

③ 收集界面需求信息。

- 明确原型目标。
- 确定参与者与用例边界。
- 细化用户接口需求。
- 获取用例间的耦合信息。

④ 创建用例的结构图。

⑤ 识别用例中的 UI 对象。

⑥ 验证 UI 结构图。

⑦ 验证 UI 原型的可用性。

- 获取用户反馈信息。
- 修改原型。
- 从原型中获取信息。

(7) 动态建模。

① 创建基本路径的顺序图。

② 创建备选路径的顺序图。

③ 创建协作图(在适当的地方)。

④ 标识类的动态行为。

⑤ 创建类的状态图。

⑥ 创建活动图。

⑦ 更新类图——属性/操作。

⑧ 建立应用矩阵。

• 建立事件/频率矩阵。

• 建立对象/位置矩阵。

• 建立对象/容积矩阵。

⑨ 评估网络/操作影响。

(8) 确定应用系统架构。

① 评估操作影响。

② 评估网络影响。

③ 更新测试计划。

④ 确定开发与支持环境。

• 选择数据库。

• 选择硬件平台。

• 选择网络基础设施。

• 选择构造工具。

• 选择支持和实现工具。

⑤ 确定应用系统结构。

• 确定开发/购买决定。

• 确定安全需求。

• 选择网络工具。

• 选择分离模型。

• 映射工具分离模型。

• 选择应用组件接口。

⑥ 确定数据访问策略。

• 建立数据代理。

• 选择数据存取 API。

• 评估数据分布式需求。

• 评估数据同步需求。

• 评估数据复制技术。

细化阶段的工作重点是从问题空间向解空间过渡,并最终确定系统的解决方案框架。

项目管理的任务主要集中在项目进度跟踪与监控、风险分析、变更的控制与评估等内容。随着项目团队对待建系统认识的全面深入，需要重新审视初始阶段确定的增量计划是否合理，以做出相应的调整。在本阶段结束前，项目管理方还要制定构造阶段的项目实施计划。在此计划中需要明确说明构造阶段计划进行几次迭代，每次迭代的目标和起止时间。首次迭代的详细实施计划、资源调配等直接影响下一阶段项目实施的因素都要逐一说明，以保证构造阶段工作能顺利展开。

细化阶段的主要工作是开发 UI 原型、动态建模、搭建并论证系统解决方案。因此，在进行相关工作前，需要对项目团队成员进行适当培训，以便掌握后续工作所需的基本技能，具体如下：

- 在创建 UI 原型前，需要对项目成员进行 UI 原型有关知识的培训。
- 在动态建模前需要进行对象构造方面的培训。
- 在确定系统最终构架迭代前，需要进行有关构架方面知识的培训。
- 在细化阶段结束前，需要进行组件构造、具体开发语言和有关工具的培训，为构造阶段的编码工作奠定基础。

有关技术开发方面的任务说明，详见 5.4.2 节。

5.4.2　实施考虑

本阶段的技术开发任务是：继续完善用例描述，抽取类，建立静态模型，构造用户接口原型，获取用户更详细的操作信息，构建动态模型演示系统相关元素间的协作关系是否满足需求，最后确定系统构架。在系统构架最终确定前，所有目前存在的风险都已被规避掉，只有这样系统的最终构架才能稳定。建议至少通过 4 次迭代完成阶段目标。具体如下：

迭代一：创建分析模型。
迭代二：创建早期 UI 原型。
迭代三：动态建模。
迭代四：确定系统架构。

1. 创建分析模型

本次迭代关注的主要活动是"用例分析"、"初步建模"和"静态建模"3 个活动，如图 5-7 所示。首先继续细化增量一中涉及用例的备选路径和异常处理路径，然后，从详细的业务描述中获取业务规则、抽取类，丰富类的属性与方法，描述类间的关系并为其建立静态模型。

首次增量中涉及的用例的基本路径已在初始阶段描述完成，本次迭代的重点是完善这些用例的备选路径和异常处理路径的描述。细化的路径显示了要满足用例所必需的工作，这些路径描述中往往包含有大量与业务相关的规则。如果业务规则是专门对某个路径有效的，可在用例描述中的业务规则部分反映此项限制，也可映像到类的属性、操作以及类间的关联上，但这部分通常被遗忘。表 5-10 给出了 RL 系统中的处理订单用例的完整描述。

表 5-10 处理订单用例描述

用 例 名	处 理 订 单
用例描述	当一个订单初始化或者被查询的时候从这个用例开始。它处理有关订单的初始化定义和授权等问题。当订单业务员完成了与一个顾客的对话时,该用例结束
用例作者	Tom
参与者	订单业务员
物理位置	公司销售部门
状态	已定义路径
优先级	1
假设	直到可以为顾客提供特定的服务后,订单才可以让订单业务员来获得
前提条件	订单业务员登录进入系统
后置条件	下订单 减少库存
基本路径	客户来访订购吉他,使用信用卡结算
备选路径	客户订购吉他,使用支票付费 客户订购吉他,分期付款 客户订购风琴,使用信用卡付费 客户订购风琴,使用支票付费
异常处理路径	使用信用卡付费时,信用卡无效 使用支票付费时,支票有问题 用户订购的商品库房无货
业务规则	行为限制:除非客户有可支付费用的手段或者有良好的信誉,否则客户不能下订单 行为触发:如果客户当前订单的费用总额加上以前订单的欠款超出了信用范围,那么需要总监授权才能完成此项订单

接下来从这些用例路径描述中抽取类,确定类间的关系,建立初步的静态模型——类图,如图 5-8 所示;然后进一步识别类的属性、方法。为验证类间的关系,可以建立对象图。

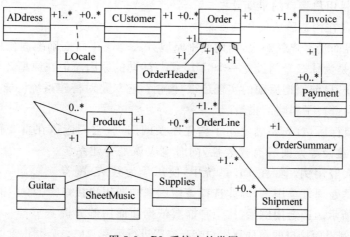

图 5-8 RL 系统中的类图

尽管开始时类图可能略显简单且缺乏实际的重要价值,但随着项目团队对应用程序静态和动态特性的深入理解,它将成为一个中心图,所有其他内容都从这个图中派生出来。即便是系统组件和部署图也是用来描述类是怎么封装的,并最终以类的运行形式提交。

迭代一的主要输出制品是:完善了增量一中涉及的用例描述和用例路径描述;识别了类、确定了类间的关系、创建了类图、充实了类的属性和方法,并使用对象图验证了类间的关系。所有这些内容包括前面的用例模型,构成了系统的分析模型。

迭代一最重要的成果就是建立了类图,类最开始在用例中出现,最终作为对象在系统交互中使用。

2. 创建用户原型,获取用户界面信息

如图 5-7 所示,迭代二的重点是"UI 原型"部分,主要目标是收集应用系统中的用户接口需求,创建用户接口原型。具体目标是,确定本次增量中需要进一步验证的用例;为每个用例创建用户界面;创建屏幕结构图作为用户界面流的初步情景串接板;构造用户界面原型;创建屏幕对话框,勾画需要的交互输入和期望的输出;评估用户界面原型;根据在原型构造期间发现的附加信息圈定用例和类图的变更。

在细化阶段创建用户接口原型可以进一步提炼角色、界定用例范围,继续收集和澄清容易混淆或丢失的业务细节;向投资者展示最终产品的概貌;通过增加"用户接口制品"部分,进一步细化用例;同时,原型也是向项目相关人展示项目进展的一个非常好的演示工具。

创建原型前首先要明确原型的开发目标,如对于 RL 系统,创建原型的目标可以设定为:

- 评估应用程序中主要路径上指定的用户接口需求。
- 向投资者提供可视化形式的反馈,表明在用例中找到的需求都已被理解,并且是可以实现的。
- 开始项目用户接口的早期开发。
- 开始创建在构造阶段使用的屏幕模板。

因为用户界面受客户影响大,因此使用原型方法是快速而准确地固化用户界面需求的有效手段,这也是为什么专门设立一个"UI 原型"活动的原因。但在原型开发中要事先告知项目的所有涉众,目前原型后面的实现还很"模糊",它只是对待建系统可能实现的业务流程和界面总体风格进行了粗略的描绘。

确定原型目标后,首先要确定用于构建原型的用例,它们应该在重要程度、难度、复杂度、业务流程覆盖面等方面具有代表性,同时也应该是待建系统建设中风险最大的用例。如在 RL 系统中,使用最为频繁、覆盖面最广的用例是处理订单用例,因此选择该用例来构造用户接口原型,如图 5-9 所示。选定用例后,接下来需要依据前面用例分析的结果,对该用例界面接口的布局和用户交互流程进行缜密考虑。

图 5-9　处理订单用例

为获取用户接口信息,可提出一系列问题来发现参与者的接口需求,表 5-11 提供了面向订单员这一类参与者的一些问题。不同的回答会对原型的最终效果产生不同的影响。

通过对表 5-11 中内容的分析,不难发现,订单员要业务知识丰富、娴熟,一个高级的、稍微复杂的用户接口可能会更好一些。提取的这些用户接口需求将作为用例演示以及接下来创建实际屏幕内容时每一步的输入。注意,它们只描述概念和轮廓,非常"模糊"。

表 5-11 在 RL 中询问订单员这一类参与者的问题样例

问 题	回 答
不考虑任何关于计算机方面的知识,这个参与者为了完成任务,需要什么层次的技能?	订单员在处理订单上必须知识丰富,熟悉订单处理过程。订单员会经常被要求回答一些关于乐器及其耗材方面的技术问题
这个参与者是否要有在 Windows 环境中操作的经验?	是,所有的在 RL 系统中涉及的订单员都要具备使用 Windows 的经验
这个参与者要有处理自动商业程序的经验?	是,所有订单员都在使用 RL 原有的系统
在工作过程中,参与者是否需要离开应用程序去查阅一些手册上的信息?	是,订单入口特别需要外部的目录信息。这是在 RL 系统中唯一需要这样做的地方
参与者是否要求应用程序有保留和继续的功能?	是,通过处理订单用例的所有路径都要处理一个新的订单。直到订单处理完毕才保存订单。如果订单只是部分完成了,而有一些内容没有提供,比如说支付方式,那么将会把订单作为未完成订单保存起来

通常情况下,每一个用例都会对应一个用户接口部分,以展现适用于指定参与者和用例的主要条目信息。若存在一个用例由多个参与者使用,特别是不同的参与者处理用户接口的能力或要求有显著不同时,就要考虑针对不同的参与者分别创建用户接口部分。表 5-12 给出了 RL 系统中用例的用户接口部分描述实例。

表 5-12 RL 系统中用例的用户接口产品部分描述实例

用 例	用户接口产品
处理订单	尽可能地减少窗口,因为用户可能是通过电话连接过来的,所以要使打开新窗口的操作尽量少 用户要求通过 Tab 键的切换显示支付方式。已经有许多类似软件采用这种做法,用户很喜欢 产品查询的性能要很强大,访问要尽可能少地进行键盘输入
维护订单	尽可能地减少窗口,因为用户可能是通过电话连接过来的,所以要使打开新窗口的操作尽量少 用户需要通过一个比较简单的方式知道最后是谁、在什么日期修改了订单
维护关系 (仅仅是客户路径)	用户查询应该集成到一个窗口中;可能的话,用户希望避免分屏 将客户与地址相关联,指定它们相关联的功能应该很容易来实现 由于许多用户都只在集中状态下工作,窗口中应该给出用户选择参数的默认设置

续表

用　例	用户接口产品
应用程序的体系结构	这是隐含的用例,它的用户接口组件将面向信息技术组
用例 (通用用户接口注释)	所有的程序界面背景是白色的,标签是黑色的 所有的控件来自微软支持的 VB 开发环境。本项目不使用第三方提供的控件 窗口中要尽量简洁,不要加入任何无用的使用用户接口凌乱的内容 在用户接口中要尽量地使输入的信息没有错误。日期的处理非常关键。应该避免让用户按照某种固定的格式输入日期

　　明确了用户接口部分后,接下来要关注这些用户接口间的关联关系,即分析用例间的耦合度。用例耦合是从工作流的角度看,一个给定的用例是否和其他用例有非常紧密的联系。它提供了某种程度上的耦合信息,对于用户接口流程非常有用。使用一个用例矩阵并且描述它们之间的联系,可以估算出用例之间的关联程度。

　　从表 5-13 给出的用例耦合矩阵可知,纵向轴上的维护订单用例和横向轴上的维护关系用例交叉处说明:60%的情况下,在维护订单用例中的人会接下来转到维护关系用例中。但相反的情况下结论并不相同,即处于维护关系用例中的人转到维护订单用例中的几率是0%。需要说明的是,用例间这些事件是随时发生的,它反映了在给定时间商务运作的本性。另外,用例间的关联不是“包含”或者“扩展”关系,它们只与工作流和导向有关。

　　表 5-13 中的用例耦合矩阵可帮助我们决定如何遍历用户接口,同时展示从一个关联用例路径中访问另外的用例的难易程度。

表 5-13　RL 系统的用例耦合矩阵(%)

	维护订单	维护库存	处理订单	配　送	开发票	维护关系	决策支持
维护订单	×	—	10	40	10	60	0
维护库存	0	×	0	50	0	0	0
处理订单	40	0	×	0	0	50	0
配送	30	60	0	×	25	5	0
开发票	20	0	0	0	×	0	0
维护关系	0	0	0	0	0	×	0
决策支持	0	0	0	0	0	0	×

　　在创建用户原型时,首先应该确定主要界面及其总体风格。使用选定的原型创建工具创建窗口结构图,它描述了应用程序流程的演示方法,特别是通过用例的路径流程。

　　原型创建完成,并通过开发团队验证后,向用户演示。在演示过程中要注意收集用户原型的反馈信息。这些信息应覆盖如下方面的内容:

- 要执行的逻辑功能。

- 如何实现。
- 行为的结果是什么。

注意：这里只关心屏幕的显示，通过创建屏幕对话框表单来获取这些信息（如表 5-14 所示），且这些工作应该在任何窗口被添加进代码之前进行。

表 5-14 处理订单表单中的屏幕对话框

执行动作	怎样执行	结果是什么
选择一个客户作为订单入口	在用户标识域填写用户标识 或者 单击客户选择按钮，找到该客户	客户的名字出现在客户选择按钮的左边 设定客户的送货地址和结算地址。填写客户订购的物品。时间默认设定为系统当前日期，支付标签页被设定在客户默认的支付类型上，并且支付信息也是默认的（如果可行的话） 光标焦点放在订单表格的第一行
选择购买的商品	在订单的第一行产品内容部位上输入商品的标识码 或者 单击在产品输入域左边的产品搜索按钮找到该商品	产品搜索对话框出现，允许选择产品（如果产品搜索按钮按下） 产品的详细信息和价格在产品编码标识旁边出现

要创建屏幕对话框，可使用屏幕快照，然后在它的下面放一个表格，捕获前面列出的主要反馈内容，同时可在捕获任何特殊处理信息的同时捕获任何特殊的编辑信息，表 5-15 所示。

表 5-15 处理订单表单屏幕对话框中的特殊的编辑、注释的部分

编辑
- 用户代码域包含一个用来检验用户代码是否正确的 MOD10 算法检验。
- 在填写订单期间，如果客户的默认付款方式是信用卡，那么订单员应该接到提醒，是否货物价格加上客户账户可接受的结余超过了客户的信誉卡的金额限制。不同的卡要按照各自不同的校验码输入。既然银行卡千变万化，那么统一卡的输入编码是不现实的。
- 订单员不能够修改付款信息。

特殊的说明

L 默认的付款类型保持在客户一级。支付是保持状态信息的唯一选项。信用卡在转换会话时清空。也不能与特定的客户相关联。如果订单办事人员企图不保存就退出窗口，要出现提示保存的对话框。这不仅适用于订单处理窗口，而且适用于整个窗口

项目开发者和用户一起考察原型，关于改进用户接口以及功能的建议，通常在这个步骤中形成。能够快速地把合理的建议结合到原型中是非常重要的，同时必须注意区分用户接口部分和需求上的功能范围与内容，并且保证这种改变要符合变更控制流程。

通过界面原型可以获得很多信息，屏幕结构图在一个较高层次描述了逻辑流程，原型自

身给出了应用程序的界面风格,屏幕对话框可以让用户在逻辑动作、如何执行它们以及它们返回什么样的结果方面提供信息反馈。获取的所有这些内容最终都必须在用例和类中反映出来,否则应该遵循变更控制流程。

原型开发过程中,通常有一系列的评价期。每个评价期过后,原型都要从它的使用中获得经验,进行修改,然后接受进一步的评价。这个过程迭代进行,直到原型达到目标为止。迭代之间所需要的时间极其重要,必须细心安排。

- 原型的基本目标是确认参与者和用例边界的关系,并且揭示功能需求和可用性需求。
- 为用例创建用户接口产品部分可以更好地定义参与者和用例之间的交互细节。
- 项目小组经常会浪费宝贵的时间创建一个可视化的产品作为原型的第一个步骤。屏幕结构图是一个技术含量很低的用来描述应用程序流程的实现方法。
- 屏幕对话框是另一个低技术含量的尝试。它用于捕捉用户对用户接口和期望结果的直觉。
- 对原型的改变应该尽快进行,以使用户能给出更多的提议。
- 任何由于改变原型导致的用例的变化都必须按照变更管理的程序进行。
- 通过迭代增量式地开发应用程序,可以在控制范围溢出的同时,加入相应的改变;并将改变不断地合并到用例中,以保证项目以及接下来对项目范围的改变不会影响项目的可跟踪性。

3. 动态建模,验证需求的满足度

迭代三关注的焦点是图 5-7 中的"动态建模"部分,即将项目前期获得的制品关联起来,共同探讨系统中的动态特性,展示系统参与者与用例间的交互来满足在用例中勾画出来的目标。

在项目当前阶段,通过建立动态建模,可以把类和用例路径结合在一起来演示为完成它们所必需的通信建模能力。可以将在动态建模过程中了解到的信息通过类图中的操作、属性和关联表达出来。结合在用例和类图中反映出来的信息,通过创建应用矩阵为应用程序的组装和加载特性建模。

动态建模的依据是:

- 在确定项目范围时标识出来的事件,为系统必须响应的内部和外部激励提供了一个清晰的画面。
- 在用例模板中标识出来的路径动态描述了实现用例目标所必需的逻辑步骤。
- 用例描述中的业务规则捕获了应用程序中的元素必须用到的参数和语义。

在 UML 中有 4 种动态建模类型:顺序图、协作图、状态图和活动图。它们从不同角度反映了应用程序的动态特性。通常顺序图是动态建模中使用最频繁的,它以时间为线索展示对象之间信息的线性流动。图 5-10 说明了在顺序图中对象间的信息交互与用例路径和类的关系。

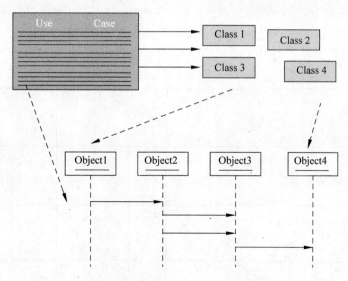

图 5-10 在顺序图中对象间的信息交互与用例路径和类的关系

用例中的基本路径是用例中经常发生的路径。在为基本路径建模之后,其他的顺序图则可通过对这个路径图的简单调整来获得,以降低工作量,同时用最短的时间向类中增加最多的内容(如属性、方法)。动态建模获得的对象间的互操作信息,是添加、更新或调整类的有关操作的依据。如,对于 RL 系统,本次迭代的重点是依据 RL 系统的用例图(如图 5-3 所示)、处理订单的用例描述(如表 5-8 所示)、处理订单路径的详细描述(如表 5-7 所示)和初步的类图(如图 5-11 所示)。处理订单用例涉及的对象如图 5-11 的阴影部分包括的类的实例。图 5-12 给出了依据上述信息建立的处理订单用例基本路径的顺序图。

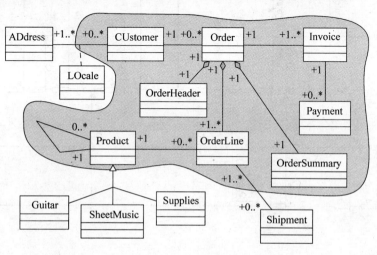

图 5-11 RL 系统的类图

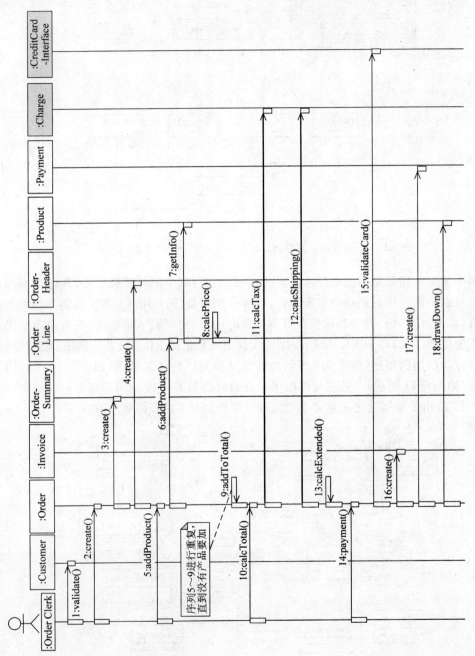

图 5-12　RL 系统中处理订单用例基本路径的顺序图

通过为每一个用例的基本路径作图来定义类的绝大部分操作,同时要注意重用操作的抽取。还可以根据实际需要决定是否为备选路径建立顺序图,是否有必要建立协作图、状态图和活动图。

尽管从项目开始到结束期间建立的系统静态模型、动态模型和各种制品等内容对项目实现了很好的跟踪性,但有关系统的应用程序分布、吞吐量、并发量以及网络负载和数据库容量等信息还没有描述清楚,下面将依据在用例、类图和顺序图中获得的信息来构造 3 类应用矩阵,描述上述信息。

(1) 事件/频率矩阵

事件/频率矩阵关注点是当前和潜在地理位置动态领域上吞吐量和增长速度的问题,向操作人员反映网络负载的特性。其输入是事件表,输出是在事件表中加位置元素信息,如表 5-16 所示。随着对系统认识的加深,事件表中的某些数据可能有所调整属正常现象。在数量和期待增长率基础上,做出的决定可能影响到以下几点:

- 实际满足事件的处理(对象)在什么位置。
- 满足需要吞吐量级别的通信基础设施。
- 组件粒度(EXE 和 DLL 的数量,还有类是怎么打包的)。

最后,可以使用流经管道的信息量大小来大概描述客户下订单这个事件,这正是网络工作人员所需要的。

表 5-16 RL 系统的事件/频率矩阵部分内容

事件/频率	本部	异地	触发方式	响应
	频率‖增长(％每年)	频率‖增长(％每年)		
客户 下订单	1000/天‖20％	200/天‖40％	随机	编辑订单 并保存到系统中
配送员 发送订单	700/天‖20％	130/天‖40％	随机	货物已被打包,并按运输要求进行配送
客户 改变订单	200/天‖20％	80/天‖20％	随机	修改订单并保存
供应商发送 存货清单	10/天‖10％	3/天‖10％	随机	采购新货清单

(2) 对象/位置矩阵

对象/位置矩阵(如表 5-17 所示)关注点是各种对象应该在什么位置才能达到性能要求标准。它捕获应用程序关于对象和位置的两个维度:一是对象访问的宽度,其中,A＝所有对象出现,S＝对象的子集出现(指定子集);二是对象访问的类型,其中,R＝只读,U＝更新(暗示所有操作均支持)。

表 5-17　RL 系统的对象/位置矩阵

对象/位置	公司本部	异地分店
客户	AU	AR,SU
订单	AU	AR,SU
订单头	AU	AR,SU
订单行	AU	AR,SU
订单摘要	AU	AR,SU
配送	AU	AR,SU
地址	AU	AR,SU
场所	AU	AR,SU
发票	AU	AR,SU
支付	AU	AR,SU
产品	AU	AR,SU
吉他	AU	AR,SU
乐谱	AU	AR,SU
供应品	AU	AR,SU

AU：更新对象所有允许产生的事件的使用权限

AR：读取对象所有允许产生的事件的使用权限

SU：更新对象允许产生的事件子集的使用权限

　　这个矩阵描述了最终对象在系统中的分布情况，以及最终数据库复制策略如何实施。特别地，对象/位置矩阵会影响到以下决定：

- 应用程序中实际对象的位置（除非应用程序要使用一个面向对象的数据库），这个决定将会影响到底层关系数据库的设计。
- 数据分割和分布策略，比如复制和析取策略。

　　一种传统做法是在一个位置对所有对象进行更新访问（AU），而在其他所有位置对所有对象进行只读访问（AR）。它在那些要求集中管理集中的项目中比较常用，其中通常会使用某些类型的数据库快速提取方式，让其他位置得到主数据库更新后的版本。

　　另一种类似的方式是让一个位置对所有对象进行更新访问（AU），而其他所有位置对它们自己单独的子集进行只读访问（SR）。这依赖于采取的数据库技术，如 Oracle 和 SQL Server，许多这样的问题可以通过外部方案解决。

　　（3）对象/容积矩阵

　　对象/容积矩阵关注点是在指定位置对象的数量以及随着时间增长的速度。它捕获应用程序关于对象和容量的两个维度。表 5-18 是 RL 系统的对象/容积矩阵。

表 5-18　RL 系统的对象/容积矩阵

对象/容积	公司本部		异地分店	
	数量(100)||增长(%每年)		数量(100)||增长(%每年)	
客户	750||20%		150||60%	
订单	1400||25%		275||30%	
订单头	1400||25%		275||25%	
订单行	3400||35%		700||35%	
订单摘要	1400||25%		275||25%	
配送	2200||10%		500||10%	
地址	2000||10%		450||20%	
场所	2600||10%		600||10%	
发票	1700||25%		500||25%	
支付	1900||25%		400||25%	
产品	300||5%		300||15%	
吉他	200||5%		200||5%	
乐谱	50||5%		50||5%	
供应品	50||5%		50||5%	

对象/容积矩阵可能会影响到设计工作的几个领域,包括以下内容:

- 服务器规模。因为它和装载应用程序商务规则服务层的数据库服务器和应用程序服务器都有关。这个容量不仅和磁盘存储量有关,还和内存容量、CPU 吞吐量以及每个服务器 CPU 的数量有关。
- 数据库表大小分配、剩余空间和索引大小。在指定位置给定了期待的容积后,受影响的还有日志活动和多长时间日志循环一次,以及备份和恢复策略。

对于任何应用程序,这些数字都不是一成不变的,它们只是为了完善应用程序而做的估算。

本次迭代通过创建关键用例基本路径和备选路径的动态模型,通过参与者、界面接口对象、控制接口对象和实体类对象的交互,演示了满足这些用例路径的过程,从设计层面给出了系统解决方案的不同视角。应用矩阵从网络和数据库处理装载的问题角度为应用程序提供了一个动态视图。

4. 确定系统架构

系统架构是问题解空间最重要的输出制品,无论是项目涉众还是具体用户都非常关心未来系统技术的先进性。在初始阶段依据当时对项目的了解,提出了系统的初步构架,其中的大部分内容还是正确的,但具体实现方案还没有最后确定,如应用程序结构和数据存储结构等。

如图 5-7 所示,迭代四的重点是"最终架构"部分。主要目标是从如下方面再次论证系统的最初结构，确认系统的最终架构。

- 技术：处理构建应用程序所需要的工具、资源及软件分布策略。
- 数据访问技术：处理应用程序中的数据如何被访问，包括数据库复制技术及数据访问结构。
- 应用程序技术：怎样处理应用程序的分层策略及层间的通信机制。

在确定系统最终架构的 3 个方面中，依据前面对项目需求的分析与初步设计，应用系统开发环境、运行环境、所需工具、软件分布策略以及数据库访问技术比较容易确定。目前应用系统的开发大多采用分层的架构模式。因此在应用程序技术方面的主要任务是在逻辑上分几层，是采用传统的 3 层架构模式，还是目前比较流行的 6 层架构模式。然后需要明确各层间进行通信所遵循的标准、参数传递的策略等，确定与数据库相关的连接、复制等事务处理策略，确定表示层如何支持 Web 服务。图 5-13 给出了 RL 系统采用的 6 层架构。它把传统的业务服务层划分为两层，分别处理两种类型的服务：

- 业务上下文。处理用户接口，在信息进入系统时对其进行筛选和清除，如当一个域中输入的值限制了在另一域中允许输入的值时。
- 业务规则。处理更传统的业务规则，如在待开发系统中，若一个客户在一年内完成 10 000 美元的订单，则在下一年的订单中可享受 10％折扣。

数据服务层划分为 3 层，分别处理三种类型的服务：

- 数据转化服务：将对信息服务的逻辑请求（如更新）转换为数据库兼容的语言（如 SQL）。
- 数据访问服务：执行某些 API（如本地数据库接口，适用 OLE/DB 的 ADO，或者 ODBC 驱动程序）的请求。
- 数据库服务：实际的数据库技术（如 Oracle 或 MS SQL server）。

图 5-13　RL 系统的系统架构

　　应用程序层间的通信可以有很多机制,每种机制都有优缺点,需要综合进行多方面的权衡,使项目各方达成一致。在 RL 项目中,采用 COM/DCOM 组件标准进行通信,使用字符串方式传递参数;支持浏览器访问,允许客户通过 Web 站点来获取其订单信息。

　　在细化阶段,通过全面对用例及其路径的分析、类的抽取与完善,已对未来系统有了比较深入的认识。通过用户界面原型的开发与评估,澄清并加深了开发团队对业务及其系统复杂度、难度等全方位的理解。通过动态建模演示从参与者、用户接口到系统内部元素间相互作用实现用例路径的动态过程,所有这些都为系统最终架构的确定提供了良好的基础。本次迭代综合上述成果最后确定了待建系统的最后结构,从多个侧面勾画了待建系统的最终解决方案。

　　系统总体设计是软件开发过程中细化阶段最主要的工作,细化阶段也是软件开发生存周期 4 个阶段中最关键的阶段,此阶段的关键任务是将高风险的需求转化为低风险的设计,并确保整个项目在此阶段中变得完全可控,自此,软件开发过程也就进入了下一个阶段——构造阶段。构造阶段尽管软件开发的工作量比较大,但是开发风险已经大大降低。

5.5　构造阶段

　　构造阶段总体目标是通过优化资源和避免不必要的废品和返工来尽可能地减少开发成本;尽可能快地达到标准所要求的质量;尽可能快地实现可用的构想(α、β 和其他测试版本)。该阶段从如下方面开展工作:

- 资源管理、控制和过程的最优化。
- 完成组件的开发,并依据评价标准进行测试。
- 依据构想的验收标准评估产品的发布。
- 制定移交阶段计划。

　　该阶段主要评价标准是产品基线是否足够稳定,以至于可在用户群中实施(悬而未决的变更并不妨碍实现下一个版本的目的),项目相关人员是否做好了移交给用户群的准备,实际的资源开销相对于计划的开销是否可接受。

5.5.1　主要活动

　　协同过程模型此阶段关注的焦点是“数据库设计/创建”、“组件设计/创建”和“网络设计/创建”3 个活动,如图 5-14 所示。

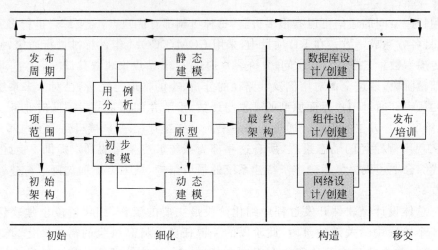

图 5-14　协同过程模型和构造阶段

具体任务列表如下：

1. 项目管理方面

(1) 监控项目计划。

(2) 监控政策的变化。

(3) 监控预期目标。

(4) 评估构造阶段项目实施计划。

(5) 评估项目风险。

(6) 制定移交阶段实施计划。

2. 培训方面

(1) 配置管理培训。

(2) 调试技巧培训。

3. 技术开发方面

(1) 评估操作影响。

(2) 评估网络影响。

(3) 数据库设计。

① 评估对象对关系设计的影响。

② 检验数据分布场景。

③ 检验使用矩阵的精确度。

④ 应用 DBMS 实现规则到关系图(ERD)的转换。

⑤ 验证物理设计。

⑥ 规范化物理设计。

（4）建立数据库环境。

① 创建表。

② 创建索引。

③ 创建视图。

④ 建立锁机制标准。

⑤ 建立恢复机制标准。

⑥ 建立磁盘管理标准。

⑦ 验证服务器选型。

⑧ 制定数据库强度测试计划。

（5）组件设计。

① 评估对象对组件策略的影响。

② 检验处理分布场景。

③ 检验使用矩阵的精确性。

④ 应用 UML 制品到分区模型中。

⑤ 分配客户端任务。

⑥ 设计处理组件。

⑦ 创建组件/部署图。

⑧ 最后确定设计模型。

⑨ 代码处理组件。

⑩ 重新评估 UI 屏幕对话框。

⑪ 编码 UI 屏幕对话。

⑫ 识别批处理流。

⑬ 编码批处理流。

⑭ 确定组件强度测试计划。

（6）评估现有网络基线。

（7）验证唯一的网络需求。

（8）用网络参数更新物理 CRUD。

（9）模拟网络负载。

（10）验证网络强度测试计划。

构造阶段的工作核心是编码与测试，不断增加系统功能，提高系统的可运行能力。项目管理方面的任务与前一阶段相似，仍然集中在项目进度跟踪与监控、风险分析、变更的控制与评估等方面，同时有关配置管理工作量明显加大。在构造阶段的后期，需要制定移交阶段的迭代计划，以及首次迭代的详细实施计划，以保证移交阶段工作能顺利展开。此阶段的培训工作围绕配置管理和调试技巧展开。

5.5.2　实施考虑

本阶段目标至少分数据库设计/创建、组件设计/创建和网络设计/创建 3 个主题,每个主题可通过多次迭代(如分 3 次迭代)来完成,这里简化为如下 3 次迭代完成阶段目标。

迭代一:数据库设计与创建。

迭代二:组件设计与创建。

迭代三:网络设计与创建。

1.　数据库设计与创建

如图 5-14 所示,本次迭代关注的焦点是"数据库设计/创建"活动。其目标是将细化阶段创建的类图转化为支持关系数据库的设计,建立应用系统开发所需的数据库环境。主要输入是用例路径、类图、顺序图和应用矩阵。

数据库设计以及它从类图的转化将影响请求数据库服务的其他层以及产品环境中数据库的性能。

(1) 从类图到关系数据库表的映射

为了把类图转化为关系数据库中的表和字段,需要分别考察类图中有关类的关联、泛化、聚合、组合以及自关联关系,根据不同关系的特征,确定对应的数据表和字段,建立表间的关联关系。为了提高数据库的访问性能,需要关注字段,特别是作为键码的结构与正规化、表的大小、存储空间分布策略等问题,并建立索引。图 5-15 是 RL 系统的 E-R 图。

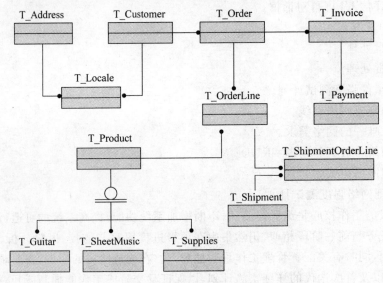

图 5-15　RL 系统的 E-R 图

（2）存储过程和触发器的使用

存储过程和触发器是 20 世纪 80 年代末和 90 年代初开始形成，为当时的 C/S 结构提供可靠性的技术。现在数据库厂商已经将该技术集成到数据库管理系统中。该技术在解决数据库性能瓶颈问题和需要访问很多行信息才能处理的非常复杂的业务规则时非常适用。但因该技术的应用需要使用数据库管理系统提供的底层语言，与数据库系统紧密耦合，为应用系统后期的维护带来很多不便。因此决策的底线是达到应用程序的性能目标，因为这种从程序代码到数据库代码的迁移并不简单，需要花费一些时间。

（3）数据转化服务和数据访问服务

在分层架构模式中，解决数据与服务的分离的最好方法是使数据转化服务与数据访问服务耦合度最小，通常的做法有两种：

- 使用一个类，其中对每一个逻辑服务请求（例如，检索指定日期之后的所有订单）都有一个公共的操作。

- 为每一个业务类使用一个数据转化类。例如对应于 Customer 的 CustomerDT（DT 代表数据转化）。

这两种方法各有优势与不足。前一种方法在系统中产生较少的类，但可能会产生一个庞大的类，这不符合"类只做一件事而且要把这件事做好的"原则。后一种方法很好地体现了面向对象思想，为较小的类提供了高度的内聚性，但也因此导致系统中类的数目太多。在 RL 系统中采用后一种做法，如图 5-16 所示。

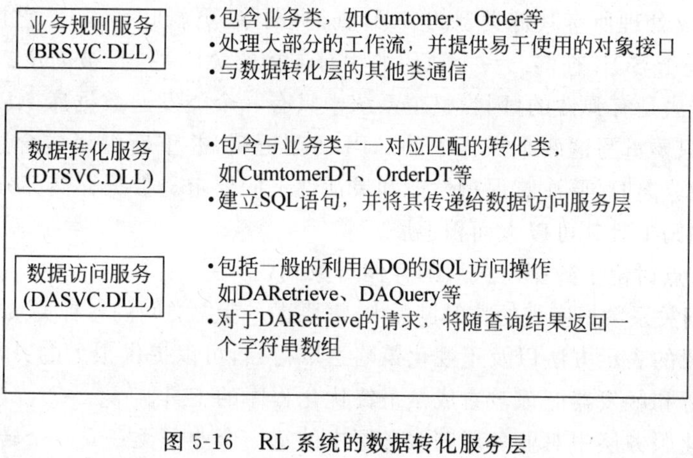

业务规则服务 (BRSVC.DLL)	·包含业务类，如Cumtomer、Order等 ·处理大部分的工作流，并提供易于使用的对象接口 ·与数据转化层的其他类通信
数据转化服务 (DTSVC.DLL)	·包含与业务类一一对应匹配的转化类， 如CumtomerDT、OrderDT等 ·建立SQL语句，并将其传递给数据访问服务层

数据访问服务
(DASVC.DLL)
	·包括一般的利用ADO的SQL访问操作
	  如DARetrieve、DAQuery等
	·对于DARetrieve的请求，将随查询结果返回一
	  个字符串数组

图 5-16 RL 系统的数据转化服务层

位于 ActiveX 组件 DTSVC.DLL 中的数据转化服务层中有几个类，都以 DT 结尾。每个类中都有对应于其业务类的一对一映射。另外，每个类都有一个公共接口，称为 Icrud。图 5-17 给出了一个这类接口的示意图，其中的接口由 CustomerDT 类实现，用直线连出来的小圆圈来表示。

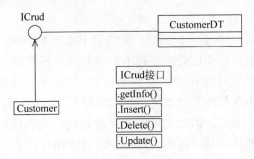

图 5-17　ICrud 接口

这个接口实现 4 个操作,每一个类对它们的实现不同,这为后面添加业务规则服务层的代码提供了很大的灵活性。

数据访问服务层直接与数据库管理系统交互,尽管这一层能做的工作有限,但该层功能强大,它真正做到了服务分离和组件创建。为了降低与数据库的耦合度,可以使用一个类,它提供两个主要操作:一个处理上层的查询操作并返回结果集,另一个处理插入、删除和修改操作。在 RL 系统中,该层的实现是在一个 ActiveX 组件 DASVC.DLL 中包含两个主要操作:

- DARetrieve 接收一个连接字符串、一个 SQL 查询(只是选择)和一个空字符串数组。创建一个通用的 ADO 记录集,直到没有其他行能够检索。每一行都被包装到这个字符串数组中。如果成功,则结果位于字符串数组中,这个字符串数组将通过各层返回。
- DAQuery 处理所有其他类型的 SQL 查询(删除、更新和插入)。它接受一个连接字符串和一个 SQL 查询。一个通用的相对连接的 ADO 执行被创建。

这种设计方法是有弹性的,因为整个系统中只有一个类发送数据库 API 请求。如果以后更换数据库,只要重写这两个操作中的 API 访问逻辑,并重新编译包含这个类的组件即可。在实现服务分离时,要注意保持性能和灵活性上的要求。数据存储部分设计完成后,后续关于组件的编码工具就可以大面积地展开。

本次迭代重点讨论了数据持久层的存储对象问题:

- 在类图向关系数据库表的映射过程中,需要逐一考虑类间的各种关系,及其映射策略。
- 关键字段的表示方法以及正规化策略选取得当,可以提供很大的灵活性。
- 存储过程和触发器应该被看成是最终优化程序的工具。
- 数据转化服务层中对业务规则服务层中的每一个业务类建立一个转化类。
- 数据访问服务层是应用程序中能够调用数据库 API 的唯一地方。它是通用的,能够执行从数据转化服务层传入的所有访问请求。

2. 组件设计与创建

如图 5-14 所示,本次迭代关注的焦点是"组件设计/构建"活动,它将已有的许多软件转换为符合组件设计思想的组件,并构造过程以实现产品。

组件设计活动重点解决分层架构模式的表示服务、业务上下文服务和业务规则服务 3 层组件间的用户接口,确定这些组件的部署策略。

(1) 探讨表示服务层

在上次迭代中,设计了一个结构,物理地将 DBMS 从访问服务中分离出来。数据访问服务通过 SQL 语句进一步从数据转化服务中分离。本次迭代则从表示服务层开始讨论。

表示服务层是整个应用程序中最易变的层,待建系统必须适应新技术的发展。同时随着时间的推移,项目的涉众也希望可同时以多种方式快速、容易地提供项目信息。采用模型、视图和控制器模式是当前解决此问题的一种很好的方法。

(2) 探讨业务上下文服务层

业务上下文服务层与指定的表示技术结合紧密,它负责用户接口交互过程中发生的大多数编辑工作。一些逻辑服务被分割成两部分:

- 一部分是实际表单级的代码,它包装在 UISVC.EXE 组件中。
- 另一部分包装在业务规则组件 BRSVC.DLL 中。

这一逻辑层关注的重点是在系统和应用程序交互过程中发生的事情,尤其是在语法和上下文编辑方面的内容。这些不同的编辑为应用程序执行的任务如下:

- 语法编辑:重点是在信息离开用户接口之前对其进行格式化和清理。这些编辑规范从数字范围检查到有效日期的格式化。
- 上下文编辑:更侧重于信息的商业方面。如有人选择了一种付费方式而且他的信用度低于 50,则要求总管审批。这是传统类型的业务规则,因为信息源于客户端,它在客户端更好实现这种类型的规则,最终可能成为 Payment 类中定义的操作,存在于业务规则组件 BRSVC.DLL 中。

(3) 探讨业务规则服务层

业务规则服务层的双重性:

- 面向工作流的业务规则,物理实现在 BRSVC.DLL 中。
- 面向数据管理的业务规则,物理实现在数据转化层服务中。
- 包括所有实体类的 BRSVC.DLL 组件大多数情况下可能分布在服务器上,尤其是在基于 Web 的解决方案中。
- 服务器端实现的其他主要内容是数据转化和数据访问服务层。

(4) 合作类——接口、控制和实体

到目前为止关于层次结构中的各层组件间的通信标准及其具体结构已经确定,接下来的工作是通过使用具有代表性的业务用例来演示各层间数据的调动关系,验证这种设计的合理性。在 RL 系统中,通过维护关系用例图对客户信息进行检索,将它映射到应用程序的各层。图 5-18 是该用例的应用界面,图 5-19 描述了这个用例的交互过程。

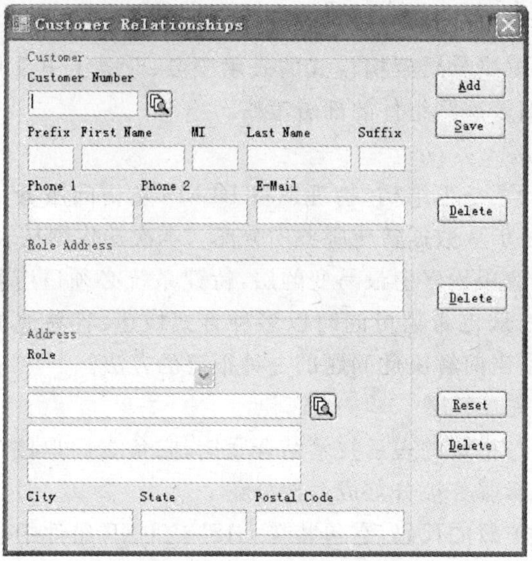

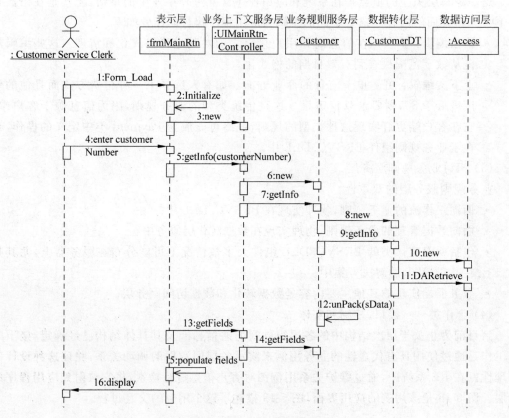

图 5-18　客户关系界面

图 5-19　客户查询顺序图

消息交换最初是在高层,然后随着对例子的讲解而变得更加具体。

(1) 业务员和表单交互,使表单加载并执行 Form_Load 事件。

(2) 表单要求自身初始化。

(3) 在初始化函数中,实例化一个新的 UIMainRltnController。

(4) 业务员输入一个客户号,然后单击 Search 命令按钮。

(5) 表单向它的控制器实例发送一条消息,说明它需要 getInfo,为它传送 customerNumber。

(6) 在 getInfo 操作过程中,实例化一个新的 Customer。

(7) 然后请求 Customer 实例使用 CustomerNumber 来 getInfo。

(8) 在 getInfo 操作过程中,实例化一个新的 CustomerDT,来执行一个业务函数将对信息的逻辑请求转化为 SQL 语句。

(9) 然后请求 CustomerDT 实例使用 customerNumber 来进行 getInfo 操作。

(10) 在 getInfo 操作过程中,实例化一个新的 Access 实例,它使用构建在 DT 模块中的 SQL 语句来实现数据访问的 API 选择,这里是 ADO。

(11) 请求 Access 实例的 DARetrieve 操作,实际上是执行 SQL 查询,并将结果返回到 CustomerDT 中的一个字符串数组 sData。

(12) sData 返回到 Customer 实例,它请求自身将该数组 unPack 为它的成员变量。

(13) 最终所有的消息都到达表单,它开始使用来自控制器实例 Customer 的信息为它的文本框赋值(txtFirstName、txtLastName)。图 5-19 中显示了 getFields。这个名称没有实际的操作,只是使用了它就不再为每个属性显示单独的消息了。

(14) 同(13)。

(15) 域中填入内容。

(16) 表单中显示接口。

这个交互过程非常典型,RL 系统就是建立在这个基础上的,它实际是一个可以多次使用的框架。

通过上述分析,在 RL 系统的分层结构中,层间通信统一采用字符数组,各层具体逻辑包含在如下组件中:

- UISVC. EXE 包含了所有表单和用户接口控制器。它依赖于下一个组件 BRSVC. DLL。
- BRSVC. DLL 包含了逻辑上的业务规则服务层,这个组件是一个 ActiveX DLL,将包括所有的实体类。它依赖于下一个组件 DTSVC. DLL。
- DTSVC. DLL 包含了逻辑上的业务规则服务层和数据转化服务层中的一些元素。这个组件是一个 ActiveX DLL,它为每个实体类提供一个转化类。DTSVC. DLL 依赖于 DASVC. DLL。
- DASVC. DLL 包含逻辑上的数据访问服务层。它是一个 ActiveX DLL 组件,包括数据库 API 逻辑,如 ADO。

这 4 个组件的依赖关系如图 5-20 所示。图 5-21 给出了 RL 系统可能的部署图。

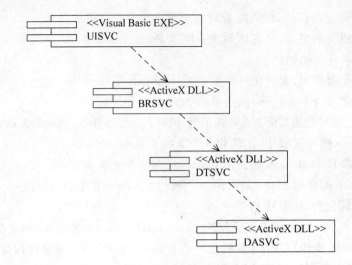

图 5-20　RL 系统的组件图

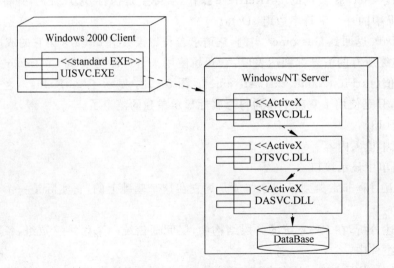

图 5-21　RL 系统可能的部署图

　　到目前为止，应用程序的逻辑架构和可能的部署策略已经详细地设计完成，接下来的任务是聚集项目相关人员评审项目的详细执行架构。项目组相关人员取得一致意见后，开始具体组件的编码与测试工作。有关编码期间应注意的策略方法等，在此从略。本次迭代的重点检查点是：

　　（1）设计良好的应用程序应该在物理实现之前细心对待逻辑层，这样，随着业务的发展，商业模型或技术框架的改变都不会让应用程序变成不得不舍弃的资产。

　　（2）在应用程序的生存周期里，表示服务层经常改变，从实现中分离出用户接口可以很快适应这种变化。

（3）业务上下文服务层负责语法和上下文编辑。这一逻辑层将在用户接口组件中实现。

（4）业务规则服务层负责应用程序面对的许多工作流问题。这一层包括所有的实体类，它们可以在客户端或服务器平台上部署。

（5）动态字符串数组提供了将信息从后端传送到客户端请求程序的机制。关键技术是数组解包从客户端隔离出来，将它隔离在自己的也就是这个实体的类中。

（6）部署方案可以有多种，对待开发系统有很重要的两点需要遵循：

① 在客户端执行表示服务。

② 在服务器上执行业务规则服务、数据转化服务和数据访问服务。

3. 网络组件设计与创建

本次迭代关注的焦点是"网络组件设计/创建"活动，如图 5-14 所示。主要目标是进一步明确待建系统的网络环境需求，构建实际的网络环境。在此从略。

构造阶段的前期工作重点是在细化阶段确定的系统应用架构下，详细勾画应用系统可执行框架、通用程序框架等。该阶段后期的工作重点则是大量组件编码与测试工作，直至使待建系统具备了初步或比较完整的运行能力，且只有解决了所有设计问题后该阶段才能结束。

5.6 移交阶段

移交阶段总体目标是：实现用户的自我支持；使项目相关人员一致认为实施的基线是完整的，并与构想的评价标准相一致；尽快、尽可能节省成本地实现最终的产品基线。本阶段的基本活动是将同步并发的构造增量集成到一致的实施基线中。与实施有关的活动包括扫尾工作、商业包装和生产、销售展示工具包的开发，人员的培训等。根据完整的构想和需求集的验收标准评估实施基线，制定下一版本开发计划。移交阶段的主要评价标准是用户是否满意，实际的资源开支相对于计划的开支是否可接受。

协同过程模型移交阶段的具体目标是进行 β 测试，确认新系统与用户的期望一致；并行操作新项目和将要替代的遗留系统；转换运行数据库；培训用户和维护人员。

5.6.1 基本活动

协同过程模型本阶段关注的主要活动是"发布/培训"，如图 5-22 所示。

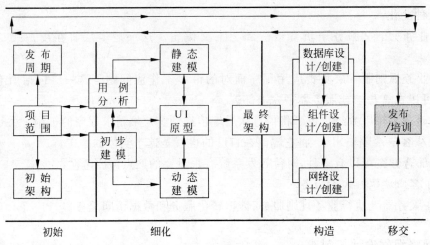

图 5-22　协同过程模型和移交阶段

具体活动与任务列表如下：

1. 项目管理方面

- 监控项目计划。
- 监控政策的变化。
- 监控预期目标。
- 评估移交阶段项目计划。
- 评估项目风险。
- 为 β 测试和维护支持分配资源。
- 制定产品移交策略。
- 为最后移交建立验收标准。
- 进行 β 测试总结。
- 进行产品测试总结。
- 进行维护交接工作总结。
- 评估增量计划。
- 制定下一增量开发计划。

2. 培训方面

- 软件分发工具培训。
- 促进桌面支持培训。

3. 技术开发方面

- 选择软件分发工具。

- 创建安装集合部署计划。
- 创建数据库生成和构建脚本。
- 创建 β 测试目录结构。
- 创建 β 环境。
- 执行安装集。
- 评估 β 结构,跟踪故障报告。
- 优化、实现变更。
- 创建后期交付品维护计划。
- 接受产品系统。
- 建立故障报告,促进桌面集成策略。
- 建立服务包发布策略。

本阶段管理方面的任务是在继续监控项目进度、政策变化及其变更控制的基础上,制定周密的移交计划、调配移交所需的用户培训资源、进一步核实验收标准。在本阶段结束前,制定并评审下一增量的开发计划。

培训的主要工作是软件打包工具的使用和培训客户的技巧等。

5.6.2 实施考虑

在技术开发方面,本阶段前期工作重点是修改完善应用系统,后期则集中在系统打包与文档撰写方面。这部分的实施因与客户极度相关,因此其执行时间与运作方式不定因素很多,这里从略。

5.7 本章小结

协同过程模型在实际软件开发中已应用多年,几乎与 RUP 模型同步成长,且很好地反映了 RUP 提倡的三大特性:用例驱动、以构架为中心、基于风险的增量和迭代开发。

本章从协同过程模型每个阶段的目标、所包含的基本活动和任务、实施过程中的考虑以及每个阶段中可能的迭代安排等方面,较为详细地介绍了该模型的具体执行过程。文中给出的有关活动或任务具体实施时使用的模板和检查表,以及应注意的事项等信息,增强了该模型的可操作性。

第6章

软件工程过程的建立与监控

软件工程过程为软件产品的开发和演进提供了指南(如图 6-1 所示),它明确了软件开发过程中涉及的人员、活动、制品等众多因素间协同工作的方式、方法和准则;它通过在项目启动之初和项目进行过程中,将以往获取的经验和对具体项目或产品特征、开发团队等众多因素进行综合考虑后,确定项目如何实施的一系列步骤和方法,并依此来降低潜在风险、提高产品质量。借助已经建立的过程定义,项目团队成员能够更

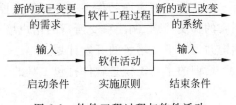

图 6-1 软件工程过程与软件活动

好地理解自身应该完成什么工作,了解他人可以为自己提供什么,明确自己应为他人提供什么。这样,项目相关人员就可以将精力放在完成自己分内的工作上。在执行过程中,个人根据自身情况适当调整工作的同时,已定义的软件工程过程为组织提供了一个一致的工作框架,它定义了项目成员间能据以交流和工作的准则。

但因为软件工程是一项高度智能化的过程,必须根据项目成员及其任务的创造需要进行动态调整,需要在组织标准化和一致性的要求与个人对灵活性的要求之间进行权衡。需要考虑的一些因素包括:①由于软件项目各不相同,相应的软件工程过程也要有所差异。②在缺乏通用的软件工程过程时,组织和项目必须定义满足其特定需要的过程。③用于具体项目的过程必须考虑人员的经验水平、产品当前的状态和可用的工具与基础设施。

任何两个软件产品的开发或维护过程很难完全相同,究其原因在于软件工程过程模型本身可以建立在任何适当的抽象层次上,软件工程过程构架则必须提供细化到任何所期望的细节层次所需要的元素、标准和结构框架。为此,本章首先介绍软件工程过程的三个层次,然后介绍软件工程过程的建立与监控中需要考虑的问题。

6.1 软件工程过程的层次

前面用了一章的篇幅介绍了软件工程过程模型的演进历程,实际上软件工程过程模型是有层次的,通常可以分为 U 级(Universal Level,即宏观级)、W 级(Worldly Level,即物

质世界级)和 A 级(Atomic Level,即微观级)3 个层次。U 级过程模型提供一个高层概要。W 级过程模型提供实际工作指导,很多软件开发人员和管理人员十分熟悉这类模型。A 级过程模型提供更加详细的求精。

6.1.1　U 级过程模型

U 级模型是指生存周期模型,它包含指导具体工作的方针。如第 3 章介绍的瀑布模型、增量模型、演化模型、螺旋模型和 RUP 模型等都是 U 级模型。该级别模型对软件工程过程包括的基本活动、任务、每个活动或任务的作用以及执行顺序提供了一般性的指导,反映了一般工作流程,提供了对软件开发的大致理解。但是,它们都不易逐步分解为指导软件专业人员工作所必需的详细程度。U 级模型提供的指导还包括:

- 所有工作进入基线前都要经过审查。
- 在交付时,每个产品都要优于以往的产品和主要竞争对手的产品质量。
- 关于软件产品或交付的所有承诺,都要在文档化且经过正式批准的软件工程过程计划中反映出来。
- 质量保证机构必须评审软件开发过程,以使高级管理人员确信工作是按照已建立的标准和规程来进行的,并且与过程指南要一致。

U 级模型因其过于宏观,各种软件工程过程模型看起来大同小异,但当我们试图以面向任务或面向实体的观点来进一步细化这些过程时,软件工程过程的差异性就会逐渐显现出来。

1. 面向任务的模型

面向任务的过程模型,如瀑布模型,是以一种面向任务的观点来看待工作的自然结果。这类模型对任务的次序十分敏感。当各项任务的关联比较简单时,这种任务结构比较合适,而且易于理解。随着任务次序组合的可能性不断增多,这种模型将逐渐失去实际意义。因为软件工程过程本身的复杂性决定了其过程模型本身也是复杂的,其操作工序应是完整的。而现实世界与任何一个 U 级模型都不完全一致,如果把一个完整的模型应用于特定的需要,一般来说,可以通过剪裁达到这一目的,但同时会在其他方面破坏模型的完整性。然而进行这种折中时必须小心谨慎,否则,折中后的模型可能会产生误导。模型化任务看起来好像是指导面向任务的人员的一种自然方法,其实却限制了人们灵活性的发挥,并具有武断僵化的倾向。在需求—设计—编码—测试这个既定次序下,如果不完全重构过程模型,要想在测试阶段重新检查需求,常常难以实现。因此基于任务的传统模型(如瀑布模型),很难充分考虑过程的行为因素。

在如此复杂的条件下,试图使用面向任务模型的真正风险在于,必须对这些模型进行简化以便于理解,而这种简化有可能会限制任务排序的灵活性。例如,当存在 10 种可能执行的有益的工作次序时，一个简化的、面向任务的过程模型大概只能表示1或2种次序。在正常情况下，这种限制完全可以接受，可以把其他选择看作不正常或未经授权的次序。当此类模型用于指导过程自动化、项目管理或合同管理时，所带来的过程僵化将会导致严重的问题。

还要考虑过程的实际执行情况。当过程模型用于指导或控制过程的详细执行时，就要求有一个全面的模型，而且它必须包含一个以任务为导向的视图。事实上，一个完整的过程模型必须包括功能、行为、结构和概念视图。然而，对于过程管理的目标来说，只要不人为地限制过程执行，就可以采用更简单的过程模型。但有充分的理由能够使我们相信，面向任务的模型对于实现该目的并不总是最好的选择，在很多情况下，实体视图可能更恰当。统一软件工程过程模型就体现了实体视图的思想。

2. 实体过程的模型

无论是瀑布模型还是螺旋模型，都类似于软件系统的静态模型，即任何一个过程，或者是在未满足启动条件前处于空闲状态，或者满足启动条件后处于执行状态，直至产生最后所要求的输出后又回到空闲状态，等待进一步的需求。然而，随着实现任务变得越来越复杂，这种简单的画面意境不能完全真实地反映实际的任务行为。如，当一个设计问题从实现工作中反馈回来以后，在处理这个设计问题的同时，实现工作通常并不停止。在更高级别的模型中看不到这些小规模的过程重复。这时基于实体考虑的过程模型，如统一过程模型RUP，则更为实用。这类模型处理的是实体及在实体上进行的活动。每个实体都是一个真实存在的对象，并具有延长的生存周期。也就是说，实体是活动的事物，而非在过程中暂时导入的短暂的对象。图6-2展示了RUP模型中的需求、设计、实现和管理制品等实体在初始、细化、构造和移交4个阶段的演进过程。

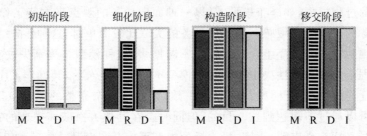

其中：M—管理制品集 R—需求制品集 D—设计制品集 I—实现与实施制品集

图 6-2   RUP 中的 4 类关键实体随过程阶段的演进示例

这些实体如需求、设计、已完成的程序或程序文档等。虽然它们听起来好像瀑布模型中讨论的一些东西，但其实是大相径庭的。传统瀑布模型涉及的诸如需求之类的任务，在设计开始前假设这一任务已经完成。在实际工作中，需求实体必须存在于整个开发过程之中。

虽然它要经过各种各样的转换,但在过程的所有后期阶段都存在一个真实需求的实体。设计、实现和测试组合也是如此。

实体过程模型(Entity Process Model,EPM)为软件工程过程提供了一种有用的表示方式,这是因为对于复杂的动态的过程来说,EPM 比基于任务的过程模型更加准确。原因在于 EPM 处理的是真实对象,这些对象持续存在,并通过一个相对较小且已定义的状态序列进行进化。这些状态之间的转换来源于定义明确的原因。对于特定任务序列,各状态的转换之间的关系是相对固定的。

所以,实体是真实的事物,不是仅仅为了工作方便而引入的工作产品。例如,在软件产品的开发过程中产生的一系列"工作产品"十分重要,如需求、设计、测试文档、测试用例、测试计划。传统的观点认为,这些是开发阶段的最终产品,是完整的,不会进行变更。所导致的结果是,通常没有正式的过程条款来保证设计和需求文档在整个实现和测试阶段最新。

问题在于建立软件工程过程的模型中,什么是最合适的实体。一些显而易见的实体包括可交付的代码、用户安装和操作手册。其他一些在初始软件开发工作完成后仍持续存在的通常也看作实体,如需求文档、设计、测试用例和规程等。

需要注意的是,实体过程模型为在 U 级和 W 级刻画复杂并且高反馈的活动提供了一个有用的方法,但必须将它们转化成任务结构才能实际指导工作及其自动化。由于 EPM 能够为工作提供更准确的高层表示,因而为计划和跟踪工作提供了有益的思路。

6.1.2　A 级过程模型

和 U 级模型恰恰相反,A 级过程模型可以十分详细,为实现特定过程活动自动化或使用标准程序或方法提供了很多方便。精确的数据定义、算法说明、信息流和用户程序是 A 级过程模型必不可少的部分。这类模型中包括的细节的量取决于模型的具体应用。例如,经验丰富的开发人员在重复以前完成过的手工任务时,与刚接受培训的人员相比,他们对指导标准的要求要粗略得多。然而,当对某项任务进行自动化时,通常需要大量的细节。

A 级模型通常包含在过程标准和约定之中,如作为指导工作和 SQA 评审的基础标准应包括如下内容:

- 代码审查准则将规定评审什么代码、何时审查、使用的审查方法、将生成的报告以及可接受的性能范围。
- 开发人员根据这些标准指导自己的工作。
- SQA 人员根据这些标准评审开发人员的工作和产品。

而在级别更高的 W 级和 U 级过程模型中,可将这些内容看成是对过程的抽象。

6.1.3　W 级过程模型

W 级过程模型和软件工程师的工作最直接相关。它对完成工作任务的顺序提供指导，规定各项任务的启动条件和输出结果。如果把 W 级过程模型简化成操作形式，一般来说这些模型看起来就像操作流程。它们规定谁何时做什么。在适当时，它们引用指定标准任务定义或使用 A 级的工具。对于每项任务，W 模型定义预计的结果、恰当的度量和关键的检查点。

W 级模型要通过建立相应的规程来实现 U 级的方针，同时它还要引用 A 级中定义的任务完成标准，如：

- 规程定义了进行质量保证评审的点以及如何处理所发现的问题。
- 规定评审工作的比例、统计抽样方法。
- SQA 是否、何时、如何在软件工程过程工作过程中进行独立测试和监控。

6.1.4　各级别过程模型的应用层次

不同级别的模型是对某一层次问题的抽象，如 A 级模型可用于解决实际的编码、实现等问题，因此也称这一级别的模型为方法。当在确定用什么模型来指导软件系统开发时，使用的就是 U 级模型；若开发模型已定，则需要将其模型所涉及的过程、活动、任务根据项目关键度(复杂度)、项目规模和组织情况等进行统筹考虑，形成具体的指导实际项目的计划时，模型的实际作用才得以具体体现(这也是 6.3 节将要讨论的主要内容)。因此项目计划是把 U 级的某一过程模型实例化了，是 W 级别的过程模型。当然项目计划还要考虑资源分配等其他方面的内容。

软件工程过程主要关注的层次是 U 级和 W 级模型，A 级模型通常是软件开发方法研究的主要内容(换种说法，软件工程过程并不过多地涉及如何使用特定的方法和工具，而更强调如何使用一个良好定义的控制过程，该过程当然可以由合适的方法和工具所支持)。U 级模型及其各种变体通常作为建立 W 级模型的基本输入，因此也称为标准过程。有了标准过程可以带来如下好处：

- 过程标准化有利于减少培训、评审和支持工具问题。
- 使用标准的方法时，每个项目的经验都能够推动整体过程改进。
- 过程标准为过程和质量的度量提供了依据。
- 由于过程定义需要耗费时间和努力，因此为每个项目都定义新的过程是不现实的。

在建立新的 W 级过程时通常都是对已有的标准过程进行剪裁或增强，这也是软件项目启动之初的首要任务，即选择适合于本项目的软件开发过程及其实施标准。在项目执行中则要始终如一地监控所定义过程的执行情况，出现偏差适时调整，以保证项目能最大限度地按预期的轨迹前进。

6.2 软件工程过程的建立

建立软件工程过程时,首先是选择作为输入的标准过程,即 U 级模型,它描述了一个软件生存周期内各阶段间或阶段内的活动间的相互关系;然后确定完成特定活动及其任务的方法。本章以软件开发过程为例重点讨论全局过程的建立与管理中需要考虑的问题。

6.2.1 定义软件工程过程的一般步骤

由于软件开发过程对控制一个项目的进度、成本和质量有深刻的影响,因此在定义软件开发过程时需要注意以下问题:软件开发过程应该由一个可理解的活动集组成,新项目成员可以从该活动集中选择合适的子集作为新的过程;为了改善过程,必须检查过程;过程中的每个活动或任务都必须是有用的;允许对过程剪裁。定义一个软件开发过程需要经历如下步骤:

- 确定过程模型。
- 确定活动。
- 确定活动间的关系。
- 文档化每个活动的其他有用信息。
- 文档化如何剪裁过程。
- 文档化如何改善过程。
- 获得过程的买入。
- 不断地使用和改善过程。

1. 确定过程模型

软件工程过程模型有很多种,第 3 章介绍的过程模型只是在软件生存周期过程发展历程中具有代表性的模型。实际应用中这些过程模型还有很多变体,应该把所有这些模型看成可供选择的一个现存模型或为组织创建一个最合适的模型的灵活选择之一。另一方面,因为过程在很大程度上与企业的文化相关,一个组织内部都在自觉不自觉地维护着一个潜在的过程模型,只是这个模型对于特定项目不见得是合适的或是完整的。因此,定义一个软件项目或产品的软件工程过程,要充分考虑企业现有的实际状况,可把企业内部或开发团队较为熟悉的软件工程过程模型作为标准的过程输入模型,在此基础上再根据项目特征和团队规模以及团队成员的技能水平,对输入的过程模型进行剪裁或完善,使其更适合于具体项目。

在选择适当的过程模型时,应该考虑的关键因素包括:

- 项目/产品的规模和复杂性。
- 项目/产品的关键度。
- 产品需求被理解以及被文档化的程度。
- 产品功能早期可用性的需求。
- 在开发过程中用户要参与项目的需求。
- 可用的软件开发和项目管理工具。
- 所要求的产品质量标准。
- 项目成员的经验和能力,包括管理经验和能力。
- 项目成员相互之间的默契程度。
- 所包含的场所和公司的数量。
- 要开发的集成产品数量。
- 产品技术的成熟度。
- 在开发中可预测变化的数量。

首先创建一个受进度约束的计划,然后再过渡到受资源约束的计划。

尽管对一个组织来说,选择多个软件工程过程模型是可接受的甚至是有利的,但应该努力去限定一个组织所采用的过程模型的数量。项目成员在使用一个他们理解的和经历过的模型时,工作效率最高,并且生产率最高。采用一个可接受的熟悉的模型将明显有助于不断成功实现那个模型。

2. 确定活动

当选择了软件工程过程模型后,下一步就是确定组成该模型的主要活动。活动列表应该是全面的,因为新项目的成员在剪裁标准过程去满足项目独特的需求时,将从列表中选择活动。如在 6.2.2 节给出的实例中以瀑布模型作为标准的过程输入模型,剪裁后的软件开发过程模型中包含的活动列表如下:

- 产品目标。
- 产品需求。
- 产品规格说明书。
- 高层设计。
- 出版物内容计划。
- 测试计划。
- 详细设计。
- 编码。
- 单元和功能测试。
- 集成测试。

- 出版物初稿。
- 系统测试。
- 出版物定稿。
- 回归测试。
- 打包。
- 交付。

关于每个活动的具体描述将在本章 6.2.2 节中给出。在完成列表后,应为在列表中的每个活动写出相应的描述。如对"产品规格说明书"活动的描述:产品规格说明书详细地描述产品的外貌,即对用户来说,产品看起来像什么? 每个功能、命令、屏幕、提示符和其他用户条目必须被文档化,以便于产品开发的参与人都能了解他们要创建、文档化、测试和支持的产品。产品目标提供了开发产品规格说明书所需的说明和基础。

3. 确定活动间的关系

列出和描述活动后,需要定义相关活动间的关系,明确每个活动的启动条件和结束条件。如果一个活动 A 只有当另一个活动 B 完成之后才能开始,那么活动 A 的完成将被描述为活动 B 的启动条件。如关于产品规格说明书活动的入口与结束条件如下:

- 启动条件:产品目标被分散评审或批准。
- 结束条件:产品目标被批准,产品规格说明书被批准,而且来源于规格说明书评审的所有问题已被解决。

4. 将每个活动的有用信息文档化

当定义了软件开发过程后,需要采用某种方法来详细描述过程模型中每个活动的提示信息和其他有用信息。当新项目的成员试图遵循软件开发过程并且剪裁这一过程以满足独特的项目需要时,需要认真阅读这些信息。为此可为每个活动增加一个文档化部分,这里称为注释。如关于产品规格说明书活动的注释部分如下:

在产品目标草案确定后,可以启动产品规格说明书活动;然而,产品目标必须先于产品规格说明书之前被批准。这将确保所有主要问题连同产品的功能目标都在完成和批准产品的详细定义前,并准确反映到产品规格说明书中。

高层设计应该在产品规格说明书被认可前完成,这有助于确保对于影响产品外貌的任何高层设计的考虑都被合理地反映到产品规格说明书中。

产品规格说明书在被批准后,只能通过指定的变更控制流程来修改。

5. 剪裁过程文档化

遵循 6.2.1～6.2.4 节所列的 4 个步骤将产生一个文档化的软件开发过程,这个过程可以通过为每个活动创建一个过程而进一步定义,所创建的过程详细描述做什么、怎么做以及完成的方法。过程可以是单机的文档,文档的长度可以从 1~10 页。一个过程,例如,可以用书写和产品批准规格说明书的方式来描述所要遵循的步骤。书写规格说明书可以从格式化模板开始。

没有两个软件开发项目完全相同,即使在同一个开发组织内。由于这个原因,在一个组织内使用的软件开发过程必须能被剪裁以满足新项目独特的需求。过程的使用者必须对他们能剪裁过程的程度有清晰的认识。否则没有剪裁规则,一些过程使用者可能剪裁掉项目必需的活动(例如产品规格说明书和一些测试活动)。尽管软件开发过程可能非常易于理解,以至于可以满足多达 10 万行代码的项目的需求,但它还需要回答"更小规模项目的成员可以剪裁过程的自由度如何?"这样的问题。剪裁规则文档化时需要列出以下条款。

(1) 哪些活动可以被删除而哪些活动不能

过程文档需要清楚地指出必须执行的活动和可选的活动。如果活动被表示为可选的,则大多数情况下,它们都需要执行,然后描述它们在可选情况下的条件。

需要关键活动时不要犹豫。例如,一个项目必须写规格说明书,否则,人们如何准确地知道要开发、测试以及文档化的对象?而且,一个定义得较差的产品如何在交付给客户后被成功地支持?

(2) 哪些活动可以被合并而哪些不能

例如,有 4 个代码测试阶段:单元测试、功能测试、集成测试和系统测试。为了提高生产效率,合并测试阶段中的一个或多个是否可接受?如果在软件开发过程中定义另外两个测试——性能测试和安全性测试,怎么办?这些测试必须独立执行还是并入集成测试和系统测试中执行?

更多的例子如:如果产品目标和产品规格说明都是所需的文档,那么它们能合并成一个文档吗?必须做详细设计吗?或者程序员在完成高层设计后可以直接进行编码吗?用户文档只能被分散评审一次,还是更新后的第 2 版也要被评审才能通过?

(3) 能加入新活动吗

当然这是诱导性问题。而且,确保组织中所有成员懂得他们拥有剪裁过的软件开发过程的所有权是重要的。如果定义的过程有不足之处,那么项目成员必须自觉地负起修正它的责任。

(4) 谁必须同意被建议的剪裁

项目的所有成员必须一致同意被建议的剪裁吗?项目外的人员,例如质量保证组或项目主管,必须同意剪裁提议吗?

典型的项目至少需要创建几个项目文档(例如产品规格说明书、产品测试计划),而对于非常大的项目,有时可能需要许多不同的项目文档。可以把以前的项目文档作为创建新项目文档的基础,这样只需要做适当的修改,就可以使用了。使用以前的项目作为创建新项目的起点,可能使撰写文档的生产率大大提高。

建议至少为过程的使用者提供两个剪裁软件开发过程的完整例子。例子是强有力的演示工具,也可以提高生产率。第一个例子必须是组织内的典型项目的代表。这个例子必须作为大多数项目的参照物而被多次复用。第二个例子适用于很小型的项目。小型项目的例子很重要,因为它提示过程的使用者,过程能多么灵活地满足其需要。这也有助于确保很小型的项目在使用过程中不招致不必要的企业管理费用和"官僚主义"影响。

当软件开发过程被剪裁用于新项目,而目前作为输入的标准过程模型又不太适合时,怎样处理呢? 生产率最高的方法是从第一个步骤开始。然而,这些步骤应该比第一次执行起来更快,因为许多已经在原来的软件开发过程中被定义了的活动将直接应用于新的软件开发过程,或仅做很小的调整就可以用于新的软件开发过程。从一个比较合适的软件工程过程模型开始重新创建软件开发过程,比试图迫使项目使用一个不太合适的软件开发过程要好得多。

6. 改进过程文档化

既然定义了软件开发过程,而且关于剪裁过程的规则已被文档化,就需要想出一个很好的方法以确保软件开发过程能被不断地改进。需要考虑以下 3 种改变的情况。

（1）变更请求

变更请求是对过程进行变更的建议。当项目成员使用软件开发过程时,通常需要确定改进的范围。这些变更请求需要迅速被收集并相应地定位。为什么要迅速? 原因之一是便于文档化的软件开发过程能够实时更新,使当前的项目和新项目能受益于这些建议。原因之二是通过快速的反馈能够向组织成员显示领导层非常重视这些改进,并且显示这些建议不仅是受欢迎的,而且是受鼓励和赞赏的。图 6-3 给出了变更请求的处理流程。

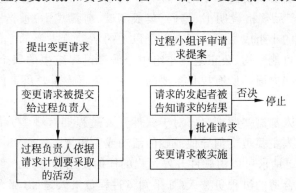

图 6-3　变更请求处理流程

（2）背离请求

背离请求是指与软件开发过程的一些方面背离的请求。当项目在进展过程中时,可以递交背离请求。这些请求需要快速地响应,因为同意或否定它们的决定对于项目的进度和成本有重要的影响。在稍后讨论中,背离请求将得到认真评估,从而决定软件开发过程是否应该被修改。图 6-4 给出了背离请求的处理流程。

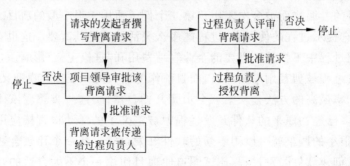

图 6-4　背离请求处理流程

(3)"项目后评审"变更请求

当项目刚被完成,并且产品已经开始打包和交付给客户的阶段时,项目成员(或者其中的一个代表)应该执行项目后评审。正如前面阐述的原因,对于变更软件开发过程的任何建议应该被快速提交并且被相应地考虑。

但是读者可能会问:"这些变更请求和背离请求在哪儿被提交并且它们怎样被遵照执行呢?"一个组织可以采取许多方法去定位该过程的变更。所选择的方法依赖于组织的规模、成员是彼此接近还是地理上分散、组织的过程成熟度等级等。最有效的方法是形成一个软件开发过程小组——过程组。该过程小组由代表组织内所有领域的人员共同组成。该小组全权负责定义、文档化、简化、改进和管理软件开发过程的实现。

每一个过程小组成员负责过程中的一部分。例如,在软件开发过程中定义的每个活动或主要的主题(例如产品规格说明书、编码、集成测试、剪裁规则)被指派给一个小组成员。被指定为过程负责人的小组成员可以拥有一个以上的活动或主要的主题域,但软件开发过程的全部责任需要尽可能平均、公正地在小组中分派。过程组中的每个人都能意识到自己对于软件开发过程哪些方面的所有权是重要的。过程负责人主要负责倡导他或她的活动或主题域。

过程组中的每个人都需要明晰自己对于软件开发过程拥有哪些方面的所有权,这一点非常重要。过程负责人主要负责倡导他或她的活动或主题域。

图 6-3 所示的变更请求可以由软件开发过程的任何使用者书写。变更请求被提交给过程小组并且被发送给合适的过程负责人(如果知道过程负责人是谁,那么变更请求的发起者可以将请求直接发送给过程的负责人)。过程负责人依据请求计划要采取的活动,然后发送请求和计划的活动给过程小组成员。

过程小组成员可以批准、否决变更请求。如果没有达成一致意见,那么过程负责人就要与过程小组的成员一起工作,确定是否接受这个变更请求。然后过程负责人通知发起者变更请求的结果。如果请求被否决,变更请求者还可以将请求升级到预定义的管理层上,而在该管理层上变更请求能被重新评估。然而,通常希望变更请求的发起者接受过程组的决定。

如果变更请求被批准,那么过程负责人有责任确保变更及时实现。在变更被满意地写入软件开发过程文档后,它要被过程组成员再次批准以确保实现是可理解的、正确而完整的。在文档被批准后,必须让组织成员了解文档的变更,以便于文档能立即在组织内被采用。

在图 6-4 所示的背离请求的流程中,首先一个项目成员提交背离请求,然后请求被项目领导评审。为什么要被项目领导评审呢?因为首先由对项目负有全部责任的人同意背离是很重要的。如果项目领导支持背离请求,那么随着变更请求的传递,背离请求被传递给过程负责人。

过程负责人被完全授权去批准或否决背离请求。如果背离请求被否决了,那么背离请求过程通常停止。然而,项目领导可以使背离请求升级到预定义的管理层,正如为变更请求定义的那样。如果背离请求被过程负责人批准或因为提升到管理层而被批准,则背离请求的内容即可生效实施。

尽管源于项目后评审的随机变更请求、背离请求和变更请求结果对软件开发过程在满足组织需要方面提供了很好的反馈,但是也可以执行一些其他活动。例如,定期地做引导性的调查将获得进一步的洞察力。而且,管理层能定期分别或以小组形式与组织成员进行沟通和交流。

在定义和实现软件开发过程中,项目组中的非管理者的主要职责是忠实地执行过程,而管理者,特别是高层管理者,必须支持软件开发过程的执行,并且让执行者明确地知道过程的真正所有权是谁,并从理念到规则上为过程的实施铺平道路。

7. 过程获得认可并培训员工

在本步骤中,软件开发过程要被完全定义,关于如何剪裁过程的指令也被文档化,而且要确定改进过程的方法。然后完成如下工作:

- 获得组织对于使用过程的许诺。
- 在合理使用过程方面培训组织的成员。

过程组必须完全同意新定义的过程。作为整个组织的代表,每个过程组成员要为他或她所代表的领域来批准过程。如果过程组成员对批准与否犹豫不决,那么该成员就要申诉他或她所代表领域的观点。然而,要记住,只有代表能批准和否决过程。

由过程组成员批准过程后,就到了传授每个人(包括所有管理层的人员)新过程的时间。传授过程是展示给人们过程已被提交的最好方法,它也是让人们知道期望他们全力支持的最好方法。传授过程由于依赖于过程的复杂度、组织的规模以及其他因素,所以可能具有不同的形式。例如,可以强制组织中的每个人参加一天的培训课。另一种方法是花半天时间向组织的大多数成员介绍新过程,并且预定一天时间去培训那些最需要理解过程实现的人员(小组领导、项目领导和项目策划者)。当新成员加入到整个组织中时,不要忘记为他们的培训做计划,以便于他们在使用软件开发过程中能很好地理解过程。

8. 不断地使用和改进过程

既然已经定义、文档化和批准了软件开发过程，最后的步骤就是坚持使用它。但很多开发组织的领导层并没有从内心支持这个过程，因此实际情况是这些新定义的过程流于形式。显然，管理层有责任坚持让每个新项目遵照所批准的软件开发过程执行。

注意定义软件开发过程的步骤中包括关于如何改善过程的（参见6.2.6节）。在批准过程前很好地理解改善过程的观念是很重要的。因为没有过程在开始设计时是完美的，而且因为快速改变业务的需要也对改进过程提出了挑战，并从根本上要求组织中的所有成员要理解过程问题经历变更，即过程属于组织中的成员而且它的目标是服务于这些成员，而不是通过其他的方式。

6.2.2　软件开发过程的定义示例

因为大多数模型在某种程度上都源于瀑布模型，且该模型简单、易于理解，对大多数读者来说都是熟悉的，因此本节使用瀑布模型作为软件开发过程的标准输入模型，来说明一个软件开发过程是如何被定义的。图6-5显示了软件开发过程中包括的活动集，及其各活动开始和结束时与其他活动的关系。

图6-5中各活动的持续时间依赖于项目的特性，如参加项目的人员数量、经验以及技术水平，项目的规模，产品的技术复杂度，产品和项目相关工具的可用性，以及其他因素。

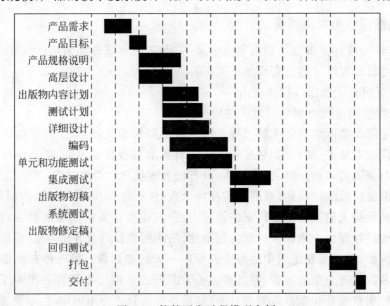

图6-5　软件开发过程模型实例

本过程实例只给出了构成一个软件开发过程的基本活动,还有一些其他活动这里没有给出。作为完整的可实施过程还应该将每个活动进一步细化为若干任务,如"产品规格说明书"活动可进一步细化为准备、评审、更新、认可和维护 5 项任务;"高层设计"活动可进一步细化为设计、检查等任务。同时,还应该根据项目的实际需要增加一些辅助或支持过程或活动,这里从略。下面将从描述、启动条件、结束条件和注释 4 个方面给出本过程中所包含的基本活动的详细信息。为了便于理解,这里重申一下各部分的作用。

(1)描述:活动的简要描述。

在该部分中建议对每个活动"做什么"、"怎么做"的过程尽量给出详细的描述。这样做可以节省组织中成员的许多宝贵时间,避免每次承担新项目时重新策划这些过程,尤其是当提供计划模板作为策划起点时更是如此。这些过程也有助于确保每个活动获得必要的一致性和完整性,而且也可用于培训新的项目成员。这些过程也建立了不断改进活动的基础。

(2)启动条件:在活动开始前必须发生的活动。

不列出嵌套依赖。也就是说,如果给定的活动 A 与活动 B 有依赖关系,则活动 B 与活动 A 也有依赖关系。仅列出活动 A 对活动 B 的依赖关系。这意味着,完成活动 B,那么活动 A 也就被完成了。

- 结束条件:在活动被认为完成前所必须发生的活动。
- 注释:任何提示或潜在的使用信息。

在执行这个活动时,期望这部分随着经验的积累而被进一步扩展。

下面将详细描述图 6-5 中给出的每个活动。

1. 产品需求

描述:产品需求描述要解决的客户和市场问题。需求主要关注要解决的问题,而不是对这些问题的解决方案。产品目标文档将定义被建议的解决方案。产品需求应该包含充足的信息以便书写产品目标。

启动条件:要认识到客户和市场问题以及有力地解决问题的潜在机会。

结束条件:产品需求被批准,并且来源于评审的所有问题被解决,而且要作出需求文档的正式批准决定。

注释:产品需求被批准后,只能通过指定的变更控制过程来修改。

2. 产品目标

描述:产品需求描述了在需求中描述的问题以及问题集的解决方案。此文档在高层定义了将满足市场机会的产品,并且它集中描述了所认识到的目标客户的需求。目标文档也提供了在产品开发中做功能和设计协定时,项目成员可遵循的基本路线。并且产品的编程和出版物部分的指导思想也被定位了。

启动条件:产品需求被分散评审或批准。

结束条件：产品需求被批准，产品目标被批准，并且来源于目标评审的所有问题已被解决。

注释：在产品需求草案可用后，可以启动目标。然而，在产品需求被批准前，目标不一定被批准。这将确保了在目标的审批者宣布目标确实满足最终用户所认定的需求前，需求能被完全理解。

目标文档与所描述的产品规格说明相比，相当小，可能只有产品规格说明规模的10%。目标在被批准后，只能通过指定的变更控制过程修改。

3. 产品规格说明书

描述：产品规格说明书详细地描述产品的外貌，即对用户来说，产品看起来像什么？每个功能、命令、屏幕、提示符和其他用户条目必须被文档化，以便于产品开发的参与者都能了解所要创建、文档化、测试和支持的产品。产品目标提供了开发产品规格书所需的说明和基础。

启动条件：目标被分散评审或批准。

结束条件：目标被批准，规格说明书被批准，而且来源于规格说明书评审的所有问题要被解决。

注释：在目标草案可使用后，可以启动规格说明；然而，在目标被批准前，规格说明书不必被批准。这将确保所有主要问题连同产品的功能目标都在完成和批准产品的详细定义前，通过规格说明书而被解决。图 6-6 显示了规格说明、高层设计活动的重叠情况。

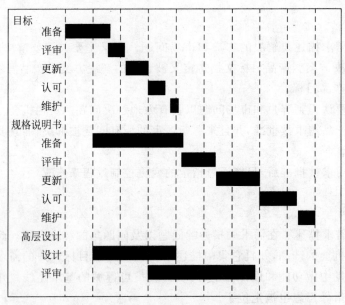

图 6-6　产品目标、规格说明书和高层设计活动的重叠示意图

　　高层设计应该在规格说明书被认定完成前而被完成。这有助于确保对于影响产品外貌的任何高层设计的考虑都被合理地反映到规格说明书中。

　　规格说明书在被批准后,只能通过指定的变更控制过程而被修改。

4. 高层设计

　　描述:高层设计是为了理解产品的各主要部分在技术上如何工作而所需考虑的设计层次。

- 相互间的协作。
- 产品运行所需外在的硬件和软件环境。
- 内在环境。

　　高层设计确定了组成产品的构件,它定义了每个构件的功能和任务,并且定义了构件间的接口、构件到运行环境的外部接口以及每个构件的内部设计。

　　启动条件:在目标文档开始后不久高层设计就开始了。就这点而言,要对产品的构件如何相互协作以及如何在必须运行的软硬件环境下工作等方面进行描述。高层设计可以被定义为初步的高层设计或"结构"。结构是目标所涉及的信息的一部分。

　　结束条件:完成高层设计时,要解决所有被发现的问题。

　　注释:高层设计应该在产品目标已经开始后不久就开始。然而,在产品目标完成前应该合理地理解高层设计。在产品目标的开发和初级高层设计间的重叠防止了产品目标定义一个在技术上不能以一种令人满意的方式实现的产品。必须坚信高层设计在产品目标完成前就能支持它。

　　在产品规格说明书被分散批准前,应该完成高层设计,并且相应地更新产品规格说明书的最终稿。如果高层设计在规格说明书被批准后才完成,那么可能发生反对所批准的规格说明书的额外的变更控制活动。

5. 出版物内容计划

　　描述:出版物内容计划描述了在产品中所包括的每个出版物的内容和设计。内容计划包括每个出版物的内容目标以及每章的基本内容和结构。

　　启动条件:产品规格说明书被分散评审或批准。

　　结束条件:产品规格说明书被批准,出版物内容计划被批准并且所有问题被解决。

　　注释:内容计划的书写直到产品规格说明书已经开始才能开始。否则,几乎没有什么产品接口数据可以提供用于计划出版物到目录这一层的内容。相似地,内容计划直到产品规格说明书完成后才能完成。

　　出版物内容计划因为两个原因而显得尤其重要,它以一种有利的、易于使用和理解的方式为用户提供重要的信息。首先,大多数产品要求具有随产品而发行的用户参考出版物。没有一套好的出版物,产品将很少有机会获得成功。

出版物内容计划之所以重要的第二个原因是,对业务发展趋势的支持。该发展趋势为产品的用户即时地提供出版物相关信息,并且使产品的使用更加直观。即时信息,即直接从计算机工作站存取信息,而不是通过文档存取信息,并且直观的人机交互界面需要认真、预先计划。出版物内容计划是在产品开发中帮助用户尽早地定义产品的有利工具。

6. 测试计划

描述:测试计划是为一个指定的测试描述谁、什么、何时、在哪儿、怎么做的文档。每个测试活动(如单元测试、功能测试、构件测试和系统测试)都需要写测试计划。

启动条件:产品规格说明书被分散评审或批准。

结束条件:产品规格说明书被批准,主题测试计划被批准,并且所有的问题被解决。

注释:测试计划的书写直到产品规格说明书活动已经开始后才能开始。而且,测试计划直到产品规格说明书完成后才能完成。否则,测试计划将是不完整的,因为产品的外部接口不能被完全理解和文档化。

对于单元测试计划的批准可能只是由一个小组领导检验它的完整性。然而,对于功能测试计划的批准可能需要几个人共同检验它的内容以确保它能指导一个彻底的且令人满意的测试。

7. 详细设计

描述:详细设计代表两层设计。第一层是为理解每个构件中的模块间如何在技术上相互协作所需的设计(一个构件通常由一个或多个模块组成)。该设计确定了组成构件的模块、每个模块的功能任务以及这些模块间的接口。这就是一个内部构件模块间的设计。

设计的下一层负责构件中的每个模块的内部设计。该层设计确定每个程序流程,并且可以通过使用设计语言、图形流程图等,或通过简单地描写叙述而将设计文档化。

启动条件:将要开始的构件或构件的部分的高层设计完成后,才能启动该构件的详细设计。

结束条件:完成详细设计,并且解决发现的问题。

注释:在开始详细设计前不必完成所有的高层设计。从图6-4中可以看到,详细设计和高层设计的重叠是典型现象。一旦完成了构件或其主要部分的高层设计,就可以开始相关模块部分的详细设计。

8. 编码

描述:编码活动是写指令的行为,所写的指令是计算机可立即识别的,或能被集成或编译成计算机可识别的指令。

启动条件:要编码的模块的详细设计必须完成。

结束条件:所有写和编译过的代码没有错误,并且解决了所发现的问题。

注释：在编码前不必完成所有的详细设计。构件中各部分，也就是模块，可以开始编码，而且这些模块已经设计到低层。因此，如图 6-4 所示，在一个项目中，编码活动和详细设计活动可能发生很大的重叠。

9. 单元和功能测试

描述：单元测试是第一次执行代码。单元测试主要涉及每个模块内的每个逻辑流路径的独立测试。功能测试通过一个或多个模块来测试每个产品的功能。在这两种情况下，人工测试环境（也称为辅助模块或桩模块）可能是必需的，因为产品的其他模块不必长期包含在测试中。

启动条件：要进行单元测试的模块编码工作已经完成，并且相应的单元测试计划已经完成。

结束条件：所有的单元测试和功能测试按照单元测试和功能测试计划中的结束条件中所定义的规则都已满足。

注释：因为在单元测试开始前不必完成所有的编码工作，所以在编码活动、单元测试和功能测试活动间有一个重叠（如图 6-4 所示）。一旦模块完成了编码，并且其相应的单元测试计划被完成，则可以开始单元测试。一旦测试一个功能所需的所有模块都完成了单元测试，并且相应的功能测试计划也被完成，则可以开始功能测试。

单元测试一般由对所测试模块进行设计和编码的人员来执行。功能测试一般由对模块进行编码和单元测试的开发小组来完成，而不是由一个独立的测试组来完成。要注意的是，所有进行功能测试的模块在被测试前应首先纳入配置管理之下，以控制模块的变更。变更控制最好由不参加代码开发的小组或个人来管理。

10. 集成测试

描述：集成测试是产品的第一步测试，在测试中要一起测试所有或部分构件。通常不需要人工测试环境（辅助模块）。产品的所有外部接口都应被测试。通过研究产品规格说明书而逐步展开测试，有时为了进一步了解被测域，也要研究设计文档。

启动条件：要满足在集成测试计划中定义的启动条件，这些条件一般包含所测构件的单元测试和功能测试已被顺利完成。

结束条件：要满足在集成测试计划中定义的结束条件。

注释：图 6-4 显示了集成测试只有在单元和功能测试顺利完成后才能开始。许多项目管理者可能在预先计划阶段把单元和功能测试集成到集成测试中。在集成测试开始前，或者至少在那些测试脚本需要执行前，集成测试中所有要执行的测试脚本都应该被定义完成。

一般情况下，集成测试最好由不参与编码的人员来执行独立的测试。这样可以提高测试的目标。

11. 出版物初稿

描述：出版物初稿是产品出版物的第一稿，它用于在项目中各组的评审工作。产品的出版物主要是用户理解产品的文档，它也被称为用户文档。然而，产品的出版物也可能包括向用户解释如何解决所发现的问题的技术手册。

启动条件：相应的出版物内容计划被分散评审。

结束条件：相应的内容计划被批准，出版物初稿被完全评审并且评审结果被返给相应活动的书写者。

注释：出版物初稿应该被用在构件测试开始阶段，即项目人员所做的评审中和测试组织的使用中。这一稿本质上应该完整而准确。评语应该返给集成测试中的书写者。这有助于确保更新部分可用于修订稿，该修订稿要在系统测试开始时被分发下去(修订稿一般是出版物的最终稿。作为最终稿，出版物的修订稿要被分散批准)。图 6-4 所示的持续时间只覆盖了出版物初稿分散评审的周期。一旦完成了相应的出版物内容计划，就可以开始出版物初稿的实际书写工作。

12. 系统测试

描述：系统测试通常测试产品的主要部分，连同一些出错情况。该测试过程通常是直接演示定义在产品目标和产品规格说明书中用户级的外部接口。不直接测试产品的内在功能和接口。这些内部成分只通过执行外部的文档功能而间接地测试。一般来说，系统测试不能依靠辅助代码，因为希望可以使用产品的所有功能和代码。

在系统测试中，要尽量在真实环境或接近于真实的模拟环境下测试产品。例如，如果所开发的产品是一个必须运行在几个不同的显示屏幕和打印机上的应用，那么在所列出的所有硬件环境下测试新产品是明智之举。然而，有时可选择一个合理的部分环境用于测试，实际上，这也是唯一可行的方法。同样地，这也适用于软件产品。如果新产品必须与其他应用协同工作，或者它要运行在一个操作系统的不同版本上，那么在系统测试中也要测试这些产品的协同工作情况。

启动条件：要满足在系统测试计划中定义的启动条件，这些条件一般包括集成测试(或一些指定的子集)顺利完成。

结束条件：要满足在系统测试计划中定义的系统测试结束条件。

注释：系统测试一般在集成测试后才开始。当系统测试开始时，希望产品接近于要交付用户的质量标准。然而，一些项目管理者在预先计划阶段，可能把处于集成测试中的代码集成到系统测试中。图 6-4 所示的系统测试的相关时间代表测试发生的周期。在系统测试中要演示执行的所有测试脚本都应在系统测试开始前，或者至少在那些测试脚本需要测试前被定义完成。

系统测试最好由独立的测试团队执行，系统测试的一部分也最好由用户代表来执行。

13. 出版物修订稿

描述：出版物修订稿是出版物的第二稿。对于大多数产品,第二稿将是分散评审或批准的最后稿。

启动条件：出版物补入的评审结果返回后,才可以开始更改修改稿。

结束条件：完全评审修改稿并且解决所有发现的问题,最后批准产品的出版物。

注释：修改稿可以应用在系统测试的开始阶段,用于在产品的最后测试中评审和使用。评审意见应该在系统测试的开始阶段,用于在产品的最后测试中评审和使用。评审意见应该在系统测试中间返回给书写者,以便出版物被印制前完成所有的修改。出版物的最后印制工作直到完成产品的所有测试之后才能开始。如果产品测试继续进行,很有可能再出现问题,而解决问题的部分工作就是修改出版物。

作为出版物初稿,图 6-4 所示的持续时间仅包括出版物被评审的周期。实际上是在初稿评审人的意见可用后,才开始与修改稿相关联的活动,并直到最终稿准备最后的印制时结束。

14. 回归测试

描述：回归测试是产品的最后测试。该测试一般由一组精心挑选的具有代表性的测试脚本组成,这些测试脚本要运行在最后层次的代码上及所支持的硬件上。这些测试脚本作为最后的认证而运行,以认证该产品的代码实际像它所应该的那样来运行。用于回归测试的测试脚本一般包含从集成测试和系统测试中所选的测试脚本。回归测试要直到完成系统测试后才开始。

启动条件：要满足在回归测试计划中定义的启动条件。

结束条件：要满足在回归测试计划中定义的结束条件。

注释：如果在回归测试中发现一个问题就要纠正它,几乎没有例外,整个回归测试脚本集合都要被重新运行。从一开始就重新进行回归测试,这提供了问题真正被修复以及所做的修复不会导致新问题的认证。

回归测试可以被定义为系统测试的结尾,而不是用单独的测试计划进行的单独测试。然而,无论它在哪儿定义,采纳回归测试的概念都是很重要的。把产品打包并且将其交付给客户,不仅在资金上而且对于产品的形象及产品的开发公司而言,都将花费很大的代价,因为这些产品有明显的缺陷,这些缺陷应该在回归测试中被发现和纠正。

回归测试一般是一个独立测试,它最好由不参加代码开发的编程人员来执行。

15. 打包

描述：打包活动包括收集产品中所有与客户相关的交付物部分,例如代码和出版物,为将其交付客户做准备。产品的程序被存放在媒体介质(磁盘、光盘或磁带)上,并且产品的出版物被正规印制或者以某种需要的格式准备。那么,这些部分以最后的包装形式来打包。

启动条件:产品完成了开发和测试,依照在回归测试计划中定义的结束条件完成回归测试,并且批准出版物和应用所有必要的更改。

结束条件:产品被打包,并且准备交付给客户。

注释:在产品被打包后,应该进行测试以确保产品对客户来说是可接受的。例如,正如客户所期望的那样,不应该将代码和出版物打入包内。然后安装代码,并且被简单地执行以确保它准备就绪。产品的出版物应该用于指导安装并执行产品的部分功能。

16. 交付

描述:交付是将包装好的产品分发给客户,客户可能是产品的用户、发行人或者是重新包装产品且最终以某种形式转售产品的第三方团体。

启动条件:产品被完全包装并且准备交付给客户。

结束条件:产品被交付给客户。

注释:为了说明,图 6-4 显示了交付产品的相当短的时间范围。当然交付产品给许多客户的时间周期实际上可以是几个月或几年。

6.3　软件工程过程剪裁示例

软件工程过程模型对企业的影响是内在的、深远的,实践证明,一个运行良好的软件企业,必然显式或隐式地维护着一个或多个标准过程,一个项目可根据其应用领域等因素的不同,选择其中一个标准过程。在一个较为成熟的企业,通常为一类项目维护一个标准过程。这些标准过程凝结了组织内在某些类软件项目或产品开发中长期积累的最佳经验,为后续同类项目的开发提供了强有力的指导。但没有一个标准过程能适应所有的情况和所有的项目,因此需要对标准过程进行适当的调整来最大程度地指导新项目或产品的开发。6.2 节给出了软件工程过程建立的一般方法,本节将介绍 Infosys 公司通过剪裁如图 4-1 所示的Infosys 过程来定义具体项目的软件开发过程的方法。

在 Infosys 公司内部分别为不同类项目(如再工程项目、维护项目和开发项目等)维护者各自的标准过程,一类项目只允许使用与该类匹配的一个标准过程,因此标准过程的抽象层次较高,特定项目的灵活性则通过提供过程剪裁的标准和过程的上下文来体现。

剪裁过程是为适应特定项目的需要对组织内部的标准过程进行调整的过程。可以增加、删除、修改过程中的活动,使得到的过程更有利于项目达到目标。没有进行有效控制的剪裁意味着没有标准过程存在,因为可以定义和使用任何过程。为了得到一个最有效的过程,针对每一个标准过程都提供了剪裁指南。这些指南定义了为适应一个项目特征而允许对标准过程的哪些部分进行调整,调整的偏移有多大。图 6-7 说明了剪裁指南的作用。

如在 Infosys 过程模型中构建阶段的"代码评审"活动,在很多情况下是非常有意义的。但有时这种附加值与投入的工作量相比是不相称的。而且,评审既可以通过一个组完成也可以通过一个人来完成。标准的开发过程没有具体说明应该如何执行代码评审。但在剪裁指南中,则通过只为某种

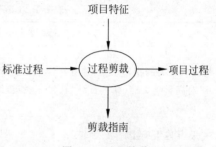

图 6-7　过程剪裁

类型的程序(诸如复杂程序或外部接口)建议执行代码评审任务和建议较优的评审方式(小组评审或单人评审)来剪裁指南能够为项目经理提供帮助。它试图捕获人们关于如何进行有效剪裁的经验和判断。在这些指南中,凝聚了人们过去的经验,使得一个新手也可凭借这些经验得到一个最优的过程。

在进行过程剪裁前,应首先识别项目的特征,并用这些特征调整标准过程。实施剪裁的通常方法是在不同层次上执行剪裁,即对某些属性允许不同级别的剪裁。建议影响剪裁的属性包括方式、频率、粒度和范围。如方式属性,剪裁指南可以说明为不同项目采用不同层次的不同方式,提供选择恰当层次的建议。

Infosys 公司采用的剪裁方法要求首先要明确规定过程要素、可剪裁的属性、每个属性的选项和选择特定选项的原因。剪裁方法可在两个层次上执行:概要级剪裁和详细级剪裁。概要级剪裁指南说明根据项目特征,对如何执行标准过程中的一些总体活动提出建议。详细级剪裁指南罗列了一个过程中各阶段的所有活动,及其有关每个活动的剪裁。

6.3.1　概要级剪裁指南

根据项目特征,概要级剪裁应用总体指南对标准过程进行剪裁,即它提供了一些关于某些类型任务的详细程度的基本规则。执行这些步骤时,可以首先标识项目的某些特征。对于开发项目,过程剪裁将关注如下特征:团队的技能水平、团队规模和应用的关键程度。

如果团队的大部分成员对项目所采用的技术有 2 年以上的经验,则设定这个团队的经验水平为高,否则为低。团队规模是指项目成员最多时达到的人数。如果应用系统对客户的业务有非常明显的影响,则设定应用的关键程度为高,否则为低。

概要级剪裁指南根据这些特征取值的不同组合,给出了相应的剪裁建议。概要级剪裁指南一般与评审、工作量和进度计划、资源和过程形式化有关。与评审有关的剪裁指南通常规定什么时候执行评审,以及应当执行什么类型的评审。与工作量有关的剪裁指南对于可能影响工作量的项给出了建议采取的步骤。与形式化相关的剪裁指南给出了对某些活动应用的形式化程度。这些基本指南规定了详细级过程剪裁的环境,并为项目定义了一个合适的过程。一些典型项目的概要级指南示例如表 6-1 和表 6-2 所示。

表 6-1　Infosys 过程概要级剪裁指南示例 1

团队规模大于 12,技术水平低,应用关键程度高

概 要 指 南	理　　由
与评审相关的指南(是否建立组评审? 组评审人员从哪里来? 对哪些制品进行组评审?)	
• 对高影响文档(如项目计划、程序框架)组织小组评审	尽早标识问题,避免返工
• 从其他组确定评审人员	当项目组内没有技能熟练的评审人员时,通过聘请其他组的有经验的评审专家来弥补这一不足
• 小组评审每个人最开始的几个输出(代码或文档)	因为技能低,开始的指导是很有必要的
与工作量相关的指南	
• 划分应用和独立的组件	减少复杂性
• 为开发者提供编写和测试程序框架	改进编码质量
• 为相似的输出/活动开发自动化工具	减少重复工作量
• 在进度安排上,预留了新程序员的学习时间	
• 事先计划、实施培训	
与形式化有关的指南(辅助过程做到什么程度)	
• 执行正式的配置管理规程	因为团队规模大,没有正式的规程可能导致混乱或工作的缺省
• 使用配置管理工具	
• 执行正式的变更管理规程	

表 6-2　Infosys 过程概要级剪裁指南示例 2

团队规模<12,技术水平高,应用关键程度低

概要级指南	理　　由
与评审相关的指南	
• 只对高影响文档(如概要设计、复杂模块的编码)组织小组评审	因为技术水平高且应用程序关键度低,所有文档都进行小组评审没有必要
• 评审数量可以减少	
与工作量相关的指南	
• 只对应用频率高的程序提供框架	因为技术水平高,除非复用频率高,否则程序框架的作用是有限的
与形式化相关的指南	
• 没有严格执行变更管理规程	因为团队规模小且技术水平高

需要注意的是,在一些情况下,项目的持续时间和需求透明度也对标准过程中某些活动的执行策略有较大影响,这时也应在概要级剪裁中考虑这两项因素。

6.3.2　详细级剪裁指南

概要级剪裁指南提供了做出一个选择的背景和理由,并确定了详细级剪裁内容的上

下文。详细级剪裁指南给出了对各种活动进行调整的选择,它说明了每个过程步是保留还是可剪裁。如果一个活动是可剪裁的,那么它的哪些属性可以被剪裁、有哪些可选方案以及使用不同可选方案的指南。如剪裁属性包括执行、文档、评审、详细程度。当一个执行的属性是可选择的,则这个任务可以执行,也可以不执行。同样一个文档是可选的,则可以准备这个文档,也可以不准备这个文档。可选的评审是小组评审、单人评审或不评审。

表 6-3 和表 6-4 显示了开发过程两个阶段的详细级剪裁指南。这里只列出了可剪裁的活动,过程中的其他所有活动(可参见第 4 章相关内容)都是必须执行的。

表 6-3 需求分析详细级剪裁指南

活 动	可剪裁的属性	可 选 方 案	剪 裁 指 南
需求收集与分析的准备			
识别信息收集方法	方法	用户面谈	针对新的需求
		观察	为了彻底理解已存在的运行
		使用任何已存在的应用	如果已经存在的应用覆盖了用户的某些需求
进行培训	执行	不执行这个活动	如果系统分析员在应用和技巧方面很有经验,即对业务非常熟悉
		执行这个活动	对不熟悉业务的人进行培训
计划原型	执行	执行这个活动	当用户不清楚待开发系统或需求的关键度高时
		不执行这个活动	当需求明确(如批处理功能、标准操作等)
定义需求规格说明书标准	执行	执行这个活动	如果客户的标准不合适,或 Infosys 标准需要定制
		不执行这个活动	如果应用的标准满足要求
开发面谈计划	文档	准备一个正式的计划	用户可用时间有限
		不准备一个正式的计划	其他情况
收集需求			
准备原型演示	执行	执行这个活动	如果有已经计划的原型
		不执行这个活动	其他情况
分析需求			
开发流程处理模型	详细级别	详细的	为关键和复杂的业务功能
		粗略的	为其他的业务功能
开发逻辑数据模型	详细级别	详细的	对那些重要的业务实体
		粗略的	为其他的非重要的业务实体

表 6-4 构建详细级剪裁指南

活　动	可剪裁的属性	可选方案	剪裁指南
创建测试数据库	执行	不执行这个活动	当已存在的系统中测试数据可用时
		执行这个活动	如果需要产生测试数据
进行代码评审	评审员	进行小组评审	对于所有复杂/关键/外部接口程序；当程序员的技术水平低时，对于服务器程序或每种类型的开始的几个程序（在线、批处理、报告）；或者被概要涉及评审组明确推荐的程序
		进行个人评审	当程序员技术水平高时，对其编写的每种类型的第一个程序进行个人评审；当程序员技术水平低时，对其编写的程序进行个人评审，直至满意为止。基于程序员技术水平对 30%～100% 中等复杂的程序进行个人评审
		没有评审	对于简单的程序
记录和修复代码评审缺陷	评审记录	记录说明	对于所有重要缺陷的记录和说明
		只记录缺陷的个数	对于外围缺陷
引导独立的单元测试	执行	执行这个活动	对于所有复杂的/关键的/外部接口程序；或者当程序员技术水平低时，对每种类型程序的前几个程序
		不执行这个活动	当开放技能水平高或代码是工具自动生成的

针对一个项目的过程剪裁完成后，项目过程要执行的活动序列也就明确了。然后，依据这些结果制定项目计划，为项目实施过程提供具体指导。在某些情况下，剪裁指南可能不是很充分，可能需要进一步调整标准过程。在这种情况下，所有"偏移"将在项目计划中明确标识。因此需要关注这些"偏移"以便为将来增强剪裁指南提供信息。

6.3.3 WAR 项目的剪裁示例

本节以定义 WAR 项目过程为例，具体说明剪裁指南是如何应用的。通过第 4 章对 WAR 项目需求的描述，若 Infosys 公司准备指派大多数成员的开发经验都在 2 年以下，且总人数低于 12 人的团队来负责此项目的开发，且选定 Infosys 过程模型作为标准过程，则 WAR 项目的特征可总结为：

- 团队规模<12。
- 团队技术水平低。
- 应用系统的关键程度低。

根据前面的论述，WAR 项目的概要级剪裁指南如表 6-5 所示。

表 6-5　WAR 项目的概要级剪裁指南

与评审相关的指南

- 建立小组对所有影响大的文档进行评审
- 确定来自其他组的项目评审人员
- 每个人的前几次输出必须进行小组评审

与工作量相关的指南

- 为相同类型的输出和活动开发自动化工具
- 给开发者提供定义良好的程序框架
- 在进度安排、估算方面为新的开发人员预留学习时间
- 计划和进行先进技术培训

与形式化相关的指南

- 实现正式变更管理规程

这些概要级指南适合作为 WAR 项目进行开发过程剪裁的通用指南。在详细级剪裁期间，基于项目的适应性和概要级剪裁指南，将对过程中的各活动和任务的执行程度进行适当调整。表 6-6 给出了根据前面介绍的方法对 WAR 项目需求分析和构造阶段的任务进行的调整及理由。

表 6-6　构建详细级剪裁指南

活　　动	已　选　项	理　　由
需求分析		
标识信息收集方法	利用已存在的系统	有一个现存的 WAR，新系统不得不与它一致
进行培训	执行这个活动	参加项目的人可能不都熟悉所使用的技术 培训作为风险转移的第一步
计划原型开发	执行这个活动	用户对来自 Web 接口的限制不是很满意
定义需求规格说明书标准	不执行这个活动	使用公司已经使用的标准
开发面谈计划	不执行这个活动	一个用户组已经在积极工作并计划原型开发
准备演示原型	执行这个活动	已经计划原型开发
开发流程处理模型	粗略的	业务功能关键程度不高
开发逻辑模型	粗略的	为已存在的系统建模
构建		
建立测试数据库	执行这个活动	从现存的 WAR 系统的数据库中获取数据
进行代码评审	小组评审	对复杂的模块
	个人评审	对中等复杂的模块
	不评审	对简单模块
记录并修复代码评审缺陷	记录注释	减少理解上的歧义
执行独立的单元测试	执行这个活动	对所有中等及以上复杂度的模块

同样,其他阶段也需要作相应调整。然而对于这个项目,如果剪裁指南不足以令你选择正确的项目过程,则在剪裁指南允许的范围内可以在两方面作调整:

(1) 在设计期间,增加原型开发过程步,其理由是本项目使用的是新技术且还没有这方面的使用经验。

(2) 在高层设计阶段,增加评估事务处理服务器选项活动,以便选择相应的产品,保证在设计中能使用其提供的工具。

这种偏差代表潜在的风险,必须在项目管理计划中加以调整,并且该项目管理计划必须经过评审并得以批准。

6.4　项目计划的编制

在前面所述的建立软件工程过程的各步骤中,只是明确了在整个软件开发过程中包括哪些活动或任务,这些活动或任务的工作内容、入/出条件及其提交物等信息;还需要给这些活动或任务分配相应的资源、具体的起始、终止时间,形成项目计划,才能具体指导实际的软件开发工作。项目计划是软件开发过程的实例,它很好地描述了软件开发活动实际是如何安排的。

项目计划反映的是软件开发过程中主过程的计划与安排情况,还有一些对支持过程具有重要作用的其他活动也需要通过一些其他计划加以体现,如配置管理计划、质量保证计划、软件验证与确认计划等。要根据实际经验与合同要求恰当地分配这些计划中所包含的范围,要注意所有这些计划的整体一致性和内聚性,相互间的重叠要尽量少。如配置管理的主要任务是对配置项的管理与控制,配置管理计划要明确说明如何完成其任务,同时还要明确描述如何支持特定点的开发过程。

在项目计划和有关支持活动的计划都建立之后,还需要为这些计划的实施分配必要的资源,如设备、场地等,建立一个可以实施的软件工程过程。

6.5　过程的监控

为了保证软件开发是按预定计划、高效地进行的,必须监控过程的执行。在项目实施过程中,为了及时发现过程的偏离,需要及时跟踪项目的进展和进度执行情况;为了确定软件开发是否遵循期望的生存周期过程,需要定期检查质量数据的趋势;为了确定正在实施的过程是否有效,需要检查设计、编码和测试计划复审的记录与动作;为了更深入地了解过程的有效程度,确定配置管理系统的负载是否在可支持的范围内,需要检查变更请求和测试异常报告的趋势;为了检测出与计划的隐性偏离,需要检查关键资源的有效使用情况;为了解过程的运作情况,需要与项目组成员经常性地交流,获取他们对过程的反馈,以期改进过程。

对过程的监控要量力而行,因为这些监控工作必然带来额外的进度评估,因此应按基本的周期对进度进行修正。一般的原则是,在一个特定的生存周期过程中,每当进展到其进度的 10%或者 20%时,就应该进行一次检查。如对一个中等规模的产品来说,设计过程进行到 20%、40% 和 60%时,都要对已完成的工作进行检查。原因是如果完成的工作少于20%,可能难以产生足够的有效数据,但如果超过 60%,一旦发现问题,要改变设计过程已经太晚了,以至于会产生灾难性的错误。

还有一点需要注意,对过程所做的任何改变决定都要谨慎,因为对生存周期过程的一个不合适的改变,可能会打乱整个项目程序,影响技术工作和人员的情绪。另一方面,若需要实现一个合理的变更,只有当项目组成员都认识到这一需要时,才能最终有助于开发工作。

6.5.1　过程变更处理

一旦过程监控活动发现一个生存周期过程并没有按预期实施,那么管理人员和过程设计师就要对可能采取的措施进行评估,这些措施包括:

- 什么也不做。当变更的负面影响可能超过带来的好处时应什么也不做。
- 强化过程。如果只因初始培训不充分或组织制度不够严格,导致过程没有按预期实施,那么强化过程是一个正确的举措。
- 调整过程。如果过程需要进行少量的调整(如检查表的修订或者同级复审过程的调整),则可以修改过程,并调整员工的培训内容。
- 过程替换。如果一个过程根本就存在缺陷(如只集成了 10%,但用于监控性能的工具集却消耗了 90%的处理资源),那么必须替换这一过程。
- 以上措施的组合。

按以下几方面,评估以上进行的过程变更所造成的影响:

- 所要求的"返工"。在有些情况下,一个变更只影响当前进行的过程步骤;而在很多时候,可能需要重新实施该过程前面一些阶段的工作。无论是哪一种情况,都要考虑到一个过程变更对进度和成本的影响。
- 资源需求。进行过程变更可能会增加或减少资源的需求,包括人员、硬件和工具。必须考虑由于生存周期过程的变更所产生的全部成本,以及为获得这些资源所需要的时间。
- 时机。如果一个项目采用演化或迭代生存周期模型,并在前面一个迭代周期中已标识了过程变更的要求,那么最好把这一变更推迟到下一个迭代周期。这样就可以用有序的方式进行这一变更。
- 员工情绪。进行一个过程变更,特别是进行一个重要的变更,可能会对员工的情绪产生负面影响。当这一变更涉及组织中那些有威信的人，包括员工、管理人员和专家，其影响尤其严重。虽然这些顾虑不应该使项目管理人员和结构设计师停止进行正确的变更，但需要认真地考虑实现这一变更的时间。只有向项目人员（他们可能是首先发现问题的员工）进行了正确、合适的说明，才能真正地实现这一变更。

- 对项目和用户的益处。建立并实施生存周期过程的理由，是为了向用户交付一个产品，这是占支配地位的因素，因此对那些与项目和用户相关的因素，都要进行评估。

6.5.2　变更实施

对项目进展中的过程实施变更，必须十分谨慎。依据进行变更的时机，应该实施以下全部或部分工作：

- 以适当的形式与客户讨论项目的情况，应该机智和谨慎。
- 向项目有关成员宣布变更的要求。这是一件相当关键的事情，必须做到客观、理性。受到一些抱怨不是什么问题，关键是以最低成本建造一个最好的产品。
- 规划变更。规划变更的工作包括过程变更的时间、需要的资源和培训以及可能需要返工的项；对软件规划文档的任何变更，不论是过程还是进度，都必须做。涉及合同和业务需求时，必须与客户协商，包括简单的口头协商。必须标识并冻结所涉及的配置项。必要的任何返工都必须规划。必须识别不需要变更的、可以继续工作的范围。这一变更的进度表中必须包括获得和实现所需要的资源和培训的时间和活动。对一个增加的成分或变更的成分，必须确定要做哪个（以上描述的）监督活动。
- 实现变更。执行这一变更计划，继续关注并保持与项目成员的交流。

6.6　过程改进

在项目实施过程中，通过监控过程的实施情况，可随时了解并修正项目执行过程的偏差。通常是不提倡这种修正的，因为过程作为项目的实施框架，涉及众多方面，对其进行局部调整则是不得已而为之。又因为过程框架与企业文化息息相关，因此过程的改进通常都是组织级别的行为，且需要通过短期的成本与资源投入，来换取可持续的经济效益的提高。只有组织层面深刻意识到过程改进的必要性和潜在的经济效益，过程改进思想才能长期贯彻下去。

组织内部在对单个项目或产品的开发过程实施与监控中，积累的众多有关过程方面的数据为软件工程过程的改进提供了第一手资料。

为了改进过程，需要首先对当前过程的运行能力进行评估，对其不足提出改进措施，因此过程评估是过程改进的核心。通过对软件工程过程的评估，软件生产商了解了其过程中的弱点，进而在保证业务目标的前提下，改进软件工程过程。软件获取者则通过软件评估中对软件生产商能力的测定,来判断潜在的合同承担方完成合同的能力。有关软件工程过程评估内容详见第7章。

6.7 过程基础数据积累

为了很好地监控现有过程的执行情况,同时也为后续同类项目积累经验,有目的地收集并有效地管理项目实施中的相关数据是软件组织走向成熟的标志。因为这些数据不仅反映了项目开发中的最佳经验,同时也记录了很多宝贵的失败教训。在项目启动之初,特别是在项目整个规划中,有效地参考同类项目的这些经验教训,可以帮助新项目少走弯路,获得更大可能的成功。利用这些数据可以在项目实施中准确了解项目的实际进展状态,为量化控制项目过程提供参考。同时这些实际数据也是不断分析与改进过程的依据。

收集并保持项目实施中的哪些数据,与收集者要实现的目标有关。但在高度成熟的软件组织中,常常通过过程数据库(Process DataBase,PDB)和过程能力基准数据(Process Capability Baseline,PCB)这两种机制来记录与过程相关的数据。这里的过程数据库保存已完成项目的绩效数据。过程能力基准数据概括了各标准过程的绩效,定量地规定了遵循过程所能达到的结果范围。此外还有与过程有关的信息——这里可以称为过程资源,是总结以往经验的一些文档材料,它能帮助项目相关人员有效地使用过程。PDB 与 PCB 间的关系如图 6-8 所示。

PDB 和 PCB 中的数据源于以前的项目。PDB 数据为同类项目的规划提供了很好的参考,PCB 数据为项目实施过程中的量化控制提供了标准。已完成的项目数据经过分析与整理后被存储到过程数据库。同时,若新采集到的项目过程数据对该类标准过程的能力基准有校正作用,则需要进一步调整过程能力基准数据,进而指导后续项目的规划。

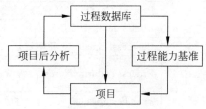

图 6-8 过程数据库与过程能力基准

6.7.1 过程数据库

过程数据库是项目过程绩效数据的长久性存储库,可以用于项目规划、估计、生产率和质量的分布以及其他一些用途。PDB 保存已完成项目的有关数据,每个项目提供一个数据记录。显然,需要保存哪些数据与为什么要保存这些数据有关。必须在项目实施过程中收集这些数据,对其进行分析,并组织成记录项的形式存入该数据库中。收集的方法可能有很多种,这里不再详述。在项目规划期间,以往同类项目的相关信息是非常重要的参考,因此在 PCB 中应该保存项目的基本信息,如项目使用的开发语言、平台、数据库、工具,以及项目的规模和工作量等。下面以 Infosys 公司为例介绍 PDB 应包括的主要内容。

为了帮助项目规划,应当获得关于工作量、故障、进度、风险等方面的数据。如果知道了一个项目所花的总工作量,以及不同阶段的工作量及其分布情况,那么这一数据就可以用于估计新项目的工作量。因此在 Infosys 的 PCB 中保持的数据可以分为如下几类:

- 项目特征
- 项目进度
- 项目工作量
- 项目规模
- 故障

1. 项目特征及进度信息

项目特征方面的数据如表 6-7 所示,包括项目名称、项目经理和模块领导的名字(以便于联系,进一步了解有关信息或澄清有关事实)、业务部门(以实现基于业务部门的分析)、所部署的过程(以允许不同过程的独立分析)、应用领域、硬件平台、所用语言、所用数据库、项目目标的简单陈述、关于项目风险的信息、项目的持续时间以及团队规模。项目进度计划数据主要包括项目期望的开工日期和完工日期,以及实际的开工日期和完工日期。

表 6-7　项目特征方面的基本数据

序号	字　段　名	Synergy 值
1	Process Category(过程分类)	开发过程
2	LifeCycle(生命周期)	整个开发过程
3	BusinessDomain(业务领域)	经纪业/金融业
4	ProcessTailoringNotes(过程裁剪备注)	对影响很大的文档增加小组评审;每个开发人员开发的第一个程序接受小组评审
5	PeakTeamSize(团队最多人数)	12
6	ToolsUsed(所用的工具)	文档配置管理 CM 用 VSS 工具,源代码用 VAJ 工具
7	EstimatedStare(估计开始日期)	2000 年 1 月 20 日
8	EstimatedFinish(估计结束日期)	2000 年 5 月 5 日
9	EstimatedEffortHrs(估计工作量)	3106 小时
10	EstimationNotes(估计备注)	采用"用例点"的估计方法
11	ActualStart(实际开始日期)	2000 年 1 月 20 日
12	ActualFinish(实际结束日期)	2000 年 5 月 5 日
13	FirstRisk(第一个风险)	完成客户数据库链接
14	SecondRisk(第二个风险)	额外需求
15	ThirdRisk(第三个风险)	人员流失
16	RiskNotes(风险备注)	岗位轮换;同意在产品验收后采取增强措施;团队建设

表 6-7 中给出的项目基本信息包括开始日期和结束日期（估计的和实际的）、估计的工作量（实际工作量可以根据工作量计算得到）、团队最多时的人数、风险信息、所用工具等内容。此外，此表还保存了如客户等其他一些信息。

2. 项目工作量信息

项目工作量的数据如表 6-8 所示，它包括最初估计的工作量和实际的总工作量，以及各阶段的实际工作量，诸如项目开始、需求管理、设计、构建、单元测试和其他阶段等实际工作量。

表 6-8　工作量（人时）数据

序号	阶　　段	实际工作量		估计的工作量
		任务工作量	评审工作量	
1	需求分析	0	0	0
2	设计	414	32	367
3	编码	1147	76	1182
4	独立的单元测试	156	74	269
5	集成测试	251	30	180
6	验收测试和安装	183	0	175
7	项目管理	237	8	357
8	配置管理	30	3	38
9	项目特有的培训	200	0	218
10	其他	332	0	226
11	合计	2950	223	3012

对于过程的不同阶段，表 6-8 中给出的工作量数据包括项目中每个阶段的任务所花的工作量和任务完成后返工所花的工作量。保存返工工作量有助于计算和理解成本。这里的工作量以人时（person-hour，个人-小时，简称人时）为单位表示。表中也给出了各阶段估计的工作量。从表可以看出，该项目生存周期各阶段投入的总工作量分别为：实际投入 2950人时，各阶段评审投入 223 人时，估计投入 3012 人时，实际编码投入工作量占总工作量的38.88%。

3. 项目规模信息

所开发的软件规模可以根据代码行数（Line Of Code，LOC）来度量，也可以根据简单程序、中等复杂程序或复杂程序的数量等来度量，或者综合应用上述两种度量方法。如采用代码行度量软件规模时，可使用业界公认度比较高的转换表，将其转换为功能点表示，这样就可以得到生产率的统一度量指标，获得以功能点表示的最终系统的规模。

表 6-9 给出了项目的规模数据。因为一个项目可能使用不同的语言，故该表可能有多

个记录项。规模度量可以采用多种单位,因此还要保存规模度量的单位。一般情况下,如果规模以 LOC 为单位给出,也可以根据需要用转换表计算出以功能点为单位的规模。此信息用于根据功能点计算生产率。项目规模是决定生产率的关键因素,但其他因素也要保存。

表 6-9　项目的规模数据

LangCode(语言代码)	Java	Persistent Builder
OSCode(操作系统代码)	Windows	Windows NT
DBMSCode(数据库管理系统代码)		DB2
HWCode(硬件代码)	PC	Client MC
MeasureCode(度量代码)	LOC	LOC
Actual CodeSize(实际代码规模)	8082	12185

4. 故障信息

有关项目的故障数据不仅需要描述何时检测到故障,而且还要描述何时引入故障,这些信息都是必不可少的。因此,表 6-10 中记录了项目中每个引入阶段和检测阶段发现的故障数。检测阶段包括各种评审和测试,而引入阶段包括需求、设计和编码。有了故障引入阶段按检测阶段划分检测到的故障数,就可以计算出故障检测阶段的故障排除效率。此信息对于识别有可能加以改进的领域很有用。

表 6-10　项目的故障数据

序号	阶段	需求评审	设计评审	代码评审	单元测试	系统测试	验收测试
1	需求	0	0	0	1	1	0
2	设计		14	3	1	0	0
3	编码			21	48	17	6

项目的故障数据包括在各种检测任务中发现的故障数量,以及在不同阶段增加的故障数。因此需要记录从需求评审、设计评审、代码评审到单元测试及其他阶段中发现的故障数。另外,还要记录备注,如关于估计的备注(如用于将程序分类成简单程序、中等复杂程序或复杂程序的指标)和关于风险管理的备注(如风险认识在项目执行过程中是如何变化的)。

6.7.2　过程能力基准

PDB 保存每个项目的有关数据,而过程能力基准表示在某些时间点上过程能力的量化瞬态图。实质上,过程的能力是指在遵循过程的情况下可对项目期望的结果。一个稳定的过程的能力可以由以往的绩效所决定。如果按规定建立了基准,则可以轻松地获得过程能力的趋势——这就是需要有一个 PCB 的主要原因。

Infosys 公司的 PCB 包含过程绩效,主要用生产率、质量、进度计划以及工作量和故障分布表示。它规定了如下内容:
- 已交付软件的质量
- 生产率
- 进度计划
- 工作量分布
- 故障引入率
- 过程中故障的排除率
- 质量成本
- 故障分布

此信息可用于项目规划。如可用生产率和预测的规模来估算项目的工作量,可用工作量的分布情况预测各阶段的工作量并制定人员分配计划。同样,可用故障引入率预测总的故障数,用故障分布预测各故障检测任务检测到的故障数。总故障排除效率,质量可用来预报软件交付以后可能出现的故障数,以及制定维护计划。

PCB 在组织的总体过程管理中也起到重要的作用。如,通过分析 PCB 随时间的发展趋势,可以容易地度量过程改进。通过使用工作量和故障分布信息、故障引入率、故障排除效率和其他度量,还可以优化过程改进的激励计划。

因为基准表示一个过程的能力,所以必须为组织中的每个过程建立一个独立的基准。在 Infosys 公司中,分别为维护、再工程和开发项目定义了不同的过程。因此,为这些过程中的每个都定义了一个不同的基准。然而,这些过程太广泛,并且只提供了基本指南。如果某种类型的项目经常执行,则应建立那种项目的 PCB。在项目期望的结果方面,这种专用的基准给出了更加严格的结果范围。

表 6-11 给定的 PCB 适用于开发项目和用第三代语言开发的项目。如在维护项目的 PCB 中,不仅 PCB 中的实际数据不同,而且所包含的信息也不同(也适用于维护过程)。

表 6-11　开发过程的过程能力基准(用第三代语言开发)

序号	参　数	备　注	基本基准,开发项目
1	已交付产品的质量	已交付产品的故障/功能点(FP)(已交付产品的故障＝验收故障＋报修故障)	0.00～0.094 个已交付产品的故障/FP(平均 0.021)
		用工作量表示质量	0.000～0.012 已交付产品的故障/人时(平均 0.003)
2	生产率	第三代语言	4～31FP/人月(平均 12)
		第四代语言	10～129FP/人月(平均 50)
3	进度计划符合度		81% 的项目在原定进度计划的 10% 以内交付

续表

序号	参　数	备　注	基本基准,开发项目		
	工作量		最小	平均	最大
	• 构建工作量		2	4	6 人日
4	• 工作量分布	需求分析＋设计	1%	15%	29%
		构建(代码＋代码评审＋单元测试)	22%	41%	60%
		编码	14%	33%	52%
		评审	1%	4%	11%
		单元测试	1%	5%	15%
		集成测试＋系统测试	1%	9%	20%
		验收测试与保修	1%	8%	23%
		项目管理＋配置管理	1%	10%	20%
		培训	1%	7%	14%
		其他	1%	10%	26%
5	故障				
	• 故障引入率	总的生存周期故障引入率(单位:功能点)	0.02～1.12 个故障/FP(平均 0.33)		
		总的生存周期故障引入率(单位:工作量)	0.00～1.1516 个故障/个人工作小时(平均 0.052)		
		编码阶段的故障引入率(单位:工作量)	0.02～1.57 个故障/个人工作小时(平均 0.155)		
	• 故障引入分布	需求＋设计	大约 30%		
		编码	大约 70%		
	• 过程中故障排除效率	适用于整个生存周期	78%～100%		
6	质量成本	(评审工作量＋返工工作量＋测试工作量＋培训工作量)占总工作量的百分比	32%		
7	故障检测分布	• 占总故障数的百分比	最小	平均	最大
		➤ 需求规范评审＋高层设计评审	2%	13%	20%
		➤ 高层设计评审＋详细设计评审＋代码评审＋单元测试	21%	53%	83%
		• 集成测试＋系统测试	3%	28%	56%
		• 验收测试	1%	6%	17%

注:因保密原因,表中数据仅为参考。

通过表 6-11 给出的 PCB 数据可以看出,开发项目的平均生产率大约 12 个功能点/人月,最少为 4 个功能点/人月,而最多为 31 个功能点/人月。这些项目的平均质量是 0.02 个故障/功能点,最小为 0.00 个故障/功能点,而最大为 0.094 个故障/功能点。PCB 还给出了其他参数的平均值及其范围,如故障引入率和总的故障排除效率等。总故障引入率根据规模以及工作量的形式给出,因此工作量以及规模估计可用于估计故障量。质量成本包括预防故障或者排除故障的所有任务所需要的成本。对工作量、故障和故障引入率,它还规定了各阶段的分布情况。

再比如,评审活动虽然很重要,但若不遵照评审主题和采取严肃的态度进行评审,就会严重影响评审效率,且可能导致时间的巨大浪费。为了监控组评审活动的有效性,经过多年的积累,Infosys 公司形成了考察评审效益的小组评审能力基准,如表 6-12 所示。

表 6-12　组评审能力基准

评审项	准备期间的评审速度(如果不同于组评审期间的评审速度)	组评审期间的评审速度	装饰性故障/次要故障的故障密度	紧急故障/主要故障的故障密度
需求		5～7 页/小时	0.5～1.5 个故障/页	0.1～1.3 个故障/页
概要设计		5～7 页/小时(或 200～250 个规范语句/小时)	0.5～1.5 个故障/页	0.1～1.3 个故障/页
详细设计		3～4 页/小时(或 70～100 个规范语句/小时)	0.5～1.5 个故障/页	0.2～0.6 个故障/页
编码	160～200 LOC/小时	110～150 LOC/小时	0.01～0.06 个故障/LOC	0.01～0.06 个故障/LOC
集成测试计划		5～7 页/小时	0.5～1.5 个故障/页	0.1～1.3 个故障/页
集成测试用例		3～4 页/小时		
系统测试计划		5～7 页/小时	0.5～1.5 个故障/页	0.1～1.3 个故障/页
系统测试用例		3～4 页/小时		
项目管理和配置管理计划	4～6 页/小时	2～4 页/小时	0.6～1.8 个故障/页	0.1～1.3 个故障/页

表 6-12 的组评审基准给出了各种工作产品在准备期间的评审速度、组评审期间的评审速度以及紧急故障/主要故障的故障密度(总的故障密度指示这两种故障密度的和)。故障密度根据规模进行了规范化,而非代码性工作产品的规模用页数度量,对于代码性工作产品用代码行度量(对于设计,规模也可以根据规范语句的数量进行度量。)评审速度根据每单位工作量的规模来表示,其中的工作量以人时进行度量。从表中可以看出,对于文档,评审速度和故障密度非常接近,但对于代码它们却是不同的(其中的规模单位也是不同的)。

单人评审的评审速度应该是不同的。详细设计文档、测试计划和代码一般接受这种评审形式。因此,制定了这些工作产品的单人评审基准。对于文档的单人评审基准,每小时的评审速度大约是相应的组评审的评审速度的 2 倍;每页的故障检测率大约是组评审发现的一半。对于代码,每小时的评审速度基本相同,但是每 LOC 的故障检测率大约少为 30%。

　　该基准是监督一个项目执行的评审的基础,如何在实际中应用,还需要根据项目的具体情况做具体考虑。

6.7.3　过程资源

　　过程资源主要包括为简化过程的使用而提供的一些支持信息,如使用指南、检查表和模板等。指南通常给出执行某个步骤的规则和程序。如在执行"小组评审"前,可以参考相应的执行指南。检查表通常有两种类型:活动检查表和评审检查表。活动检查表是构成一个过程步骤的任务列表。评审检查表的目的是使评审人员对可能在产品中发现的故障引起注意。模板提供了一个能够记录过程或步骤的结果的文档结构。图 6-9 给出了过程与过程资源间的关系。

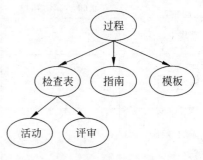

图 6-9　过程资源

　　使用这些过程资源不但可以简化过程的使用,还可以减少工作量,从而提高生产率。如用模板建立文档比从头开始建立文档要更容易,而且所需的时间也更少。通过提供正确的指南和活动检查表,可降低故障的引入率,使故障数目尽可能降至最低;通过使用评审检查表辅助评审过程,更易于捕获引入的故障。因此,这些资源也有助于改进项目的质量。

　　总之,使项目执行从面向过程的方法中取得最大的效益的关键是保存并使用过程资源。在 Infosys 公司中,所有的指南、检查表和模板都放在网上共享,并定期对它们进行更新。表 6-13 列举了用于项目管理的指南、检查表和模板。

表 6-13　用于项目管理的指南、检查表和模板

指　南	检　查　表	模板、表单
工作量和进度估算指南	需求分析检查表	需求规范文档
小组评审程序	单元测试和系统测试计划检查表	单元测试计划文档
过程剪裁指南	配置管理检查表	验收测试计划文档
故障估计和监督指南	状态报告检查表	项目管理计划
度量和数据分析指南	需求评审检查表	配置管理计划
风险管理指南	功能设计评审检查表	度量标准分析报告
需求可跟踪性指南	项目计划评审检查表	里程碑状态报告
故障预防指南	C++代码评审检查表	故障预防分析报告

过程资源的重用可以在一定程度上减少工作量和提高生产率,因此除了这些通用的资源外,为了重用以往某些特征上相似的项目的一些结果,可在项目收尾时收集项目的过程结果。通常收集的可以在不同的系统上使用的资源包括:

- 配置管理计划。
- 项目管理计划。
- 进度计划。
- 标准、检查表、指南、模板和其他有用的东西。
- 开发的工具及有关备注。
- 培训材料。
- 其他可以为以后项目重用的文档。

虽然过程资源试图通过检查表、模板等来概括经验,但它们并不能完全获取执行项目时得到的各种形式的知识。获取和重用不同形式的知识需要正确的知识管理,这在基于知识的组织(如方案提供商和咨询公司等)中显得越来越重要。许多组织开发了相应的系统,以此有效地利用其雇员们集体的经验和知识。

在 Infosys 公司中,除了过程数据库和过程资源外,还用一个称为知识库的系统来总结经验。

基于 Web 的知识库系统有它自己的关键字,即基于作者的搜索工具。知识库中的知识主要以文档的形式出现,并按主题进行组织。基本主题包括:

- 计算机与通信服务。
- 需求规范。
- 构建。
- 工具。
- 方法和技术。
- 教育与研究。
- 设计。
- 评审、检查和测试。
- 质量保证和生产率。
- 项目管理。

知识库系统包括与所吸取的教训和最佳实践相关联的有价值的文章。记录项是通用的,并且不专属于某个特定的项目。基于一个为此目的而建的模板,组织的任何成员都可以递交一个记录项并把它保存到知识库中。每次递交的记录项都要接受评审,主要考虑它的有用性、通用性、所需的变更和其他特征。而编辑控制是为了确保记录项满足质量标准。对于向知识库递交信息的雇员将得到经济上的奖励,同时管理知识库的部门也在积极地寻求新文章。为了进一步推动这一事业,Infosys 公司将向知识库递交信息作为员工每年业绩评定的一个因素。

6.8　本章小结

软件工程过程是有层次的,通常讨论的过程都处于 U 级层次,因此需要结合项目特征将其不断细化到可具体指导特定项目的过程层次,即 W 级过程。软件开发过程是项目管理初期的重要工作,选择什么样的过程既要考虑软件项目本身的关键度和项目团队的整体水平,又要考虑组织对过程的接受程度。确定一个软件项目开发过程的同时,不仅仅明确了过程由哪些活动与任务组成,活动或任务间的输入与输出关系、启动与结束条件以及阶段提交物,同时也在整个团队中明确了分工协作时需要遵循的一系列规则。这些规则需要以最快速度被大家接受,并变成一种潜在的文化,指导团队中所有人的行为。

为项目建立合适的软件开发过程,只是一个良好的开始,在项目进展过程中,还需要不断监控、跟踪过程,管理期间发生的变更,保证其按预定的方向前进。

如果存在以往同类项目的经验,可对项目的规划、过程监控及过程改进提供最有利的支持。收集以往项目的哪些数据、如何描述等各软件组织做法都不尽相同。Infosys 公司通过过程数据库和过程基准能力数据两种机制,以及过程资产等信息的积累,为其组织的项目开发提供了强有力的指导,并也因此提高了软件生产率和软件质量,并为软件工程过程的不断改进指明了方向。

显然这些过程基础数据需要在组织级别指派专门的部门来维护(这个部门通常是软件工程过程组),可供其他有权限的人员浏览。

第 7 章

软件工程过程改进

　　研究软件工程过程的目的是尽可能地提高软件产品的生产率、提高用户满意度。为此需要不断审视软件工程过程的运行状态,持续性地改进其不足,使软件工程过程按照预定的计划有序、高效地运行,从而提高过程的可预见性,提高抗风险能力。

　　评估隐含着标准。对组织过程的评审,是将其过程的现状和这些过程应当如何运转的模式进行比对。这是过程评估的要点。离开这一基础,评估容易退化成松散的、直觉式的摸索,进而使评估结果很难有说服力。因此,评估应建立在对理想的软件工程过程的共识之上。这样一个模型可以为有序的探索提供基础,可以为确定问题的优先次序提供一个框架,把大家关注的焦点集中在一个共同的模型上,使大家有了一致努力的方向。这个模型就是软件工程过程评估模型。

　　软件工程过程评估模型描述了作为有效过程特征的元素的结构化集合。这些评估模型提供了:

- 过程改进的出发点。
- 业界过去经验的结晶。
- 共同的语言和共享的构想。
- 活动优先次序的框架。

　　基于软件工程过程评估模型进行过程改进可以帮助组织或个人建立过程改进的目标和优先次序,协助改进过程,并为确保建立一个稳定、有能力的以及成熟的过程提供指南。

　　自 20 世纪 80 年代以来,陆续出现了很多软件工程过程评估模型,其中被业界广泛应用的如 ISO 9001、CMM/CMMI 和 ISO/IEC 15504(SPICE)。本章后续章节将简要介绍这三个评估模型。

7.1　ISO 9001

　　ISO 9000 标准系列在 20 世纪 70 年代首先被欧洲采用,特别是英国,此后被世界其他国家作为过程质量标准体系广泛应用于服务业和制造业。目前的版本 ISO 9000:2000 由以下部分组成：

- ISO 9000 质量管理系统——基本原则和术语。
- ISO 9001 质量管理系统——需求。
- ISO 9004 质量管理系统——性能改善指南。
- ISO DIS 9001：质量和/或环境管理系统审核指南。

一般认为，在 ISO 9000 系列中，最适合用于软件的是 ISO9001。ISO9001 标准规定的活动是一个企业的产品或服务质量达标的基本保证，如表 7-1 所示。

表 7-1　ISO 9001 质量保证过程包括的标准活动列表

序号	活　　　动	序号	活　　　动
1	管理职责	11	检验、测量和试验设备的控制
2	质量体系	12	检验和试验状态
3	合同审核	13	不合格品的控制
4	设计控制	14	纠正和预防措施
5	文件与资料控制	15	搬运、贮存、包装、防护和交付
6	采购	16	质量记录的控制
7	顾客提供产品的控制	17	内部质量审核
8	产品标识和可追溯性	18	培训
9	过程控制	19	服务
10	检验和试验	20	统计技术

为帮助从事软件开发、供应和维护的组织建立质量管理体系，ISO 9000 标准系列补充了 ISO 9000-3 部分为 ISO 9001 的应用提供指导。在 ISO9000-3 标准中，明确给出了为生产满足用户需求的软件，建议应采用的控制手段和方法。该标准给出的软件质量管理体系由三部分要素构成：软件质量管理体系的框架、生存期基本活动和支持活动。它适用于软件产品的整个生存周期的各个阶段和任何生存周期模型，也适用于合同中提出的特殊产品。

7.1.1　质量体系框架

质量管理体系框架部分主要从管理上描述了构成质量体系的组织机构、管理职责、质量体系的基本要求及构成质量体系的框架。

- 领导的职责、作用和采用的手段。
- 质量体系。

质量体系是为实施质量管理所具有的组织机构、职责、程序、过程和资源。这一定义给出了质量体系的 5 个要素，同时明确了质量管理的核心是建立适应企业实际的质量体系。

质量体系应以深入细致的质量体系文件为基础,应用系统的有序的方法将质量体系要素、需求和预防措施清楚地写入文件。

质量体系是贯穿产品整个生存期的一个综合过程,它强调的是在开发过程中的质量保证应以预防为主,而不是在问题发生后依靠纠错来解决问题。因此应按质量体系要求制定并执行质量活动计划。

7.1.2 生存周期活动

为了达到期望的质量要求,该标准给出了应在生产软件的过程中包括合同评审、需方需求规格说明、开发策划、质量计划、设计与实现、测试与验证、验收、复制、交付和安装,以及维护等基本生存周期活动。

为了保证这些基本活动能达到预期目标,还需要在生产软件的过程中包括配置管理、文档控制、质量记录、度量、规则和惯例、工具和方法、采购、配套的软件产品,以及培训等生存周期支持活动。

这些活动就是为保证产品质量而需要采取的必要措施。至于每项活动做到什么程度才算达标,则要结合各行业或本企业的具体标准而定。

7.2 CMM/CMMI

CMM(Capability Maturity Model)是 1987 年由美国卡内基·梅隆大学软件工程研究所基于软件工程过程理论的发展而提出的软件工程过程能力成熟度模型的简称。CMM 不是国际标准,却成为了事实上的标准。为了适应不同领域的需要,以 CMM 基本框架为基础,又形成了软件开发(SW-CMM)、软件获取 CMM(SA-CMM)、系统工程 CMM(SE-CMM)、集成产品管理 CMM(IPM-CMM)和个体 CMM(P-CMM)等多个标准。为了便于实施,2000 年推出了上述模型的集成模型——CMMI(Capability Maturity Model Integration)。

CMM/CMMI 中融合了全面质量管理的思想,以不断进化的层次反映了软件工程过程定量控制中项目管理和项目工程的基本原则。CMM/CMMI 所依据的想法是,只要不断地对企业的软件工程过程的基础结构和实践进行管理和改进,就可以克服软件生产中的困难,增强开发制造能力,从而能按时地、不超预算地生产出高质量的软件。

CMM/CMMI 作为一个过程评估模型它给出了一个软件组织如何开发和维护高质量软件产品的思路;它描述了具有某个级别的软件组织所具有的主要特征;它为一个软件组织优化其软件工程过程提供了一种改进的路径。

7.2.1　CMM 内部结构

过程能力是指在遵循过程的前提下,软件产品与最终所达到的预期结果的接近程度。过程能力的改进可以提高我们对过程实施情况的预测能力,而一个企业软件成熟度的提高将有助于对项目最终结果的预测。不同的过程成熟度等级对进度、费用以及质量方面都具有一定的影响。

在 CMM 体系中,最高层是成熟度级别。每个成熟度级别由多个关键过程域(Key Process Area,KPA)组成,且每个关键过程域仅针对一个成熟度级别。每个关键过程域又被分为 5 个公共特征(Common Features,CF)以及需要达到的一系列目标。每个公共特征包含相应的关键实践(Key Practices,KP),当所有与之相应的关键实践均已完成时,就可以说已经实现了相应的关键过程域。图 7-1 中显示出了 CMM 的内部结构。

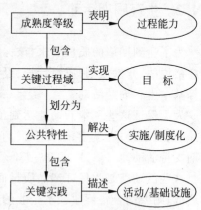

图 7-1　能力成熟度模型的内部结构

7.2.2　CMM 成熟度级别

CMM 将一个软件工程过程的当前状态划分为初始级、可重复级、已定义级、已管理级和优化级 5 个能力级别(如图 7-2 所示),给出了每个级别的特征(如表 7-2 所示)、如何实现不断改进的方法及其要做哪些事情。任何一个开始采纳 CMM 评估体系的机构起初都处于第一级,即初始级。除了初始级外,每一级都设定了各自的一组目标。如果达到这一目标,则可向高一级推进。由于每一级别目标的实现都必须以其下一级目标的实现为前提,所以 CMM 等级的提高只能是一个渐进有序的过程。

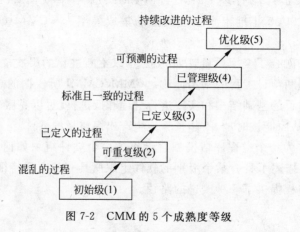

图 7-2　CMM 的 5 个成熟度等级

表 7-2　过程成熟度、生产率和产品质量的关系

等　级	特　性	关 键 挑 战	结　果
5 优化	自动进行改进	在优化的级别上仍然需要有人参与过程的维护	生产力与质量
4 已管理	(定性的)度量过程	技术的变化,问题的分析,问题的预防	
3 已定义	过程已定义并且制度化	过程度量,过程分析,定性的质量计划	
2 可重复	过程依赖于个体	培训、测试、技术实践与评审,已过程为中心,标准化与过程化	
1 初始的	(混乱)	项目管理与计划、配置管理、软件质量保证	风险

通过评估软件开发所处的不同的 CMM 等级,可以说明企业当前过程能力的高低。图 7-2 中的箭头表示过程能力趋向于更加规范化。表 7-2 给出了过程成熟度、软件生产率和产品质量间的关系。过程成熟度越高,说明其中存在的风险也越小,同时也意味着有更高的生产率和更好的产品质量。每一个等级都有它们各自关注的焦点,企业在实施时应注意有关内容的改进,从而提高过程的成熟度,增加产品的质量,提高生产率。

1. 初始过程(1 级)

初始级。软件工程过程表现得非常随意,有时甚至是混乱的。几乎没有定义的软件工程过程,项目的成功取决于个人的努力和智慧。这一级别的组织运作没有正式的程序、成本估算和项目计划。各种工具没有和过程结合,也没有统一使用。变更控制松散,高级管理层几乎觉察不到存在的问题。由于很多问题不能及时解决,甚至被遗忘,因此在软件安装和维护阶段常常暴露出十分严重的问题。

处于这一级别的组织,即使建立了正式的用于计划和跟踪的规程,也缺乏规程执行的机制。当遇到紧急情况时,组织将抛弃已确立的工作程序,只管编码和测试。因为从表面上看,如设计和编码审查或测试数据的分析等许多软件活动,并不直接支持产品的交付,似乎可有可无。更深刻的原因是这样的组织通常还没有体会到成熟过程的效益,没有意识到自身混沌行为的危害性。

处于初始过程级别的组织可以通过建立基本项目控制来改进业绩,其中最重要的是项目计划、项目跟踪与监控、质量保证和变更控制。

2. 可重复过程(2 级)

可重复级过程建立了基本的项目管理过程,以实现对成本、进度和功能的跟踪。具有必要的过程约束,对类似的应用可重复以前项目的成功经验。

　　与初始过程相比，可重复过程有一个重要优势：它对组织制定计划和承诺的方法进行控制。因为这些计划和承诺是建立在借鉴以往类似工作积累的经验和对项目规模等有关数据进行充分分析的基础上，因此这种控制增强了组织成员解决软件问题的信心。

　　处于这一级别的组织，对于熟悉的软件应用领域，可以使用以往的经验和较为成熟的过程轻松应对。但对于不熟悉的领域，如开发新类型的产品，则可能面临风险。同样对于更换项目经理等组织的重大变更时，也同样面临风险。

　　从可重复级提升到下一个级别所需的关键活动包括建立过程组、建立过程模型框架、导入一系列软工程方法和技术。

3. 已定义过程（3 级）

　　在已定义过程级别上，组织对过程进行定义，作为持续实施和更好理解过程的基础。建立了管理活动和工程活动有关软件工程过程的文档，并对软件工程过程进行了标准化工作，建立了组织级的标准软件工程过程。所有项目的软件开发和维护，都使用一个被批准的、组织标准过程的剪裁版本。

　　处于该级别的组织，过程分析和改进决策的基础已经建立，因此在面临紧急情况时，项目团队会持续执行已定义的软件工程过程。但此时的过程仍处于定性管理阶段，用于表示工作完成程度和过程有效程度的数据资料仍然很少。

　　从已定义过程向下一级别改进的关键是与过程相关的量化度量数据的积累。为了能量化过程的每一项主要活动的相对成本和效益，需要建立用于确定过程中每个步骤的质量和成本参数的基本过程度量项的最小集合。为了能支持过程质量和生产能力的定量分析，需要提供充足的资源建立并长期集中维护过程数据库。为了过程数据的有效性，需要提供充足的过程资源、建立规范的流程收集和维护过程数据，为项目成员使用这些数据提供指导性建议。

4. 已管理过程（4 级）

　　在已管理级别上，组织开始收集软件工程过程和产品质量的详细测量，全面度量和分析过程，并能对软件工程过程和产品予以定量的理解和控制。

　　该级别潜在的最大问题是数据采集成本。在软件工程过程中，具有潜在价值的度量指标数目繁多，对采集规程的规范、采集点的选取及数据的准确描述都需要仔细斟酌，否则会直接影响数据的可用程度。当然，相关数据的采集和维护成本也比较高。

　　因为过程数据本身的产生过程受多种因素制约，因此不同组织根据不同定义收集的数据可比性较弱，同样，这些数据也不能用于对项目或人之间的比较，但它可为过程改进提供一定的依据。

　　从已管理过程提升到下一级别需要满足两个基本要求：一是为提高数据采集的精度和

正确性,避免出错或遗漏,要使数据采集过程自动化;二是充分运用数据分析过程和数据改进过程,来预防问题和提高效率。

5. 优化过程(5级)

在优化过程级别上,组织已经建立了持续改进和优化过程的基础。通过来自过程和先进创新思想和技术的量化反馈,能够不断地进行过程改进。

其实,在过程的所有级别中都存在不同的优化,只是程度不同而已。在本级之前,软件开发的管理者把主要精力放在产品上,收集的数据都与产品改进直接相关。在优化的过程级别上,已收集了用于调整过程本身的数据,只需要积累少许经验,管理者很快就会发现,过程优化可以极大地提高质量和生产能力。

处于优化过程级别的组织具有查出过程最薄弱环节并加以修正的手段。在此阶段,过程改进依据收集的数据资料,来分析将技术应用于各项关键任务是否有效,也可以利用已有的量化证据,来分析将过程应用于某一产品的有效性如何。依据量化数据分析比较后做出的过程改进决策,能使组织对过程确信不疑,对质量和产品充满信心。

优化的过程可以在诸多方面帮助人们提高效率。它可以帮助管理者了解哪里需要帮助,如何最好地提供人们所需要的支持;它可为专业人员的相互沟通提供一个简洁、量化的途径;还可为专业人员了解业绩并寻找改进的方法提供一个框架。表7-3给出了处于不同成熟度级别企业行为的异同点。

表7-3 不同成熟度等级所对应的行为特征

CMM 等级	过程特点	过程特征
优化级(5级)	连续改进	过程改进已制度化
已管理级(4级)	可预测	产品以及过程的质量是可控的
已定义级(3级)	标准化与集成	软件工程过程以及管理过程已定义并集成在一起
可重复级(2级)	制度化	已建立项目管理系统 实施情况是可重复的
初始级(1级)	混乱	没有统一的过程 实施是不可预测的

7.2.3 CMM 关键过程域

CMM 描述的5个成熟度等级的软件工程过程反映了从混乱无序的软件生产到有纪律的开发过程,再到标准化、可管理和不断完善的开发过程的阶梯式结构。任何一个软件机构的项目生产都可以纳入其中,除了初始级外,每一级成熟度都包含几个关键过程域。它们确定了要实现一个成熟度级别所必须解决的问题和目标。处于级别3的组织一定要解决级别 2 和级别 3 中所有关键过程域中的问题,4、5 级别类推。从 2 级到 5 级共有 18 个关键过程域,图 7-3 给出了每个成熟度级别所定义的关键过程域。

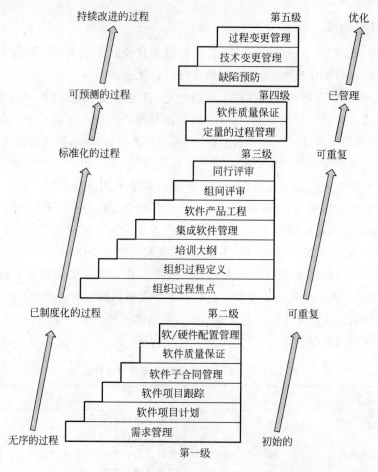

图 7-3   CMM 中不同成熟度级别中的关键过程域

CMM 为每个关键过程域规定了一组目标,这些目标给出了相对应的关键过程域的范围、边界和意图。为了满足关键过程域的要求,此关键过程域包含的所有目标均应实现。只有当在一个项目中实现了关键过程域的所有目标后,才能说此过程已具备了本关键过程域的特征。为了达到一定的成熟度级别,必须实现此级别所对应的所有关键过程域。而为了满足每个关键过程域的要求,这个关键过程域中的所有目标都应被实现。同样,可以用这些目标来判断一个企业或者项目是否有效地实现了指定的关键过程域。

企业为了达到更高的成熟度级别,必须执行每个关键过程域中的关键实践。如在第二级别的软件项目计划关键过程域中所描述的项目评估能力,在第三级、第四级、第五级也有相应的内容,而且会包括更多的数据。在第三级中由于已定义了一个软件工程过程用于对项目进行管理,所以第二级中的软件项目计划和软件项目跟踪与监控两个关键过程域就发展为第三级中的集成软件管理。

1. 第二级关键过程域

第二级的关键过程域的主要作用在于建立起一套基本的项目管理控制体系。从图7-4中可以看出,第二级包括需求管理、软件项目计划、软件项目跟踪、软件子合同管理、软件质量保证和软/硬件配置管理6个关键过程域。下面列出了这一成熟度级别中每个关键过程域的目标和主要原则。

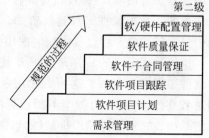

图7-4 第二级"可重复级"所对应的关键过程域

需求管理的目标是在客户和项目的需求之间建立共同理解。与客户之间达成的这个协议是制定软件项目计划以及管理的基础,与客户之间关系的控制是基于一个有效的变更控制过程。

软件项目计划的目标是为软件工程的实施以及软件项目的维护制定出一个合理的计划。该计划是进行软件项目管理必备的基础。缺少了切实可行的计划,对项目的有效管理也就无从谈起。

软件项目跟踪与监控的目标是建立一整套机制使企业能够以适当的方式监控项目的实际进展情况。通过上述方式可以使我们在开发过程中偏离软件计划时能够进行有效的管理。

软件子合同管理的目标是选择合格的软件子合同承包商并对其进行有效的管理。为了有效地对子合同承包商进行控制并监控子合同的进展情况,软件子合同管理关键域应包含以下一些内容:

- 用于控制需求变更的需求管理。
- 用于进行基础监控管理的软件项目计划与软件项目跟踪监控。
- 保证必要的协作软件的质量。
- 用于配置控制的配置管理。

软件质量保证的目标是为管理提供足够的关于过程实施过程中软件项目以及最终产品生成的有关信息。这是完整的软件工程以及管理活动中必不可少的一部分。它对于保证正在开发软件产品的质量以及解决与过程相关的事件来说都十分重要。

软件配置管理的目标是在整个软件生存周期中建立并且维护软件产品的完整性。这是完整的软件工程以及管理过程中必不可少的一部分,它可以确保产品的完整性。

2. 第三级关键过程域

位于第三级中的关键过程域用于解决项目与企业方面的问题,包括建立用于使企业内部所有项目的软件工程与管理过程制度化的架构。图 7-5 中说明了与本级成熟度相关联的关键过程域。下面将给出第三级中关键过程域的目标与主要原则。

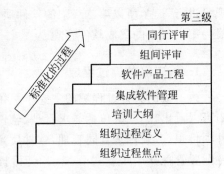

图 7-5　第三级"已定义级"所对应的关键过程域

组织过程焦点的目标是建立起组织的软件工程过程活动职责以全面改进软件工程过程能力。通过组织过程焦点活动，最终可以得到在组织过程定义中所描述的一系列软件工程过程资源。在集成软件管理中描述了软件工程过程中如何使用相应的资源。

组织过程定义的目标是开发并且维护一套可用的软件工程过程资源。这些资源用以改进跨项目组的过程实施，并且为组织中不断积累的、长期的效益奠定基础。它们通过相应机制（如培训大纲中所描述的培训）来建立起一个稳定的实施制度化的基础。

培训大纲的目标是培育个人的技能和知识，使其有效地履行其角色。虽然培训是组织的职责，但软件项目组应该明确他们所需的技能，对于项目组特定的需求也应由组织负责进行培训。

集成软件管理的目标是将软件工程活动和管理活动集成为协调的已定义的软件工程过程。项目组在组织标准的软件工程过程以及与过程相关的资源基础上加以剪裁，从而制定出项目组自己的过程。关于与过程相关资源的详细内容将在组织过程定义中加以描述。在进行剪裁时，应依据商业环境以及项目所需的技术而定。

软件产品工程的目标是一致地执行妥善定义的、集成了全部软件工程活动的工程过程，以便有效和高效地生产正确、一致的产品。它描述了项目中的技术活动，包括需求分析、设计、编码、集成以及测试。

组间协作的目标是建立使软件工程组和其他工程组能够参与的方式，使项目更加有效和高效地满足客户的需要。它是对软件工程的一个扩展，而组间协作则是集成软件管理中一个跨学科的概念。这里要说明的是：不单是软件工程过程需要集成，而且软件工程组与其他组的交流也需要协调与控制。

同行评审的目标是为了尽早和高效地清除软件工作产品中的缺陷。这是更好地了解软件工程产品以及那些可事先避免的缺陷的必然要求。同行评审是一个重要而有效的工程化方法，通过检查、结果预查或者其他方法可以实现同行评审。

3. 第四级关键过程域

第四级关键过程域的主要任务是建立起对软件工程过程以及软件工作产品的量化理解。在图 7-6 中给出了与该成熟度相对应的关键过程域。本级中软件质量保证和定量的过程管理两个关键过程域是紧密联系的。它们的目标与简要描述如下所述。

定量过程管理的目标是定量地控制软件工程过程的实施。软件工程过程的实施体现为在过程的指导下所达到的实际结果。其主要任务是在一个稳定的、可度量的过程中确定那些引起变化的因素,并且以适当的方式去调整引起变化的相关环境。定量过程管理意味着给出一个综合的度量方案。

软件质量保证的目标是对项目的软件工作产品以及需要达到的质量目标有一个定量的了解。软件质量管理采用一个综合的方案对软件工程过程中所生产的软件工作产品加以度量。

4. 第五级关键过程域

第五级关键过程域的主要任务是从组织以及管理两个方面对软件工程过程实现持续的、可度量的改进。图 7-7 给出了该级成熟度所包括的关键过程域,下面给出其目标与简要描述。

图 7-6　第四级"可预测级"所对应的关键过程域　　　图 7-7　第五级"优化级"所对应的关键过程域

缺陷预防的目标是确定缺陷产生的原因并避免缺陷的重复出现。上述活动将导致对软件工程过程的连续改进。软件项目组对缺陷进行分析、确定出缺陷产生的原因并对集成软件管理中所定义的过程进行相应的修改。由于一般原因而对过程所作的修改将同时反映到其他软件项目中,具体内容参见过程变更管理。

技术变更管理的目标是确定技术(包括工具、方法以及过程)所带来的效益并有序地将此类新技术引入到组织之中。技术革新可加速过程改进的步伐。在过程变更管理中,描述了引入技术的规程,明确了技术变更管理的中心任务是对组织内业已使用的软件工程过程的有效革新。这将导致软件质量的改进、生产率的提高,同时降低产品开发的周期。

过程变更管理的目标是持续地对组织内所使用的软件工程过程加以改进,从而改进软件质量、提高生产率、降低开发周期。由于过程变更管理的实施,使在整个组织内部进行缺陷预防以及进行技术变更管理成为可能。

7.2.4　CMM 公共特征

KPA 不仅标明了某级成熟度所要求的目标和评估标准,也说明了要达到此级成熟度标准所需解决的具体要点。实施每个 KPA 所包含的关键实践,就是实现此 KPA 所指定的目标并提高软件工程过程能力。每个 KPA 中的关键实践都可按公共特征进行分类,每个 KPA 都包括 5 类关键实践。公共特征可分为以下 5 类。

(1) 实施约定:它描述了企业在执行特定关键过程域时,为确保其目标的实现必须采取的一些措施,如项目管理职责。

(2) 实施能力:它描述了企业执行关键过程域的前提条件,包括企业资源、过程制定、人员培训等多种措施。对 KPA 的执行必须建立在此基础上,才可保证所规划的目标得以实现。

(3) 实施活动:它描述了执行关键过程域所需采纳的必要行动和步骤,与项目执行息息相关,包括计划、跟踪、监测等,这是核心实践的 5 类中与项目执行唯一相关的属性,其余 4 个属性都关注于软件组织的基础能力建设。

(4) 度量和分析:它描述了确定与关键过程域有关的状态所需的基本度量实践,这些度量可用来控制和改进过程。

(5) 验证实现:它描述了在过程执行中以及结束前,为确保所执行的活动与已建立的过程一致而对过程实施进行验证的活动,如管理部门和质量保证小组实施的评审和审核等。

表 7-4 对公共特征给出了进一步的说明。

表 7-4　公共特征的分类定义与解释

公共特征分类	定义与解释
实施约定	• 政策说明:为了强调组织约定与过程之间的联系(如建立组织过程焦点、组织过程定义) • 领导:为了保证关键过程域的制度化,制定领导角色或必要的负责人(如过程变更管理、技术变更管理中的关键角色)
实施能力	• 组织结构:用以支持关键过程域的特殊组织结构(如,SQA 组、配置管理) • 资源与投入:例如,实现改进所需要的特殊技能、工具以及适当的投入
实施活动	• 活动、角色与规程是实现关键过程域以及达到最终目标必不可少的部分 • 制定计划与规程,具体实施,对实施情况的跟踪,如有必要则采取纠正措施
度量与分析	• 判断与过程有关的状态时基本的度量实践是必需的 • 其他度量措施(如,对培训质量的度量)也有利于提高管理有效性,增强软件产品质量与功能
验证实现	• 高层管理者的监控是定期进行的,因此可以在适当的抽象层次上对软件工程过程活动有及时的了解 • 项目管理的监控:通过定期的以及事件驱动的方式对项目管理进行更细致的监控 • 软件质量保证:以软件质量保证组或其他独立组所进行的评审/审核活动的形式加以进行

7.2.5 CMM 关键实践

公共特性中的关键实践描述了要建立一个过程的能力所必须完成的活动,即每个关键过程域都要用关键实践的概念进行描述,CMM 共有 316 个关键实践。关键实践描述了对关键过程域的有效实施和在制度化中起重要作用的基础设施和活动。

应该指出,关键实践只是规定了软件工程过程必须达到什么样的标准而未规定达到这些应如何实现,即它只描述了"做什么",不规定"怎么做"。如不指定生存周期模型,不规定产品实现所采用的开发方法和开发工具。因此对同样的过程水平,不同企业、不同项目可采纳不同的过程和实施方式去完成,关键取决于软件生产企业本身的实践。但必须合理地说明关键实践,以判断是否有效地实现了关键过程域的目标。

7.2.6 CMMI

CMMI 是对 CMM 及应用于其他领域的 CMM 模型变体的集成,它是以软件工程、系统工程、软件获取和系统安全等学科为基础构建的评估模型,并为学科分离构筑了"桥梁":

- 它将系统工程和软件工程集成在一起。
- 将系统学科和软件学科集成为一个过程改进框架。
- 当出现需求时,为改进新学科提供框架。

1. CMMI 过程域

CMMI 模型由分属于 4 个不同领域的 25 个过程组成。虽然 CMMI 中的很多过程域与 SW-CMM 中的关键过程域基本相同,但有几个过程域的范围和内容发生了重要的变化,另外也有几个新增加的过程域。两个模型的过程域关系比较如表 7-5 所示。

表 7-5 CMMI 和 CMM 过程域关系比较

等级	CMM		CMMI	
	关键过程域	缩写	过程域	缩写
5 级	技术更新管理	TCM	组织革新与部署	OID
	过程更改管理	PCM		CAR
	缺陷预防	DP	原因分析与决策	
4 级	软件质量管理	SQM	组织过程性能	OPP
	定量过程管理	QPM	定量项目管理	QPM

等级	CMM			CMMI	
	关键过程域	缩写		过程域	缩写
3级	软件产品工程	SPE		需求制定	RD
				技术方案	TS
	同行评审	PR		产品集成	PI
				验证	VER
				确认	VAL
	组织过程聚焦	OPF		组织过程聚焦	OPF
	组织过程定义	OPD		组织过程定义	OPD
	培训大纲	TP		组织培训	OT
	集成软件管理	ISM		集成项目管理	IPM
				风险管理	RSKM
				决策分析与决定	DAR
	组间协调	IC		集成供应商管理	ISM
				组织集成环境	OEI
				集成组队	IT
2级	需求管理	RM		需求管理	RM
	软件项目策划	SPP		项目策划	PP
	软件项目监督与控制	SPTO		项目监督与控制	PMC
	软件分包管理	SAM		供应协议管理	SAM
	软件质量保证	SQA		过程与产品质量保证	PPQA
	软件配置管理	SCM		配置管理	CM
				度量与分析	MA
1级					

CMMI 模型对每个过程域从"需要的"、"期望的"以及"用于提供信息的"三个方面来描述，并对这三方面相对重要程度和作用进行说明。其中最重要的是"需要的"内容，它是模型的基础，是了解过程改进需要什么及确定认证是否符合模型的基础；其次是"期望的"内容在过程改进中起着非常重要的作用，虽然这些内容有时不会出现在成功使用模型的组织中，但它却是达到需要的构件的强指示器。第三重要的是"用于提供信息的"内容，信息量最大，它们构成了模型的主要部分，为过程改进提供了有用的指导。在很多情况下它们对前两部分内容做了进一步的说明。

CMMI 模型唯一需要的构件是"目标"，它代表想要的最终状态。它的实现表示项目和过程控制已经达到了某种规定的程度。当一个目标只适用于一个过程域时，则称该目标为"特定目标"。当一个目标适用于所有过程域时，则称该目标为"共性目标"。（注：CMMI 中的共性目标与特定目标相当于 CMM 的公共目标概念）。

CMMI 模型唯一期望的构件是"实践"。实践代表了达到目标"期望的"手段。CMMI

模型的每个实践都能映射到一个或多个目标。但因为实践不是需要的构件，故可以用"替代的"实践作为达到某一目标的手段。同样只适用于单一过程域的实践为"特定实践"，否则为"共性实践"。（注：CMMI 中的共性实践与特定实践相当于 CMM 的关键实践概念）。

CMMI 模型中"用于提供信息的"构件通过目的、介绍性说明、引用、名字、实践与目标关系表、注释、典型工作产品、子实践、学科扩充和共性实践共 10 个方面的描述，为理解模型，并使用模型进行过程改进或评估提供了全方位的指导。

2. CMMI 结构

CMMI 是一个模型两种表示法（如图 7-8 所示）：第一种表示法是沿用 CMM 的阶梯式成熟度分级模型；第二种表示法是使用与 ISO/IEC15504 兼容的连续式能力级别表示法。CMMI 的两种表示法都使用过程域、特定目标和共性目标、特定实践和共性实践（其结构与图 7-1 基本相同），而且两种表示使用同样的过程域。

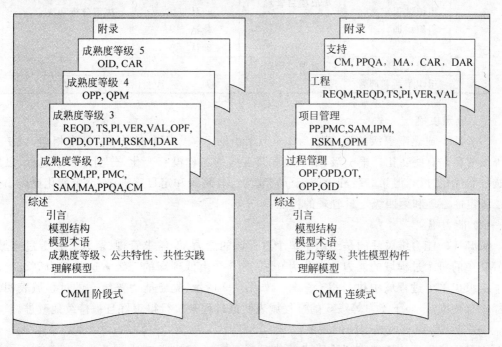

图 7-8 CMMI 结构的两种表示法

一个组织可以从过程域能力或组织成熟度两个视角选择过程改进的途径。连续式表示法更适用于评估组织内各过程域的能力，即只需分别在每个过程域中将过程域能力观察集中于基线和度量改善结果上。阶段式表示法更适用于评估组织的成熟度，即对组织成熟度的观察强调的是过程域集合，这些集合目的是用来定义整个组织的过程成熟度的已证实的阶段。

　　CMMI 中的 24 个过程域在阶梯式表示法中可划分为 4 个成熟度等级,如表 7-5 所示。过程域与成熟度等级的对应关系如表 7-5 所示。在连续式表示法中则被分为 4 个过程类,如表 7-6 所示。

表 7-6　CMMI 过程域分类与成熟度等级的关系

成熟度等级	过程域分类			
	过程管理类	项目管理类	工程类	支持类
1	无	无	无	无
2	无	项目策划 项目监督和控制 供方协议管理	需求管理	度量和分析 过程与产品质量保证 配置管理
3	组织过程聚焦 组织过程定义 组织培训	集成项目管理 风险管理	需求开发 技术解决 产品集成 验证 确认	决策分析和决定
4	组织过程性能	定量项目管理	无	无
5	组织革新和部署	无	无	原因分析与决定

　　(1) 成熟度维

　　CMMI 中成熟度等级的概念与 7.2.1 节给出的 SW-CMM 模型结构基本相同,只是某些等级的名称有些变化。第一级、第三级和第五级的名称没有变化,分别是初始过程、已定义过程和优化过程,但第二级和第四级分别变为已管理级和定量管理级,这个变化更突出了第二级定性管理和第四级定量管理的特点。

　　(2) 能力维

　　CMMI 的能力维关注的是组织中单个过程域的能力,如需求管理、需求开发等过程域。CMMI 中的每个过程域的能力被划分为 0～5 的 6 个由低到高的等级。这些能力等级指出一个组织在单个过程域中执行得有多好。如图 7-9 所示,处于能力等级 0 的过程域表明该过程没有被执行,处于能力等级 5 的过程域表明该过程被执行得很好且被持续地改进。

　　(3) 能力等级与成熟度间的关系

　　CMMI 提供了从连续式到阶段式的映射。图 7-10 给出了描述二者关系的示意图。根据 CMMI 模型的规定,软件组织要达到 CMMI 成熟度 2 级,则必须满足成熟度等级 2 中的所有过程域的特定目标,并使其每个过程域的能力等级达到 2 级;如果要达到 CMMI 的成熟度 3 级,则必须满足成熟度 2 级和成熟度 3 级中的所有过程域的特定目标,并使其成熟度 2 级和成熟度 3 级中的每个过程域的能力等级达到 3 级;如果要达到 CMMI 的成熟度 4 级,则必须满足成熟度 2 级、成熟度 3 级和成熟度 4 级中的所有过程域的特定目标,并使其成熟度 2 级、成熟度 3 级和成熟度 4 级中的每个过程域的能力等级达到 3 级;如果要达到

CMMI 的成熟度 5 级,则必须满足成熟度 2 级、成熟度 3 级、成熟度 4 级和成熟度 5 级中的所有过程域的特定目标,并使其成熟度 2 级、成熟度 3 级、成熟度 4 级和成熟度 5 级中的每个过程域的能力等级达到 3 级。

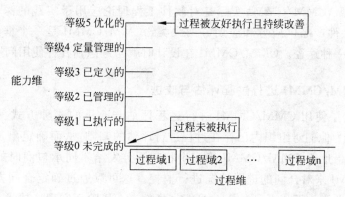

图 7-9   过程域与能力维的关系

	CL1	CL2	CL3	CL4	CL5
成熟度等级 2 过程域		目标 特征 2			
成熟度等级 3 过程域			目标 特征 3		
成熟度等级 4 过程域			目标 特征 4		
成熟度等级 5 过程域			目标 特征 5		

图 7-10   CMMI 成熟度等级与过程能力等级关系

这里需要注意的是,CMMI 并不要求在达到成熟度 4 级和成熟度 5 级时,过程域能力的成熟度也达到 4 级或 5 级,而是仅要求达到 3 级即可。当然,软件组织可根据其需要提高其相应过程域的能力等级至 4 级或 5 级。

7.2.7   评估模型的应用

CMM/CMMI 模型既可用于描述软件组织实际具备的过程能力水平或能力成熟度水平,又可用于指明软件组织改进软件工程所需着力之处;它既说明了努力的方向,又允许软件组织自己选择恰当的方式去达到这一目标。实施 CMM/CMMI 的经验告诉软件工程人员,在软件项目开发中,更多的问题和错误来源于工程安排的次序、工程规划和工程管理,而不是技术上的怎么做。软件工程不断分析和改善已有工程经验,拟定出尽可能完善的开发过程,并按开发的生存周期确定重点环节加以管理,最终达到以量化数据来建立能力成熟度等级的目标。良好的工程过程保证了有序的开发实施,避免了以往开发人员被动救火的方式,并将个人主观因素减至最低。开发人员的个人创造性从独立人意识的发挥改变并转移到如何建设性地运用和完善工程过程上来。

作为一种模型,CMM/CMMI 实际是对软件工程理论应用于实践的深化,在对它的应用中,主要包括软件产品供应方和应用方两大类。CMM/CMMI 是一个框架,是软件组织提高过程能力的一种途径。CMM/CMMI 在设计时就已考虑到各种使用问题。

1. 使用 CMM/CMMI 进行过程评估与改进

图 7-11 给出了使用 CMM/CMMI 进行过程评估与改进的 4 种方式。评估组可以将 CMM/CMMI 作为他们对组织内已存在过程进行评估的基础,从而确定出过程的强项与弱项。评价组可以借助于 CMM/CMMI 确定出将工程分发给不同承包商时的风险并且可以通过 CMM/CMMI 来对合同的进展情况进行监控。这可以通过确定合同方在关键过程域方面是否还缺少关键实践以及评估由此可能带来的潜在风险而实现。技术与管理人员可以通过 CMM/CMMI 了解针对组织内的软件工程过程,在制定计划并且实施改进时这些活动是必不可少的。为了达到这个目的,应将 CMM/CMMI 看成改进的规划图。过程改进组可以将 CMM/CMMI 作为帮助他们定义并且改进组织内部软件工程过程的工具。为了达到这个目的,可以采用 CMM/CMMI 中的过程体系结构以及内容作为过程改进和过程再设计的目标。

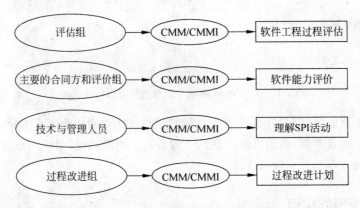

图 7-11　CMM/CMMI 潜在的用户

由于 CMM/CMMI 可能有各种不同用法,所以必须将 CMM/CMMI 划分得足够详细,从而可以使其适合于不同成熟度级别的过程。这种划分应在不同的级别上加以进行,以便满足不同 CMM/CMMI 用户的需求。以上对 CMM/CMMI 的使用通常分别被描述为基于 CMM/CMMI 的软件工程过程(Process Assessment)、基于 CMM/CMMI 的软件能力评估(Capability Evaluation)以及基于 CMM/CMMI 的改进。

由于评价和评估的动机、目的、输出和结果归属不同,使得在会谈或采访目的、访问范围所采集的信息和结果的表示方式,可能存在重要差别。所以,所采用的详细规程不同,培训要求也不同。评价是在开放、合作环境中进行的,目的在于暴露问题和帮助管理人员和技术人员改进他们所在组织的过程。评价能否成功取决于他们对组织改进的支持。但更重要的是要通过各种座谈会了解组织的软件工程过程。评价的结果除了能确定组织所面临的软件工程过程问题外,最有价值的是明确组织改进软件工程过程的途径,促进制定进一步的行动计划,使整个组织关注软件工程过程的改进,提高行动计划的动力和热情。

软件能力评估(有时也称为认证)是在更为面向审计的环境中进行的。评估的目的与金钱有关,因为评估组的推荐意见将影响挑选合同承接方或投放资金的多少。评估过程的重点在评审已文档化的审计记录上,这些记录能揭示组织实际执行软件工程过程的能力。

必须指出的是:因为评价和评估都是基于 CMM 的,因此其结果的不同是可以比较的。有时为了讨论方便,不再严格区分评估与评价,而统称为评估。

2. 使用 CMM/CMMI 进行过程设计

CMM/CMMI 包含的"用于提供信息的"构件中,为软件组织进行软件工程过程设计提供了很多有用信息(如模板等)。软件组织可利用这些信息进行软件工程过程设计或改进。从图 7-12 中可以看出作为过程设计模板的 CMM/CMMI 及其内部结构,此外还可以将该模板用作对当前过程进行全面评估的基础。

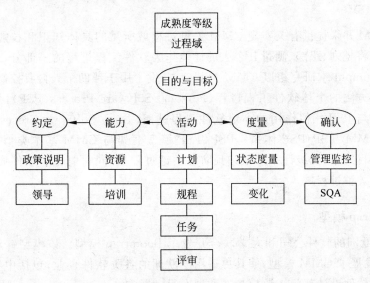

图 7-12　用于软件工程过程设计的 CMM/CMMI 模型

CMM/CMMI 的一个重要思想是帮助一个组织通过基于模型的过程改进,达到使其软件工程过程向更高的成熟度迈进的目标。在这个过程中,一个组织必须建立自己的软件工程过程并根据 CMM/CMMI 模型的要求对过程进行评估。根据评估的结果来进一步改进自己的软件工程过程,然后再一次评估使一个组织的软件工程过程能力趋于更加成熟。

3. CMM/CMMI 评估的一般步骤

基于软件工程过程评估模型进行过程改进可以帮助组织或个人建立过程改进的目标和优先次序,协助改进过程,并为确保建立一个稳定、有能力的以及成熟的过程提供指南。评估模型通常作为组织过程改进的指南。

基于 CMM/CMMI 对软件组织进行评估的步骤如下。

(1) 选择评价小组。

(2) 填写 CMM 问卷。

(3) 进行相应分析。

(4) 现场访问、会议和文档评审。

(5) 提供基于 CMM 的调查结果清单。

(6) 制作关键过程域的剖面图,以显示该机构哪些区域已满足,哪些区域尚未满足关键过程域的目标等。

7.2.8　其他过程评估模型

1. PSP/TSP

由于 CMM 并未提供有关实现 CMM 关键过程域所需的具体知识和技能,所以为了鼓励软件工程师将规划、跟踪、测量其个人的性能作为软件工程过程的一部分,来改善他们的效率,W. S. Humphrey 研究组以 CMM 为基础,开发了用于帮助个人自我控制、自我管理和自我改进工作方法的个体软件工程过程(Personal Software Process,PSP),为软件开发小组设计的起着与 PSP 相似作用的小组软件工程过程(Team Software Process,TSP),进而形成了形成 CMM/TSP/PSP 体系。PSP/TSP 模型框架与 CMM 基本类似,但 PSP/TSP 更强调软件项目规划、同级评审和缺陷预防等关键过程域,同时弱化了软件质量保证、软件子合同管理等关键过程域。

2. Bootstrap 模型

1993 年,欧洲的软件公司和大学联合开发了 Bootstrap 模型。该模型针对欧洲的环境特征,改进和发展了 CMM 模型,使其更适用于欧洲的各类软件企业,包括中小型企业和综合性企业中的软件设计部门。该模型在欧洲有很大影响。

3. Trillum 模型

1991 年,加拿大贝尔、北方电讯和贝尔北方研究中心共同开发了 Trillum 模型。该模型主要应用于嵌入式软件开发和支持的能力评估。它以 CMM 模型为基础,同时有新的发展。它非常关注产品,可以作为面向客户的评判基准。Trillum 模型的架构是建立在路线图基础上的,这一点与 CMM 强调关键过程域有所不同。

7.3 ISO/IEC 15504

自从 20 世纪 70 年代以来,在软件质量标准化方面已经做了大量工作。前面介绍了 20 世纪 90 年代以来具有代表性的 ISO 9001 和 CMM/CMMI 两类过程评估模型。这些模型既有共性也各具特点,都有其适应的领域。尽管这些模型本质上没有冲突,但对于具体的软件开发商而言,面对不同的客户,必须按其特殊要求,建立不同的管理和评估系统,这势必增加企业运营成本。ISO/IEC 第一联合技术委员会注意到软件工程过程改进和评估的重要性以及由于缺乏统一的国际标准给软件产业造成的困境,于 1993 年成立“软件工程过程改进和能力测定”(Software Process Improvement and Capability Determination,SPICE)工作组,开始着手制定 ISO/IEC 15504 系列标准的前期工作。到目前为止,SPICE 标准的发布轨迹为:

- 1994 年 SPICE 标准发布第一个基准文件。
- 1998 年 SPICE 标准发布 ISO 15504 TR 技术报告。
- 2003—2004 年 SPICE 标准正式发布 ISO 15504 标准的前四部分,分别为概念和词汇、实施评估、实施评估指南、过程改进和能力确定应用指南。
- 2006 年 SPICE 标准公布 ISO 15504 第五部分——软件工程过程评估模型实例。
- 2008 年 SPICE 标准公布 ISO 15504 第六部分——系统过程评估。

7.3.1 ISO/IEC 15504 的组成

到目前为止,ISO/IEC 15504 已发布了概念和词汇、实施评估、实施评估指南、过程改进和过程能力测定应用指南、软件工程过程评估实例和系统过程评估实例 6 个部分。下面简要介绍实施评估、实施评估指南、过程改进和过程能力测定应用指南三个部分。

1. 实施评估部分

该部分定义了实施过程评估的要求,作为使用过程改进和能力测定的基础。过程评估建立在二维模型之上,包括过程维和能力维。过程维由外部的过程参考模型(Process Reference Model,PRM)提供。PRM 用来定义一个过程集合,过程由陈述过程的目的和结果来表征。能力维由测量框架组成,包括 6 个过程能力级别和与其相连的过程属性,评估输出称为过程剖面,由每个过程评估获得的分数的集合构成,同时也包括该过程达到的能力等级。

值得一提的是,到目前为止 ISO/IEC 15504 已引入 ISO/IEC 12207 标准作为软件工程过程的参考模型、引入 ISO/IEC 15288 标准作为系统过程的参考模型。依据 ISO/IEC 12207 标准制定其参考模型的软件生存期过程框架,可保证软件生存期过程在世界范围内进行评价和对比时有了统一的标准,也体现了抓源头的思想。对软件开发组织、软件供应商、获取者、管理者和评价者都有了依据。

实施评估部分给出了确定过程能力测量的框架,并提出了确定实施评估、过程参考模型、过程评估模型、验证过程评估一致性的要求。

第二部分确定的过程评估要求,构成了一套完整的结构,它的特点是:容易进行自评估;提供了用于过程改进和能力测定的基础;考虑了评估的过程在执行中的前后关系;评定过程的分数;关注过程达到其目的的能力;在组织的所有领域的可应用性;为各组织之间提供客观基准。该部分规定了要求的最小集合,使其能够保证评估结果的客观性、公正性、一致性和可重复性,保证被评估过程具有代表性。当过程评估的范围相似时,评估结果可以相互比较。关于这方面的问题,标准的第四部分提供了应用指南。

2. 实施评估指南部分

标准的第三部分提供指南以满足实施评估规定的、执行评估要求的最小集合,提供过程评估的总原则,并提供下列指南,解释这些要求。

- 执行评估。
- 过程能力测量框架。
- 过程参考模型和过程评估模型。
- 选择和应用评估工具。
- 评审员资格。
- 验证一致性。

3. 过程改进和过程能力测定应用指南

ISO/IEC 15504 为过程评估提供框架,这个框架可用于组织的计划、管理、监督、控制,以及改进采办、供应、开发运行、产品和服务的演变与支持。标准的第四部分为在过程改进和过程能力测定中,怎样利用过程评估提供指南。在一个过程改进(Process Improve)的环境中,过程评估利用选择的过程和能力,提供了表征一个组织单元的方法。分析过程评估的结果,对照一个组织单元的业务目标可以识别这些过程的效力、弱点和风险。这个结果反过来有助于确定这些过程对实现企业目标是否有效并提供改进动力。

对于承担的特定项目,在指定的组织单元内选择的过程,过程能力测定(PCD)关注这些过程评估的结果,以识别其效力、弱点和风险。过程能力测定为选择供应商提供基本的输入,在这种情况下,经常用术语供应商能力测定来表示。

第四部分描述了 PI 和 PCD,说明了如何配置 PI 和 PCD,它为下列事项提供指南:

- 利用过程评估。
- 选择过程参考模型。
- 设定目标能力。
- 定义评估输入。
- 从评估输出推断过程相关的风险。
- 过程改进的步骤。
- 过程能力测定的步骤。
- 评估输出分析的可比性。

7.3.2　ISO/IEC 15504 的过程类别

ISO/IEC 15504 中的参考模型由过程维和过程能力维两方面来描述。过程维考察过程的目标(过程的最基础的可度量目标),及其可用于表示过程成功与否的预期结果。过程能力维考察一系列过程属性、对任何过程的适用性以及管理过程和提高过程能力时所必需的可度量特征。

ISO/IEC 15504 中考察的过程与 ISO/IEC 12207 中覆盖的过程的内涵与外延相同,但 ISO/IEC 15504 中的参考模型把这些过程按照所从事的活动不同划分为 5 个类别:

- 用户-供应商过程类(CUS)
- 工程过程类(ENG)
- 支持过程类(SUP)
- 管理过程类(MAN)
- 组织过程类(ORG)

每个过程类都包含多个过程。这种分类及过程的工作通常由从事获取、供应、开发、维护和实施的企业,严格遵循 ISO/IEC 12207 中关于软件生存周期过程的有关规定来进行。每个过程的定义都应包含两个部分,一是对过程目的描述,二是包括一条或多条关于目的的更进一步的解释说明。目的陈述是在一个较高的层次上对过程实施的全局目标进行描述,此外还会采用通常的术语描述过程得以有效完成后将会带来的可能的结果。注释提供了关于过程的更进一步的信息,它与 ISO/IEC 12207 中定义的过程以及其他过程间的关系也都包括在参考模型中。

1. 用户-供应商过程类(CUS)

该类别中包括直接影响客户的过程,其中包括为客户开发、发布以及正确使用软件所提供的支持。在 CUS 中共包括了 5 种过程:软件获取、客户需求管理、软件供应、操作软件以及提供客户服务。

(1) CUS1：软件获取

- 目的：提供或生产出满足客户要求的产品与服务。获取过程是以客户(获取者)为主导的。过程的开始以确认客户的需求为起点,以客户对产品或服务的认同与接受为终点。

- 期望的输出：过程的成功实施会导致最终生成一个明确的合同或条约。在合同中会清楚地描述出客户与供应方的预期期望、职责与义务。合同还会对供应方所生产或提供的产品以及服务有相应的详细定义和说明,以便满足客户的需求。对客户的需求要进行有效的管理,这样才能对过程进行控制与管理(如对成本、计划以及质量的监控)。

(2) CUS2：客户需求管理

- 目的：为了在整个软件生存周期内对客户不断变化的需求加以收集、处理和跟踪；为了建立软件需求基线,以便作为项目中软件产品以及活动的基准；为了管理客户需求的变更。

- 期望的输出：过程的成功实施会带来如下结果：
  - ➢ 与客户建立明确和永久的联系。
  - ➢ 详细描述并记录已达成协议的有关客户需求,并对客户需求的变更加以管理。
  - ➢ 建立客户需求管理,以使项目组作为日后工作的基准。
  - ➢ 建立专门的机制,用来监控不断变更的客户需求。
  - ➢ 建立专门的机制,以确保客户能方便地了解需求的状态并控制需求的实施。

(3) CUS3：软件供应

- 目的：按客户的要求对软件进行包装、发布与安装；确保按事先规定的要求发布软件。

- 期望的输出：过程的成功实施会带来以下几方面的影响：
  - ➢ 确保包装、发布以及安装软件的有关要求。
  - ➢ 软件的包装将有利于软件更有效地被安装与使用。
  - ➢ 软件的质量将达到需求中所规定的水平并被成功地发送到客户处,最后按要求完成软件的安装。

(4) CUS4：操作软件

- 目的：实现软件可以在安装环境下在指定的时间内被正确有效地加以使用。

- 期望的输出：过程的成功实施会带来以下几方面的影响。
  - ➢ 确定和管理由于引入并发操作软件而带来的操作上的风险。
  - ➢ 按要求的步骤和在要求的操作环境中运行软件。
  - ➢ 提供操作上的技术支持,以便解决操作过程中出现的问题,处理用户的询问与请求。
  - ➢ 确保软件有足够的能力满足用户的需求。

(5) CUS5：提供客户支持

- 目的：建立并维护不同级别的服务体系，帮助客户有效地使用软件。
- 期望的输出：过程的成功实施会带来以下几方面的影响。
  - ➢ 基于实施情况确定客户所需要的支持服务。
  - ➢ 针对客户对产品本身以及相应支持服务的满意度进行持续的评估。
  - ➢ 通过提供适当的服务来满足客户的需求。
  - ➢ 确保软件有足够的能力满足用户的需求。

2. 工程过程类（ENG）

该类指的是那些直接定义、开发并维护系统、软件产品和相应用户文档的过程。如果系统只是由软件构成，则工程过程只是与软件的建立和维护有关。工程过程类共包括 7 个过程：系统需求开发和设计、软件需求开发、软件设计、软件实现、软件集成与测试、系统集成与测试、系统与软件的维护。

(1) ENG1：系统需求开发和设计

- 目的：建立系统需求（功能性需求和非功能性需求）和体系结构。确定如何把系统需求分配给系统中的不同元素，确定哪些应该实现。这个过程由一组代表系统不同组件的成员所组成，如其中包括的成员有使用者、客户、硬件专家和软件工程师等。
- 期望的输出：过程的成功实施会带来以下几方面的结果：
  - ➢ 开发符合客户要求的系统需求。
  - ➢ 提供有效的解决方案以便确定系统中的主要元素。
  - ➢ 将定义的需求分配给系统中的每个元素。
  - ➢ 制定相应的版本发布策略，以确定实现系统需求的先后次序。
  - ➢ 将需求、可能的解决方案向与此有关的部门、成员通报并加以交流。

(2) ENG2：软件需求开发

- 目的：建立系统的软件组件需求。
- 期望的输出：过程的成功实施会带来以下几方面的结果。
  - ➢ 确定分配给系统中各软件组件的需求，确定符合客户要求的界面。
  - ➢ 开发出经过分析的、正确的并且可以测试的软件需求。
  - ➢ 了解软件需求对操作环境的影响。
  - ➢ 制定相应的软件开发策略以确定软件需求实现的优先次序。
  - ➢ 确定软件需求并对其进行必要的更新。
  - ➢ 与可能受影响的其他部门就需求进行沟通。

(3) ENG3：软件设计

- 目的：设计出满足需求并且可以依据需求加以测试的软件。
- 期望的输出：过程的成功实施会带来以下几方面的结果。

➢ 设计出描绘主要软件组件的体系结构,这些组件可以满足有关的需求要求。

➢ 为每个软件组件定义内部和外部的接口。

➢ 进行详细设计来描述软件中可构建和可测试的单元。

➢ 在软件需求与软件设计之间建立跟踪机制。

(4) ENG4:软件实现

• 目的:开发出运行的软件单元,并检验其是否与有关的设计思想一致。

• 期望的输出:过程的成功实施会带来以下几方面的结果。

➢ 根据需求制定出所有软件单元的验证准则。

➢ 实现设计中定义的所有软件单元。

➢ 根据设计完成对软件单元的验证。

(5) ENG5:软件集成与测试

• 目的:集成软件单元以形成符合软件需求的软件。

• 期望的输出:该过程由个体或团队逐步实施。过程的成功实施将获得如下结果:

➢ 根据软件发布原则制定出软件单元的集成策略。

➢ 根据分配给软件单元的需求制定出相应的集成验收准则。

➢ 根据所定义的验收准则验证集成的软件。

➢ 记录测试结果。

➢ 为由于软件组件修改所造成的再次集成制定相应的回归测试策略。

(6) ENG6:系统集成与测试

• 目的:将软件中的组件与其他诸如手工操作以及硬件设备集成在一起,以便生产出符合系统需求的完整系统。上述过程是由专门的一组人员逐步实施的,且其中应有一名软件专家。

• 期望的输出:过程的成功实施会带来以下几方面的结果:

➢ 根据版本发布策略建立一个用于构建系统单元的集成计划。

➢ 根据分配的系统需求制定集成的验收准则。

➢ 根据已定义的验收准则验证系统的集成。

➢ 根据系统需求构建集成的系统(功能性的、非功能性的、操作方面的、一级维护方面的)。

➢ 记录测试结果。

➢ 制定回归测试策略,以便对由于组件变更造成的系统集成变化进行再次测试。

(7) ENG7:系统与软件的维护

• 目的:管理系统中组件的变更、移植与放弃(如硬件、软件、操作手册、网络等部分),以便对用户的有关要求做出反映。原始的需求可能来源于一个已发现的问题或者是由于改进引起的需求。过程的目的是在保持企业操作完整性的前提下,对现有的系统或软件进行修改或舍弃。

- 期望的输出：过程的成功实施会带来以下几方面的结果：
  - ➢ 确定组织、操作以及接口对现行系统的影响。
  - ➢ 更新说明书、设计文档以及测试计划。
  - ➢ 开发发生变更的系统组件，同时更新有关的文档与测试，以确保对系统需求的满足。
  - ➢ 移植系统与软件，以满足用户运行环境的要求。
  - ➢ 尽量减少影响用户使用的那些软件与系统。

3. 支持过程类(SUP)

该类过程可以在软件生存周期中随时为其他过程所使用(包括其他支持过程)。支持过程类包括 8 个过程：开发文档、实施配置管理、实施质量保证、验证工作产品、确认工作产品、进行联合评审、进行审核、解决问题。

(1) SUP1：开发文档

- 目的：开发并维护用于记录产品开发过程或过程中的有关活动信息的文档。
- 期望的输出：过程的成功实施会带来以下结果：
  - ➢ 定义所有与过程或项目有关的文档。
  - ➢ 详细说明所有文档的内容与目的以及有关的输出产品、计划和进度。
  - ➢ 明确文档开发中所采用的标准。
  - ➢ 按定义的标准和已确定的计划发布所有文档。
  - ➢ 按已定义并明确说明的准则维护所有的文档。

(2) SUP2：实施配置管理

- 目的：建立并维护与过程或项目有关的所有工作产品的完整性。
- 期望的输出：过程的成功实施会带来以下结果。
  - ➢ 标识、定义并对过程或项目中所生成的所有有关内容进行基线化。
  - ➢ 控制更改与发布。
  - ➢ 记录并报告配置项的状态以及变更过的需求。
  - ➢ 确保配置项的完整性与一致性。
  - ➢ 控制配置项的存储、处理与分发。

(3) SUP3：实施质量保证

- 目的：确保过程或项目中的工作产品以及活动都遵循相应的标准、规程与需求。
- 期望的输出：过程的成功实施会带来以下结果。
  - ➢ 针对过程或项目确定质量保证活动、制定出相应的计划与进度表。
  - ➢ 确保质量保证活动有关标准、方法、规程与工具。
  - ➢ 确定进行质量保证活动所需的资源与职责。

> 有足够的能力确保质量保证活动独立于管理者以及过程实际执行者之外,确保职责能得到贯彻实施。
> 在与相关计划进度保持一致的前提下,实施所制定的质量保证活动。

(4) SUP4:验证工作产品

- 目的:确认过程或项目中的每个工作产品都正确地反映有关的需求。
- 期望的输出:过程的成功实施会带来以下结果。
> 确定针对所有需要验证的工作产品制定的准则。
> 实施必要的检验活动。
> 有效地从项目所生产出来的工作产品中寻找并去除缺陷。

(5) SUP5:确认工作产品

- 目的:确认对使用某工程产品的具体需求能够满足。
- 期望的输出:过程的成功实施会带来以下结果。
> 为所有需求建议确认的工作产品制定的准则。
> 实施必需的确认活动。
> 提供有关证据以便证明生产或开发出的工作产品满足指定的需求。

(6) SUP6:进行联合评审

- 目的:根据合同的目标,与客户就工作内容与开发进度达成共识,以确保能够开发出令客户满意的产品。
- 期望的输出:过程的成功实施会带来以下结果。
> 与客户、供应商以及其他涉众一起对过程活动的产品以及状态进行评估。
> 为联合评审的实施制定相应的计划与进度。
> 跟踪评审活动直至结束。

(7) SUP7:进行审核

- 目的:采取独立的形式对产品以及所采用的过程加以判断,以确定其是否符合特定需求。
- 期望的输出:过程的成功实施会带来以下结果:
> 判断是否与指定的需求、计划以及合同一致。
> 由适合的、独立的一方来安排对产品或过程的审核工作。

(8) SUP8:解决问题

- 目的:确保所有发现的问题都已经分析并得到解决,并预测其发展趋势。
- 期望的输出:过程的成功实施会带来以下结果。
> 提供及时的、有明确职责的以及文档化的方式,以确保所有发现的问题都经过相应的分析并已得到解决。
> 提供一种相应的机制,以便对所发现的问题加以识别并根据相应的趋势采取行动。

4. 管理过程类(MAN)

管理过程类包括具有普遍性的实践活动。管理项目的所有管理者都可能会使用这些实践活动。该类包括项目管理、质量管理、风险管理以及子合同商管理 5 个过程。

(1) MAN1：项目管理

- 目的：定义协调管理项目及生产所需资源的必须的过程。
- 期望的输出：过程的成功实施会带来以下结果。
  - ➢ 定义出项目的工作范围。
  - ➢ 对任务以及完成任务所需的资源进行规模估计、制定计划、进行跟踪和度量。
  - ➢ 确定和管理项目内不同元素之间、项目与项目之间及组织单元之间的接口。
  - ➢ 当项目目标未能完成时要采取相应的纠正措施。

(2) MAN2：质量管理

- 目的：对项目产品和服务的质量加以管理，确保能够使客户满意。此过程包括在项目以及组织一级建立对产品和过程质量管理的关注。
- 期望的输出：过程的成功实施将产生以下结果。
  - ➢ 以客户的质量要求为基础，为项目软件生存周期内不同的检查点确立相应的质量目标。
  - ➢ 定义度量标准并加以检查，以便在项目生存周期中的不同检查点评估有关内容是否达到了相应的质量目标。
  - ➢ 为了软件工程的需要，系统地指出良好的实践经验，并将它们集成进所采用的软件生存周期模型中。
  - ➢ 实施已经定义的质量活动并确认活动的执行情况。
  - ➢ 未能达到质量目标时要采取相应的纠正措施。

(3) MAN3：风险管理

- 目的：在整个项目的生存周期内持续地识别、分析、处理和监控各种风险。要在项目级别和组织级别上对风险进行集中管理。
- 期望的输出：过程的成功实施会带来以下结果。
  - ➢ 确定项目要实施风险管理的工作范围。
  - ➢ 确定、实施、评估合适的风险管理策略。
  - ➢ 对风险进行分析，确定相应的优先级，以便提供相应的资源处理风险。
  - ➢ 确定并使用与风险度量相关的标准，对风险状态的改变以及管理活动的实施情况进行度量。
  - ➢ 未能达到预期结果时要采取相应的纠正措施。

(4) MAN4：子合同商的管理

- 目的：选择合格的子合同商并对他们进行管理。

- 期望的输出：过程的成功实施将产生以下结果。
  - ➢ 对要转包给子合同商实施的工作进行描述。
  - ➢ 通过评估子合同商完成指定软件功能的能力,判断其是否具有相应的资格。
  - ➢ 选择合格的子合同商去完成合约中规定的内容。
  - ➢ 建立并管理与子合同商之间的承诺。
  - ➢ 在技术发展方面与子合同商定期进行交流。
  - ➢ 依据相互认可的标准与规程对子合同商所完成的工作加以评估。
  - ➢ 对子合同商提交的产品与服务的质量加以评估。

5. 组织过程类(ORG)

组织类过程是指可以帮助组织达到商业目标的过程,其中包括商业目标的建立以及组织内部项目组所用到的开发过程、产品和资源财富。虽然企业的运作比软件工程过程有着更广泛的范围,但软件工程过程也要在特定的商业环境下实施。因为如果要保证过程更加有效,必须要有一个合适的企业环境。

这些组织过程建立起了组织的过程架构,从而可以充分利用组织中任何可利用的资源(有效的过程、先进的技术、高质量的代码、良好的工具等)并使这些资源与所有需要的团队或部门共享。组织过程类包括业务规划(Engineer the Business)、定义过程、改进过程、提供有技能的人员、提供软件工程架构 5 个过程。

(1) ORG1：业务规划

- 目的：为组织和项目成员提供对远景的描述以及企业文化的介绍,从而使他们能更有效地工作。虽然业务再造与全面质量管理比软件工程过程的范围要更广泛,但软件工程过程改进也需要在特定的组织环境中进行,因此软件工程过程改进的成功实施必须依从于相应的商业目标。
- 期望的输出：过程的成功实施会产生以下结果。
  - ➢ 定义出商业方面的远景规划、使命、目的与目标,并使全体成员对此都有所了解。
  - ➢ 激励每位成员,确保他们每个人都有明确定义的工作并确保他们的工作促进最终商业目标的实现。

(2) ORG2：定义过程

- 目的：建立一个可重复使用的过程定义库(包括标准、步骤以及模型),从而有利于对软件工程以及管理过程(所有在参考模型中涉及的过程)的可重复实施提供支持。
- 期望的输出：过程的成功实施会产生以下结果。
  - ➢ 已经存在一套具有良好定义并被有效维护的过程标准,可以作为每一种过程应用的指示器。
  - ➢ 确定具体的活动、任务以及与标准过程相关的产品,同时还有预期的性能特征。

➢ 根据项目的要求,剪裁标准过程,以便在每个项目中实施特定的过程。

➢ 收集具体项目在使用有关过程时的相关信息与数据,保存并维护过程数据库。

（3）ORG3：改进过程

• 目的：为满足商业需要,持续地改进组织过程,以便提高其效率与有效性。

• 期望的输出：过程的成功实施将会产生以下结果。

➢ 了解组织中标准软件工程过程的强项与弱项。

➢ 采用可控的方式改进标准过程,以便获得预期的效果。

➢ 在组织内,通过协作的方式,制定过程改进活动计划并监控活动的执行效果。

（4）ORG4：提供有技能的人员

• 目的：在组织内,为项目组提供具备相应过程所需能力的合适人选。这些人能够有效地完成分配的任务,并能与团队协同工作。

• 期望的输出：过程的成功实施会产生以下结果。

➢ 确定组织以及项目运作时所需的角色与技能。

➢ 建立正式的规程,对员工的才能进行开发和遴选,使员工的才能在企业中能够得到最好的发挥和利用。

➢ 设计并实施相应的培训,以便所有成员都具备完成各自任务所必需的技能。

➢ 确定、招募和培训有关人员,这些人员具有一些必需的技能,从而适合担当组织和项目中的一些角色。

➢ 对成员与团队之间有效的互动提供支持。

➢ 收集整理有关技能,以便在成员之间共享和更有效地协同工作。

➢ 制定客观的准则并以此度量团队以及个人的工作业绩,同时提供相应的实施反馈信息并不断增强实施的能力。

（5）ORG5：提供软件工程架构

• 目的：提供一个稳定可靠的环境,在此环境中集成了一系列为组织内项目组所使用的软件开发环境与工具。此架构与已经定义的过程保持一致。

• 期望的输出：过程的成功实施会产生以下结果。

➢ 存在一个定义良好的、已存在的并被维护的软件工程环境。

➢ 与已存在的标准过程一致并为其提供支持,其中包括重用性、实用性以及安全性。重用性可确保组织与项目数据的完整。

➢ 软件工程环境可根据项目以及项目团队的要求加以剪裁,以便根据具体情况更有效地实施有关的项目活动。

➢ 定义并发布重用策略。

7.3.3 ISO/IEC 15504 的能力等级

ISO/IEC15504 中把过程的能力分为 6 个等级。每个能力等级通过该等级过程所具备的能力特征和属性两个方面来刻画。过程特征可以用来评估过程达到的程度,对过程的能力进行度量。每一个过程属性描述的只是整个过程能力以及过程有效性改进中的一个方面,而过程的目的在于实现相应的过程目标,并为商业目标的实现发挥作用。

1. 第 0 级(不完善的过程)

特征:在这个级别上通常不能成功地实现过程的目标,没有易于标识的过程工作产品或者输出。

属性:此级无属性可言。

2. 第 1 级(已实施的过程)

特征:通常能达到过程的目标,但过程并未遵循严格的计划且未被跟踪。组织中的成员已认识到应该采取行动并对何时以及如何实施行动取得了共识。对于过程来说,有可标识的工作产品,并且可以据此判断是否真正实现了有关的目标。

属性:属性可以表明过程所达到的等级,如 PA1.1 的过程实施属性:过程在多大程度上遵循了在过程定义中业已确定的实践活动。这些实践活动使用可确定的工作产品作为输入,从而建立并加以实施,最终的输出可以标识满足过程目标的工作产品。

3. 第 2 级(已管理的过程)

特征:过程在规定的实践和资源内交付出质量合格的工作产品。根据规程所展开的实施活动是有计划性的,并且是可以被跟踪的。相应的工作产品也符合指定的标准与需求。与"已实施"级的主要区别在于:处在该级别过程,实施是有计划性的、受管理的并且按照已定义的过程发展。

属性:下面的属性可以表明过程所达到的等级。

- PA2.1 的实施管理属性:在规定的时间与要求的资源内,为了生产出工作产品,对有关过程实施管理的程度。
- PA2.2 的工作产品管理属性:为了生产出工作产品,对过程实施管理的程度。在符合工作产品质量目标的前提下,这些工作产品都被文档化且被加以控制以便达到功能性与非功能性方面的要求。

4. 第 3 级(已建立的过程)

特征:通过采用一个基于好的软件工程原则所开发的过程,整个过程被加以实施与管理。每位成员在实施过程时所采用的都是经过证实的被剪裁的标准。实施过程是一个文档化的过程。为建立过程所需的资源也已到位。这一级与"已管理级"的主要区别在于:这一级别上的过程是根据一个标准的过程去制定计划并加以管理的。

属性:下面的属性可以表明过程所达到的等级。

- PA3.1 的过程定义属性：为了使过程能更好地实现商业目标，某个过程的定义在多大程度上是依据一个标准过程导出的。
- PA3.2 的过程资源属性：为了更有效地实现组织所定义的商业目标，过程在多大程度上使用了具有合适技能的人员以及过程架构。

5. 第 4 级（可预测的过程）

特征：为了实现过程目标，已定义的过程在受控的范围内以一致的方式进行实施。因为在实施过程中，收集并分析了详细的度量数据，对过程能力有了定量的了解与掌握，且具备了为达到预期实施效果而加以改进的能力。因此对过程实施情况的管理是客观的，且可通过定量的方式描述工作产品的质量。与"已建立级"相比，二者的主要区别在于：用定量的方式监控已定义的过程。

属性：下面的属性可以表明过程所达到的等级。

- PA4.1 的过程度量属性：为了实现最终目标，过程的目标以及度量在多大程度上支持过程的实施。
- PA4.2 的过程控制属性：通过对度量结果的收集与分析，能够在多大程度以及多大范围内对过程的实施情况进行必要的控制与纠正，其目的是为了更可靠地实现最终目标。

6. 第 5 级（优化的过程）

特征：为了适应当前以及未来商业需要，对过程的实施应进行优化，而在达到所规定的商业目标的同时，过程也实现了可重复性。以组织的商业目标为基础，对过程的实施建立起了定量的过程效率以及有效性目标。依据这些目标对过程进行持续的监控，就可以获得定量的反馈信息，而对反馈信息的分析又可以帮助达到改进的目标。过程的优化包括了对创新思想以及新技术的引入与管理，根据已确定的目的与目标抛弃或改进无效或低效的过程。与"可预测级"相比，二者的主要区别在于：已定义过程以及标准过程始终处于持续不断的改进与提炼中，这都是在对变革可能造成影响的量化理解之上进行的。

属性：下面的属性可以表明过程所达到的等级。

- PA5.1 的过程变更属性：为了更好地实现组织的商业目标，对过程定义、管理以及实施的变更程度有多大。
- PA4.2 的持续改进属性：对过程的变更在多大程度上是可确定并且可完成的。这些变更的目的在于持续地进行改进，以便实现组织业已制定的商业目标。

7.3.4　ISO/IEC 15504 的能力度量

过程属性代表了过程能力等级的可度量特征。ISO/IEC 15504 中提供了 9 个过程属性:过程实施、过程管理、工作产品管理、过程定义、过程资源、过程度量、过程控制、过程修改和持续改进。过程属性达到的能力又可划分为 4 个级别:N(未达到)、P(部分达到)、L(大部分达到)和 F(全部达到)。有了以上各项,就可以给出能力等级的划分,如表 7-7 所示。

表 7-7　ISO/IEC 15504 过程能力等级划分列表

量　度	过程属性	等　级
第 1 级	① 过程实施	大部分或全部
第 2 级	① 过程实施	全部
	② 实施管理	大部分或全部
	③ 工作产品管理	大部分或全部
第 3 级	① 过程实施	全部
	② 实施管理	全部
	③ 工作产品管理	全部
	④ 过程定义	大部分或全部
	⑤ 过程资源	大部分或全部
第 4 级	① 过程实施	全部
	② 实施管理	全部
	③ 工作产品管理	全部
	④ 过程定义	全部
	⑤ 过程资源	全部
	⑥ 过程度量	大部分或全部
	⑦ 过程控制	大部分或全部
第 5 级	① 过程实施	全部
	② 实施管理	全部
	③ 工作产品管理	全部
	④ 过程定义	全部
	⑤ 过程资源	全部
	⑥ 过程度量	全部
	⑦ 过程控制	全部
	⑧ 过程修改	大部分或全部
	⑨ 持续改进	大部分或全部

由此,可以按过程能力等级的划分,对一个过程实例进行评价,也可以对多个过程实例进行评价。当对多个过程实例进行评价时,应给出实例的个数、每个实例的能力等级、不同等级分布,以及不同等级对整体情况的影响等。

7.3.5　ISO/IEC 15504 的应用

ISO/IEC 15504 作为软件工程过程评估的国际标准,为指导软件工程过程评估提供了一个基本的框架,任何组织都可以用此框架针对软件的获取、供应、开发、运行与维护进行相应的计划、管理、监控与改进。此标准提供了一个有组织的、结构化的方法去实施软件工程过程的评估,从而可以达到下列目的:

- 亲自或委派代表去了解组织当前的实施状况以便进行过程改进。
- 为了一个或者一类特殊的需求,亲自或委派代表对当前过程的适用性进行判断。
- 为了一个或者一类特殊合同,亲自或委派代表对其他组织的过程适用性进行判断。

进行评估时所处的环境会对评估本身的计划与活动产生一定的影响。

1. 目标用户

作为一个国际标准,ISO/IEC 15504 最初就被设计成用于满足获取者、供应商、评估者等各自不同的需要。ISO/IEC 15504 在对评估操作进行指导时主要是从下列几个方面进行的:

- 评估小组:使用有关文档以便为评估做准备。
- 评估参与者:借助有关文档以增强对评估以及评估结果的理解。
- 组织内的所有成员:需要了解实施过程评估的详细细节以及它所带来的好处。
- 工具与方法开发者:希望开发出支持过程评估模型的工具或方法。

评估的基本输入源于商业目标→商业目的→评估范围→职责的分配。ISO/IEC 15504 可以为下列不同类型的用户所使用:

- 获取者,ISO/IEC 15504 提供了对供应商当前和潜在软件工程过程能力进行判断的能力。
- 供应商,ISO/IEC 15504 提供了对自身当前或潜在软过程能力进行判断的能力,提供了确定软件工程过程改进领域以及优先级的能力。作为一个框架,它还给出了进行软件工程过程改进的步骤。
- 评估者,ISO/IEC 15504 提供了一个框架,该框架对进行评估时涉及的方方面面给出了详细说明。

2. 评估过程

根据 ISO/IEC 15504 进行的过程评估过程如下:

(1) 计划阶段:该阶段主要包括检查评估输入、选择过程实例和准备评估三个步骤实施。

(2) 数据收集阶段:该阶段收集并验证与实施有关的信息。

(3) 数据分析阶段:该阶段包括确定过程实例的实际等级、确定派生的等级和验证等级三个步骤实施。

(4) 报告阶段:该阶段包括验证等级和展示评估结果两个步骤。

评估中各步骤间的关系如图 7-13 所示。

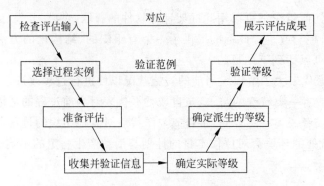

图 7-13　ISO/IEC 15504 中不同步骤间的关系

7.3.6　用 ISO/IEC 15504 开发与之兼容的评估方法

根据评估的商业动机的不同,评估可能会在下列两种情况下发生:软件工程过程改进或者软件工程过程能力评定。在软件工程过程改进时,根据被选中过程的能力,过程评估可以判断当前组织单元的实践活动的特点。通过对结果的分析,可以确定过程中的强项、弱项以及内在风险,从而可以判断过程是否能有效地实现其目标,判断导致产品质量低下的主要原因,判断是否存在时间超期、支出超额等问题。评估可以为软件工程过程改进活动优先级的确定提供相应的基础与依据。在确定过程能力时,评估所关心的是通过与目标过程能力模型的对比分析,得到被评估过程的能力,从而确定如果使用被评估的过程来实现有关项目时的风险情况。

与其他标准一样,ISO/IEC 15504 本身并不是一种评估方法,它更像是评估方法所要满足的需求集合以及指导集合。如果评估方法是以这些需求为基础并且保持与需求一致的话,就可以认为此评估方法是与 ISO/IEC 15504 兼容的评估方法。ISO/IEC 15504 说明了开发此类兼容评估方法的指导原则,可通过不同的方法获取相似的结果。

从本质上说,ISO/IEC 15504 模型是从更高层次上对评估模型的抽象。可以将其看做"元模型",即它可以作为开发过程评估模型的基础。在 ISO/IEC 15504 中提供了基于此标准开发评估模型的有关指导,即标准中的"一致性指导"。

图 7-14 描述了基于 ISO/IEC 15504 并使用"一致性指导"以及组织特定的需求开发特定评估方法的情况。

ISO/IEC 15504 的核心是要解决评估标准的统一问题,即获得一个可比较的一致性的评估结果。一个与 ISO/IEC 15504 兼容的评估需要具备以下特点:

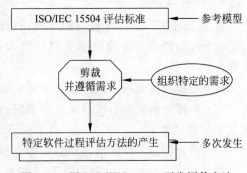

图 7-14　用 ISO/IEC 15504 开发评估方法

- 由符合 ISO/IEC 15504 标准要求的评估小组实施评估。
- 使用的评估过程至少应该符合标准中的有关要求。
- 要以一系列实践活动为基础,这些实践活动至少应包括标准中为被评估过程所定义的有关实践活动。
- 使用的评估过程至少应该具备 ISO/IEC 15504 标准中所定义的特征。
- 应能够提供一份最终结果,其格式应符合 ISO/IEC 15504 标准中关于过程描述格式的定义。
- 保留客观的可以作为评判是否实现上述条件的客观依据。

"一致性"的意图在于最大限度地保证评估过程的客观性,从而确保评估结果是可重复的和可比较的。通过下列措施可以实现这个目的:

- 采用一个具有清晰定义的过程。
- 确保评估小组成员具有必要的技能并可遵循这些原则。
- 根据一系列已定义的客观基准,对过程的适合性加以判断。

过程的综合性以及复杂性取决于过程本身。如,一个仅有 5 名成员的项目团队在计划方面的要求肯定要比一个由 50 个人构成的项目团队的要求少许多。对一名合格的评估员来说,过程内容的不同会影响到他对于实践活动的判断,并且会影响到不同过程描述之间的可比较性。

7.4　评估模型的发展

7.4.1　各种模型的比较

前面介绍了 ISO 9001、CMM/CMMI 和 ISO/IEC 15504 三个典型的软件评估模型。它们关注的核心都是软件质量管理和软件工程过程管理,从表 7-8 可以看出,CMM、CMMI、ISO/IEC 15504 三个模型的过程能力等级划分基本相同。

表 7-8　CMMI、CMM、ISO/IEC 15504 模型的等级名称的对应关系

Level	CMM	CMMI(分级式)	CMMI(连续式)	ISO15504
5	优化中	优化中	优化中	优化中
4	已管理	定量管理	定量管理	可预测
3	已定义	已定义	已定义	已建立
2	可重复	已管理	已管理	已管理
1	初始级	初始级	已执行	已执行
0			未完成	未完成

但这三类模型的侧重点还是有很大不同：

- CMM/CMMI 与 ISO 9001 标准相比最大的不同是 CMM 强调的是持续的过程改进；而 ISO 9000-3 涉及的是可接受的质量体系最低标准。
- CMM 与 ISO/IEC 15504 相比，CMM/CMMI 中关注能力等级是针对每个软件组织的，即是组织级别的软件成熟度情况。而 ISO/IEC15504 中的能力等级是针对每个过程的。
- ISO/IEC 15504 中描述的框架提供了对评估范围进行调整的可能，从而可以将精力集中到感兴趣的特定过程而不是组织用到的所有过程中。

7.4.2　ISO/IEC 15504 标准发展趋势

ISO/IEC 15504 标准起步较晚并且建立了"统一标准"的指导思想，这使它具备了许多优点：首先，ISO/IEC 15504 标准注意吸收各种已有模型的优势，取长补短，强调其与各种模型的兼容，同时经过十多年的广泛试验，保证了其很强的实用性；其次，ISO/IEC 15504 标准比 CMMI 模型更加开放，它允许附带外部过程参考模型（PRM）和过程评估模型（PAM），并按照这些模型实施改进和评估，因此比 CMMI 模型更加灵活和实用；再次，ISO/IEC 15504 标准不仅可用于软件工程过程改进领域，也可扩展运用到其他信息技术相关的过程领域。

ISO/IEC 15504 标准中的实施过程评估部分的参考模型引入了 ISO/IEC 12207 标准及其最新修订成果，不但支持传统的生存周期模型（如瀑布模型），还为不断涌现的新的生存周期模型（如敏捷过程模型）等预留了切入点。ISO/IEC 15504 标准框架还兼容了 ISO 9001：2000 标准，这也为已通过 ISO 9001 标准的软件企业实施过程改进和评估带来了很大便利。2008 年公布的 ISO/IEC 15504 标准第六部分——系统过程评估，则与系统工程过程生存周期标准 ISO/IEC 15288 结合，使标准自然扩展到系统工程领域，覆盖包括硬件在内的整个系统开发。

由于 ISO/IEC 15504 标准更加开放和集成，使其备受产业用户的欢迎。许多对软件开发或过程改进有特殊要求的行业都开始建立自己行业特定的 ISO/IEC 15504 标准，其中包括汽车业的 Automotive SPICE、航天业的 S4S，医疗仪器业标准也在制定当中。这些行业都是对软件质量要求非常高的行业，其中航天 ISO/IEC 15504 标准 S4S 得到欧洲航天局的推崇和支持，其特色部分是风险管理。

ISO/IEC 15504 标准的开放性特点使它很容易吸引用户的参与和支持。ISO/IEC 15504 标准还在不断地演进和扩展，最近几个值得关注的进展是：

1. ISO/IEC 15504 标准在金融行业异军突起

2008 年，国际上发起研发银行 ISO/IEC 15504 标准，动议起自 2006 年在卢森堡召开的

ISO/IEC 15504 国际会议。2008 年金融行业正式启动了吸引国际性参与、建立开放的创新框架、关注创新服务的管控,它包括 5 个方面:服务创新管理、可信任服务、推广服务、服务运行与管理、知识密集服务。

2. ISO/IEC 15504 标准对安全性的重视和集成

关键产品的功能安全越来越受到关注,这方面已有国际性标准 IEC 61508,此标准是通用的,与领域无关。ISO/IEC 15504 标准则提出了许多领域所特定的安全标准,在汽车领域有 ISO WD 26262,其他领域包括航空航天、医疗仪器、铁路、财务等,特定的标准被用来规定和评审安全需求、评价过程的合适性、确定 SIL(Safety Integrity Level)等级、提供人员培训参考等。由于 ISO/IEC 15504 标准是一个更具开放性的标准,目前欧洲正在研究如何将汽车 ISO/IEC 15504 标准与 ISO WD 26262 安全评估集成起来,其中一个研究计划是 SOQRATES,有 20 多个德国领头企业参加。

3. 建议开发企业 ISO/IEC 15504 标准

此项目由 2006 年卢森堡 ISO/IEC 15504 国际会议发起,2007 年在韩国首尔 ISO/IEC 15504 国际会议上正式启动。该项目的动因是企业在实施业务过程改进时会面临众多模型和标准的困扰,如 ISO9000、ITIL、Baldrige、COSO、COBIT 等。这些模型内容上互相重叠,结构和术语上却不一致,这加重了企业在应用和实施方面的负担。为此,美国联邦航空委员会(FAA)曾开发了一个集成能力成熟度模型 iCMM。新动议的目标就是通过国际合作建立企业 SPICE 标准,集成各种业务过程改进模型及标准。迄今已有来自 27 个国家的 90 名专家参与此项活动,形成了一个世界级的团队。

4. IT 服务管理集成是最新趋势

2007 年 7 月 TC1/SC7 WG25 提出了一个 20000-4 项目,与 ISO 20000 标准结合,研发适合 ITSM/ITIL 的过程参考模型 PRM。此标准预计在 2009 年下半年完成,有关 ISO 20000 的过程评估模型 PAM 和 ISO 15504-8 标准将在 2010 年完成。

5. ISO/IEC 15504 标准在中小型企业中的成功应用经验

ISO/IEC 15504 标准已在中小型企业中应用,取得许多宝贵的成功经验,被称为是 SPICE for Small Organizations,这对中国广大的中小软件企业特别有参考价值。

迄今已有超过 4000 家企业接受 ISO/IEC 15504 标准的评估。ISO/IEC 15504 标准过去在名声上不及 CMMI/CMM 模型的原因之一是 CMM 模型在市场上起步较早,抢得一些先机;原因之二可能是因为 ISO/IEC15504 标准文件不能像 CMMI/CMM 模型那样可以免费从网络下载,而必须从 ISO 组织购买。但考虑作为一个正式国际标准,加上行业用户的积极支持,它今后的影响力将不可忽视。中国不应无视这方面的发展,否则将丢失一大片市场和合作的机会。

有关 ISO/IEC 15504 标准的技术传播和认证由国际组织"国际评估师认证计划"负责。它是由开发和推广 ISO/IEC 15504 标准的专家委员会组成,与产业界、咨询和培训机构、大学及研究所建立了广泛的联系与合作,它相当于 CMMI/CMM 模型实施中 CMU/SEI(美国卡内基梅隆大学软件工程研究所)的地位。为便于企业认定能力成熟度的需求,ISO/IEC 15504 标准也在考虑建立等级模型,它将成为 ISO 15504 的第七部分。

7.5 本章小结

软件开发活动多少会涉及显式的软件工程过程。软件工程过程评估指定义组织使用的过程模型,然后把那个过程与一个参考过程进行比较,目标是采取措施改进组织过程。过程评估可以在各种形式水平上进行,如:一个团队可以举行一次有关改进软件实践的会议;一个专门的小组可以为了改进过程而聚在一起;为了帮助组织实现认证,也可以雇请独立的评估人员执行正式的评审。所有这些评估方法的目的都是更好地定义软件工程过程模型并对它进行改进。

在执行大多数过程评估时,通过比较组织模型中描述的实践与参考过程模型中描述的实践,以确认组织模型采用的实践。评估人员可以使用调查表、现场访问以及协商,以收集有关当前时间和正在生产的制品质量的信息,以及有关软件开发者与软件工程过程模型结合的信息。

通常,一次评估强调软件工程过程的一个主要方面。如使用 ISO9001 标准执行的评估强调管理和实现,而 CMM/CMMI 参考过程模型评估大多强调软件开发过程的实现和管理。ISO/IEC 15504 则更强调企业内项目级或产品线级别的软件工程过程执行情况。选择合适的参考过程模型并根据它评估组织级、项目级或产品线级别的过程,这对于评估的成功以及软件开发过程的改进都是极为重要的。

过程评估可以确认一个组织知道软件开发所用的各种实践。认证进一步证实这些活动符合参考过程模型。同时,无论是过程评估还是过程认证都没有太多地涉及各种过程活动的效率。

大量事实表明:建立在全面质量管理(TQM)或持续过程改进基础上的系统开发本质是一样的。许多跨国公司,如美国波音,以军用标准为基础,开发了内部标准,同时在进一步的软件开发过程中对其标准不断进行改进,建立在这些企业内部标准和商业标准基础上的软件开发系统,经过多年的改进之后,证明是有效的系统。

过程改进评估模型为一个想要改进其软件工程过程的组织提供了很好的指导作用,不过一个组织要想在软件中用好标准必须做好两件事:一是建立或采纳可用标准;二是让用户和开发者都信服标准是有用的。两者相辅相成,缺一不可。

第 **8** 章

敏 捷 过 程

前面介绍的过程倡导的理念是"用最普通的人，做不普通的事"。对于一个大系统，为了达到预期目标，需要做好周密的计划，在阶段、活动和任务的关键点加强评审和辅助性的管理，通过撰写大量的文档来尽量避免交流的歧义性和不确定性。为了保证最终提交物的高质量，在支持过程与辅助工作上花费大量资源，使整个过程显得过于笨重，因此被称为"重量级过程"。如 RUP 对于一个比较正规的产品，要求撰写近百种文档。这对于几个月就要完成的快速开发项目几乎是不可能的事。与此相反，敏捷过程强调短期交付、客户的紧密参与，强调适应性而不是可预见性，强调为当前的需要而不考虑将来的简化设计，只将最必要的内容文档化，因此也被称为"轻量级过程"。敏捷宣言对此过程的核心理念给予了很好的诠释。

8.1 敏捷联盟

2001 年初，由于看到许多公司的软件团队陷入了不断增长的过程的泥潭，一批业界专家聚集在一起概括出了一些可以让软件开发团队具有快速工作、相应变化能力的价值观和原则。他们称自己为敏捷联盟。在随后的几个月中，他们创建了一份价值观声明，即敏捷软件开发宣言。

我们正在通过亲身实践以及帮助他人实践，揭示更好的软件开发方法。通过这项工作，我们认为：

- 个体和交互胜过过程和工具。
- 可以工作的软件胜过面面俱到的文档。
- 客户合作胜过合同谈判。
- 响应变化胜过遵循计划。

虽然右面如过程和工具各项也有价值，但我们认为左面如个体和交互各项具有更大价值。

从上述的价值观中可引出敏捷遵循的12条原则,它们也是敏捷实践区别于重型过程的特征所在。

(1) 最优先要做的事是通过尽早和持续交付有价值的软件使客户满意。

敏捷实践提倡尽早地、经常地进行交付。敏捷者努力在项目开始的几周内就交付一个具有基本功能的系统。然后,努力坚持每两周就交付一个功能渐增的系统。如果客户认为目前系统的功能已经足够了,客户可以把系统投入使用。或者可以简单地选择再检查一遍已有的功能,并指出他们想要做的改变。

(2) 欢迎需求的变更,即使在软件开发的后期。敏捷过程利用项目需求变更来提升客户的市场竞争优势。

敏捷团队以积极的心态拥抱变更。敏捷过程的参与者不惧怕变更,他们认为需求的改变是客户为满足市场需要而做的调整。敏捷团队通过这种变化学到了如何满足市场需要的知识。同时,敏捷团队通过在设计中适时采用面向对象原则和软件模式等技术努力保持软件结构的灵活性,已最小代价应对需求的变化。

(3) 频繁向客户交付可以工作的软件产品,从几周到几个月,交付的时间间隔越短越好。

为帮助客户不断提升市场竞争力,敏捷者主要的关注点是经常性地交付可以满足客户需要的软件,而不是需求规格说明、计划等文档。

(4) 在整个项目开发周期,业务人员和开发团队应该天天在一起工作。

为了对敏捷项目进行持续不断地引导,需要客户与开发团队的能进行有意义的、频繁的交互。正是这种频繁的交流才使得基于文档的交流被弱化。

(5) 围绕被激励起来的个人来构建项目。提供他们所需要的环境和支持,并信任他们能完成好所分配的工作。

在敏捷过程中,人被认为是取得项目成功的最重要因素,而过程、环境、管理等都是次要的。当过程限制了人的能力的发挥时,就必须调整过程。

(6) 在开发团队内部,效率最高、成效最大的信息传递方法是面对面交流。

在敏捷项目中,默认的沟通方式是面对面交谈。也许会编写文档,但不会企图在文档中包含所有的项目信息。敏捷团队不需要书面的规范、书面的计划或书面的设计。如果对于这些文档的需求是迫切并且意义重大的,团队成员可以去编写文档,但是文档不是默认的沟通方式。

(7) 可以工作的软件产品是度量进度的主要标准。

敏捷项目不是根据所处的开发阶段、已经编写的文档的多少或者创建的基础结构代码的数量来度量开发进度,而是通过度量当前软件满足客户需求的数量来度量开发进度。敏捷项目的进度依据向用户交付的功能完成情况来度量开发进度。如只有30%的必须功能可以工作时,才可以确定进度完成了30%。

（8）敏捷过程提倡可持续开发。负责人、开发者和用户应该能够保持一个长期的稳定的开发速度。

敏捷团队希望可持续地向客户交付价值，因此他们非常注意保存团队的激情。他们会测量自己的开发速度，不允许自己过于疲惫。他们不会借用明天的精力来在今天多完成一点工作。他们工作在一个可以使整个项目开发期间保持最高质量标准的速度上。

（9）不断地关注出色的技术与好的设计会增强敏捷能力。

高的产品质量是获得高的开发速度的关键。保持软件尽可能的简洁、健壮是快速开发软件的途径。因此，所有的民间团队成员都致力于编写他们能够编写的最高质量的代码。他们不会制造混乱，然后告诉自己等有更多的时间时再来清理它们。如果他们在今天制造了混乱，他们会在今天把混乱清理干净。

（10）简单——使未完成的工作最大化的艺术——是根本。

敏捷团队用最简单的方法构建与客户当前目标一致的、高质量的系统，不为将来可能出现的问题做预先设计。他们认为只要把今天该做的工作做到最好，明天发生的问题也会很容易解决。

（11）最好的构架、需求和设计源于自组织的团队。

敏捷团队是自组织团队。任务不是从外部分配给单个团队成员，而是分配给整个团队，然后再由团队来确定完成任务的最好方法。

敏捷团队的成员共同来解决项目中所有方面的问题。每个成员都具有所有方面的参与权力。不存在单一的团队成员对系统架构、需求或者测试负责的情况。整个团队共同承担那些责任，每一个团队成员都能够影响它们。

（12）每隔一段时间，团队应反省怎样才能工作得更有效，然后相应地调整自身的行为。

敏捷团队会不断地对团队的组织方式、规则、规范、关系等进行调整。敏捷团队知道团队所处的环境在不断变化，并且知道为了保持团队的敏捷性，就必须要随环境一起变化。

敏捷过程的核心是迭代式地交付价值，它更直接地关注市场/盈利反馈，如图 8-1 所示。无论是客户还是开发团队，其核心是交付价值，即使客户能具备竞争优势的软件产品。因此从计划、分析、设计、编码到测试，到部署后的市场反馈，都紧紧围绕是否给客户带来价值来展开。能达到预期效果就继续不断改进需求、迭代开发、频繁交付，不能达到预想效果，可以进一步改进或快速抛弃。

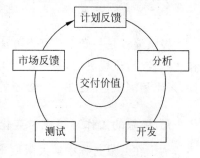

图 8-1 敏捷过程的核心价值

敏捷思想为探索成功的软件开发提供了一条新思路，目前已经出现了许多遵循敏捷思想的敏捷过程，如极限编程（eXtreme Programming，XP）、自适应软件开发（Adaptive Software Development，ASD）、Crystal、Scrum 和特征驱动的开发（Feature-Driven

Development,FDD)。表 8-1 对这些敏捷过程给出了简要描述,其中的 XP 过程最为严谨,Scrum 应用最为广泛。本章后续部分将详细介绍 XP 过程。

表 8-1   敏捷过程实例

方　　法	描　　述
极限编程	是最著名的敏捷过程,它吸取了为 Daimler Chrysler 公司开发一个信息系统的经验,并进行了优化。XP 相当严格,最初要求遵循方法中定义的所有实践。这些实践包括:用户故事、结对编程、简单设计、测试优先和持续集成
自适应软件开发	为了应对业界的剧烈波动和快速业务开发的需要,ASD 提供了一个哲学基础和实践方法,包括:迭代开发、基于特性的计划和领导写作管理风格之中的客户焦点群组评审
Crystal	具有不同的"规范"级别的一个方法系列,级别的规定基于团队的规模和项目的危险度。其中的实践来自于对敏捷、计划驱动方法以及心理学和组织化开发的研究
Scrum	更像是一种管理技术,Scrum 项目被划分成 30 天的迭代周期。在迭代周期中要实现指定数目的需求,这些需求存在于一个已确定好优先级的后备任务列表(back-log)中。每天有一个 15 分钟的"会议"进行协调
特征驱动的开发	一个非常轻量的基于架构的过程方法,首先要建立一个总的对象架构和特征点列表。然后,开始基于特征点进行设计和构建。保留首席架构师和首席程序员的角色。其中会大量使用到 UML 或者其他的面向对象设计方法

8.2　XP 概述

极限编程是一套软件开发方法,由一系列与开发相关的规则、规范和惯例组成。其规则和文档较少,流程灵活,易于小型开发团队使用。XP 认为软件开发有效的活动是需求、设计、编码和测试,并且在一个极限的环境下使它们发挥到极致,做到最好。

1. 极限的工作环境应付变化的环境

为了在开发过程中最大限度地实现客户和开发人员的基本权利和义务,XP 要求把工作环境也做到最好。每个参加项目开发的人都将担任一个角色,并履行相应的权利和义务。所有人都在同一个开放的开发环境中工作,最好是所有人在同一个大房子中工作,还有茶点供应。每周工作 40 小时,不提倡加班。每天早晨,所有人一起站着开个短会。墙上有一个大白板,所有的叙事卡、类-指责-协作卡(CRC)等都贴在上面,讨论问题的时候可以在上面写写画画。

2. 极限的需求

客户作为项目组的一员从项目计划到验收一直起着很重要的作用。开发人员和客户一起,把各种需求变成一个个小的用户故事,如"计算年级的总人数,就是把该年级所有班的人数累加";这些用户故事优惠根据实际情况被组合在一起,或者被分解成更小的模块;它们都被记录在一些叙事卡上,分别被程序员们在各次迭代开发中实现;客户根据每个用户故事的商业价值来指定它们的优先级;开发人员要做的是,确定每个用户故事的开发风险,风险高的用户故事将被优先研究、探索和开发;经过开发人员和客户分别从不同的角度评估每个用户故事后,它们被安排在不同的开发周期,客户将得到一个尽可能准确的开发计划;每发布一次开发的软件(经过一次迭代),用户都得到一个可以开始使用的系统。这个系统全面实现了相应计划中的所有需求。

3. 极限的设计

从具体开发的角度来看,XP 内层的过程是一个个给予测试驱动的开发周期,诸如计划和设计等外层的过程都是围绕这些展开的。每个开发周期都有很多相应的单元测试。刚开始,因为什么都没有实现,所以所有的单元测试都是失败的。随着一个个小的用户故事的完成,通过的单元测试也越来越多。通过这种方式,客户和开发人员都很容易检验,是否履行了对客户的承诺。XP 提倡简单的设计,就是用最简单的方式,使得为每个简单的用户故事写出来的程序可以通过所有相关的单元测试。XP 强调抛弃那种一揽子详细设计的方式,因为这种设计中有很多内容是现在或最近都根本不需要的。XP 还大力提倡设计评审、代码评审以及重整,所有的这些过程其实也是优化设计的过程。在这些过程中,不断执行测试用例,可以保证经过重整后的系统仍然符合所有的需求。

4. 极限的编程

既然编程很重要,XP 就提倡 2 人一起编写同一段程序,而其代码所有权归整个开发队伍。程序员在编写程序和重整程序时,都要严格遵守编程规范。任何人都可以修改其他人编写的程序,但修改后要确定新程序能通过单元测试。

5. 极限的测试

既然测试很重要,XP 就提倡在开始编程之前,先编写单元测试。开发人员应该经常把开发好的模块整合到一起,每次整合后都要运行单元测试。做任何的代码评审和修改,都要运行单元测试。发现了 BUG,就要增加相应的测试(因此 XP 不需要 BUG 数据库)。除了单元测试外,还有整合测试、功能测试、负荷测试和系统测试等。所有这些测试,是 XP 开发过程中最重要的文档之一,也是最终交付给用户的内容之一。

6. XP 的常用术语

用户故事:开发人员要求客户把所有的需求写成一个个独立的小故事,每个只需要几天时间就可以完成。开发过程中,客户可以随时提出新的用户故事,或者更改以前的用户故事。

发布计划:整个开发过程中,开发人员将不断地发布新版本。开发人员和客户一起确定每个发布所包含的用户故事。

迭代:一次发布计划的完成,是一次迭代开发的周期。开发人员要求客户选择最有价值的用户故事,作为未来一两个星期的开发内容。

种子:一次迭代完成后的工作产物是下一次迭代的种子。

项目速度:小组完成工作的快慢程度。它是相对的。测量项目速度很简单,以一次迭代完成的用户故事的数目或编程任务的数目度量。

连续整合:把开发完的用户故事的模块一个个拼装起来,一步步接近乃至最后完成最终的产品。

验收测试:对于每个用户故事,刻画将定义一些测试案例,开发人员将使运行这些测试案例的过程自动化。

单元测试:在开始编写程序前,程序员针对大部分分类的方法,先编写出相应的测试程序。

重整:去掉代码中的冗余部分,增加代码的可重用性和伸缩性。

双人编程:两个程序员同时编写同一段程序。

小发布:每次迭代开发的需求都是用户最需要的东西。在 XP 中,对于每个迭代完成时发布的系统,用户都应该可以很容易地进行评估,或者已经投入实际使用。这样,软件开发对于客户来说,不再是看不见摸不着的东西,而是实实在在的。XP 要求频繁地发布软件,如果有可能,应该每天都发布一个新版本,而且在完成任何一个改动、整合或者新需求后,就应该立即发布一个新版本。这些版本的一致性和可靠性,由验收测试和测试驱动的开发来保证。

集体拥有代码:每个人都有权利和义务阅读其他代码,发现和纠正错误,重整代码。这样,这些代码就不仅是一两个人编写的,而是由整个项目开发队伍共同完成的。错误会减少很多,重用性会尽可能地得到提高,代码质量会非常好。

隐喻:为了有助于一致、清楚地理解要完成的客户需求和要开发的系统功能,XP 开发小组用想象的比喻来描述系统功能模块是怎样工作的。比如,对于一个搜索引擎,它的隐喻可能就是"一大群蜘蛛,在网上四处寻找要捕捉的东西,然后把东西带回巢穴。"

8.3　XP 过程模型

XP 偏重于软件工程过程的描述,表现为激进的迭代,组织模型和建模方法比较薄弱,为了表述清楚,下面对 XP 过程模型分层次展开叙述。

8.3.1　模型总框架

从 XP 观点看,一个项目的全过程是 5 种活动反复迭代的过程,即体系结构定价、发布规划、迭代、验收测试和小发布,如图 8-2 所示。

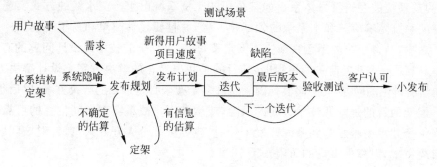

图 8-2　XP 过程总框架

收集用户故事是项目开发中始终要认真做的平行活动。它是本项目需求的来源。在迭代开发中,总会有新的用户故事出现(需求更完善),要及时纳入到发布计划中。

用户故事和用例类似,但有差别。用户故事服务于发布规划会议,用于估算开发时间,是可由客户撰写的,未来系统要做的事情。用户故事与使用场景类似,但使用不限于描述用户界面。用户故事是由用户撰写的几条语句,所用的业务术语应尽量避免使用技术术语。

用户故事与传统的需求规格说明相比,最大的差异在于详细程度。用户故事必须足够详细,能够帮助开发人员预测出完成它所需要的时间。当开发人员开始开发时,还需要和客户面对面交流,以便获得更详细的需求细节。

开发人员负责预测实现用户故事需要花费的时间。每个用户故事"理想的开发时间"为 1～3 周。所谓"理想的开发时间",是开发人员在没有其他任务、没有其他干扰、知道如何完成的条件下,编码完成一个用户故事所需要的时间,当然测试的时间也包含在理想的时间内。如果超过 3 周,则意味着需要把用户故事细化;如果少于 1 周,则意味着用户故事太细,需要把一些用户故事合并。在发布规划会议阶段撰写发布计划,包含 80 个左右的用户故事为佳,上下浮动不超过 20 个。

另一个用户故事和需求文档之间的差别是,用户故事更关注用户需求。用户故事应尽可能避免特定的技术细节、数据库的结构和算法。

用户故事驱动验收测试,为其准备测试场景。开发小组必须开发一个或多个自动验收测试案例,以确认用户故事被正确地实现了。

1. 体系结构定架

体系结构定架实际上是把项目的需求(来自用户故事)纳入到解决方案框架中。由于XP 不做总体分析设计,选择一个系统隐喻就等于了一个参照的体系结构,参照它作出本项目的体系结构。而从一个或几个用户故事参照它写出某一部分的小体系结构还是容易的。到发布规划评估后,将每个定架纳入到此次发布中。

为了获得一致的类和方法的命名,小组也必须选择一个系统隐喻,即开发小组达成共识的、形象的及系统的逻辑符号体系。如某公司的工资系统以生产流水线的方式实现。

选择的系统隐喻应该和本系统的领域相一致,并且要足够简单和易于理解。

有了隐喻,结合用户故事创建解决方案定架,是解决复杂的技术或设计问题的有效途径。解决方案定架是一个非常简单的小程序,其目的是找出潜在的解决方案。设计解决方案定架应只关注当前讨论的问题,而忽略其他因素。许多定架未必是未来的解决方案,以后很可能会被抛弃。定架的目的是降低技术方面的风险,或增加用户故事实现时间估算的可靠性。

但当一个技术困难影响到系统开发工作时,应委派 2 个人开发人员,针对该问题开发一个定架解决方案,以降低潜在的风险。

2. 发布规划

发布规划就是制定本次开发的发布计划,将未评估的定架经发布规划会评估后,变成确信的定架纳入计划。发布计划给出了整个项目的布局,每个迭代计划的制定依据发布计划。

在发布规划会议中,技术人员做出技术决策,业务人员做出业务决策。发布规划有一组规则,使每个参加会议的成员都能表达他们的观点,并且定义一个协商方法,使所有的人对发布计划达成共识。

对开发小组而言,发布规划会议是他们估算完成每个用户故事编码所需要的理想时间。然后,由客户决定哪些用户故事比较重要,有较高的优先级别。用户和开发人员再根据用户故事的优先级,最后确定发布计划。

开发小组可以按照时间或工作域来计划。开发小组可采用项目速度来确定在给定的日期之前完成多少个用户故事(按时间),或完成一组用户故事需要多长时间(工作域)。当按时间计划时,用迭代的次数乘上项目速度,确定完成的用户故事的数目;当按工作域计划时,用预计的时间除以项目的速度,以确定此次小发布完成需要多少次迭代。

发布规划会议的输出产物是发布计划。发布计划规定了系统发布的次数,每次发布包含的用户故事,以及每次发布所需迭代的次数及其每次迭代活动需要持续的时间。在迭代规划会议上,客户可以从发布计划中选择一组用户故事,作为下一个迭代的完成目标。那些被客户选中用户故事将作为单个编程任务分配给开发人员。图 8-1 中迭代活动由方框表示,可进一步细化,详见下节。

在迭代中,用户故事也会被翻译成验收测试。这些验收测试会在当前的迭代和以后的迭代中不断被运行,以确保这些用户故事被正确地实现,并保持正常的工作。

如果 2 次迭代后项目速度发生了重大的变化,或者几次迭代提前完成,那么开发小组应安排与客户举行一个发布规划会议,以确定一个新的发布计划。

发布计划以前称作承诺的进度。在 XP 中,发布计划对承诺的进度的描述更加精确,并且与迭代计划更加一致。

项目进度是指小组完成项目工作的快慢程度。它是相对的。测量项目速度很简单,以一次迭代完成的用户故事的数目或编程任务的数目度量。

制定本次开发的发布计划包括如下 4 个方面:

- 范围:完成哪些用户故事。
- 资源:有多少人参加。
- 时间:项目和小版本什么时候发布。
- 质量:什么样的软件能通过测试。

3. 迭代开发

迭代开发为开发过程提供了灵活性,如图 8-3 所示。一般来说项目小组可以把一次发布可分解为 12 次迭代,每次迭代周期为 1～3 周。不要先为编程任务确定进度,而应通过迭代规划会议来确定每次迭代需要完成的编程任务。

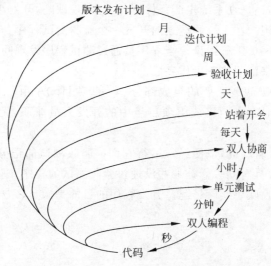

图 8-3 XP 迭代开发的组织

XP反对过早增加功能,反对去实现那些在本次迭代中没有计划开发的功能。一旦发布计划认为某些用户故事非常重要,那么项目进度会事先为与这些用户故事相关的功能安排充足的时间。决不提前增加功能是迭代开发的一条准则,即不要向系统添加猜测的、未来可能用到的功能。或许增加功能的10%在未来会被使用,但是却浪费了90%的时间。开发人员常常倾向于提前增加新功能,因为他们认为这样会使系统看起来更好;但是,开发人员应该经常提醒自己,不要去做那些实际上不需要的东西。额外的功能常常会降低小组的开发速度和资源。开发时,小组不要去考虑未来的需求和额外的灵活性。开发小组应该集中注意力在当前计划的工作上。

迭代开发活动是一个复杂的过程,8.3.2节将介绍它的过程模型。此刻要记住它的输入是发布计划,输出是迭代出的源代码的最后版本。验收测试不成功(发现了缺陷),或成功(通知下一次迭代),都要返回迭代。此外,如果迭代中发现了新的用户故事,影响到项目速度,则返回发布规划,重做发布计划。

4. 验收测试

验收测试确认用户故事中的需求。对于每次迭代,迭代规划会议均会选择一组用户故事,这些用户故事都将被翻译成验收测试。客户向测试提供场景,以判断一个用户故事是否被正确地实现。一个用户故事可以有一个或多个验收测试,其目的是确认功能是否正常。

验收测试是黑盒测试。每个验收测试代表了希望系统产生的结构。客户负责验收测试的正确性,并评审测试记分牌,以确定哪些失败的测试具有最高优先级。验收测试也可以用于生产发布前的回归测试。

一个用户故事只有通过了它的全部验收测试,才可以被认为完成。这意味着,每次迭代都要为用户即时开发验收测试程序,否则小组将被认为没有进展。

无论在版本发布前还是在系统生产条件下,一旦发现缺陷,开发小组都要开发一个验收测试程序,以防止其再现。在系统调试之前开发一个验收测试程序,有助于客户明确地定义问题,并就此问题与程序员进行讨论。当程序员通过测试程序发现问题后,可以集中精力调试它,并通过测试程序来证明修正工作完成。

质量保证QA是XP过程必要的组成部分。一些项目QA由一个独立小组完成,一些项目QA作为开发小组中的一员,或由项目组中的开发人员兼职,无论哪种情况,XP要求开发必须有QA。

验收测试最好做成自动的,以便经常运行它们。验收测试的记分牌应向小组公布。小组有责任在每次迭代安排时间去修补那些没通过验收测试的程序。验收测试是由功能测试演变过来的,它更好地反映了实际情况。开发程序的目的是满足客户的需求,用户接受意味着系统完成。

5. 小发布

当每次迭代最后的源代码通过验收测试后,如果集成若干最后版本并通过集成测试,则可按发布计划做一次小发布。小发布必须由客户认可。

开发小组应经常向客户发布系统的迭代版本。开发小组可以利用发布规划会议来确定哪些功能对业务意义重大,需要在项目中先提供给客户。这些做法可以及时获取客户有价值的反馈,对系统的开发非常重要。因为开发小组越晚向系统用户提供重要特征,留给自己修补程序的时间就越少。

6. XP 的哲学

项目小组的每个成员应尽可能为项目多做工作,除本人承担的角色之外,应关心、干预、协助其他人员的工作,平等相处,取长补短。在 XP 过程中,采用经常的小发布、采用简单设计、测试驱动开发、集体拥有代码和充分利用隐喻等方法,倡导加强交流、从简单做起、寻求反馈、勇于实事求是的价值观。XP 把开发过程分解成一个个相对比较简单的迭代,采用测试确定的开发,频繁地发布,促使开发人员和客户积极交流与反馈,双方都明确开发进度、变化、待解决问题和潜在的困难等,并根据情况及时地调整开发过程。

8.3.2　迭代的过程细化

图 8-2 的迭代过程可细化为迭代规划和开发 2 个活动,其过程模型如图 8-4 所示。

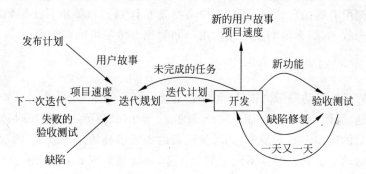

图 8-4　XP 迭代的过程细化

迭代过程的输入和输出与细化前没有变化,这里做了更详细的解释。输入方面:

- 发布计划,即其中列出了要完成的用户故事、时间、资源分配等。
- 下一次迭代,即项目速度中规定的尚未完成的任务数。
- 缺陷,即导致上次验收失败的所有缺陷。

输出方面:经过迭代开发得到的新功能,或缺陷得以修复的最后版本。当然,这个“最后”是个相对的概念,不一定到迭代计划完成,它每天都要返回开发,作为新开发的种子颁布。

1. 迭代规划

迭代规划是以迭代规划会议的方式进行的。它为每次迭代定义编程任务。客户从发布计划汇总为每次迭代选择用户故事,以保证对客户最重要的部分先做。同时,客户也要明确哪些没有通过验收测试的程序必须修改。

用户故事和没有通过验收测试的程序被翻译成编程任务。编程任务将被写在卡片上,这些卡片就是每个迭代的详细计划。

每个任务必须在1～3个理性编程日中完成。开发人员在每个任务上签字,然后估计完成时间。一个任务的开发人员也必须是估计该项任务完成所需时间的人。

小组用项目速度来确定一次迭代任务的多少。通过计算所有任务的理想编程日的总和,来计算项目速度。项目速度不应该超过前一次迭代。如果超过,小组则应该要求减去一些用户故事,推迟到下一次迭代完成。

如果迭代的用户故事太少,则应增加一些。如果迭代规划比较准确,每日完成任务数的速度会超过每周完成用户故事的速度。

项目小组不要试图去改变任务和用户故事预测。规划过程依赖于现实的和一致的预测,不要轻易修改它们,否则会带来更多问题。

项目小组应关注项目速度和取消用户故事。通常情况下,每隔3～5次迭代,开发小组就需要重新预测所有的用户故事,并与客户协商发布计划。只要项目小组始终能够先实现最有价值的用户故事,那么他们就能够为用户和管理方做尽可能多的事情。

2. 开发

图8-4中的开发活动是带方框的,表示它是可以细化的活动(见8.3.3节)。此时,应记住它的输入时迭代计划和作为今日开发种子的前一天的最后版本。输出时每日开发的新功能或缺陷更改后的版本。在开发中,如果发现新的需要增补的用户故事,则返回到图8-2所示的发布规划活动中。此次开发不能完成的任务,则反馈到图8-4所示的迭代规划活动中,纳入下一次迭代计划。

8.3.3　开发的过程细化

图8-4的开发过程可细化为站着开会和集体拥有代码2个活动。其过程模型如图8-5所示。同样,输入和输出与细化前相同,这里具体解释这两个活动。

1. 站着开会

在一些典型的项目会议上,大多数参加者不能贡献有价值的信息,只是听听会议结果。为此,在XP中,为了提高交流的效率,每日站着开会。会议通常在每天早晨举行,小组成员

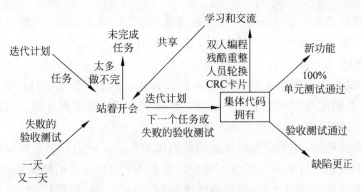

图 8-5　XP开发的过程细化

交流问题和解决方案,聚焦小组成员的努力方向。所有参加会议的人员站着围成一圈,以避免长时间讨论。

如果会议需要其他人员参加,则必须明确为什么? 有时一些临时性的会议会发上,通常在计算机前进行,参加人数较少,直接浏览代码或做实验。

每日站着开会,按迭代计划讨论当天的任务或前一天未通过验收测试的任务,将太大而不能完成的任务反馈到迭代规划会议上,讨论后进入集体代码拥有活动。

2. 集体拥有代码

集体拥有代码鼓励每个小组成员为项目的不同部分作出贡献。任何开发人员都可以修改系统的某行代码,增加功能,修改错误或重整。没有一个人会成为代码修改的瓶颈。

开始时,这很难被理解。很难想象,整个项目小组对系统体系结构负责。大多数人认为,没有一个首席设计师,项目小组很难工作;但是,许多情况下,我们问首席设计师一个问题,往往得到一个错误的答案。XP认为,系统设计不能放在一个人心里,应该扎根于每个小组成员心里,整个小组应该对系统体系结构负责。

为了保证集体拥有代码,XP要求每个开发人员要为自己的代码编写单元测试程序。在代码仓储库中的所有的系统代码必须有相应的单元测试代码。所有代码的增加、修改及功能改变,都必须通过自动化测试。单元测试代码是仓储库的看门狗。再加上经常集成,开发人员很难注意到哪个类被扩展或修改。

实际上,集体代码拥有比单个人负责特定代码更可靠,特别是当有人要离开项目组时。集体代码拥有活动过程是为了保证集体代码拥有的原则开发和测试项目的源代码。为了把交流推向极致,XP采取了以下措施:

（1）双人编程

所有在产品发布中包含的代码必须是2个人在同一台计算机前工作的结果。双人编程可以在不影响交付日期的情况下,提高软件的质量。XP认为,2个人合作编程的效率可以和2个人单独编程效率一样高,但质量更高。质量高的软件又意味着节约时间和资源。

双人编程最好的方法是 2 个人并排坐在显示器前。一个人录入,考虑战术方法,一个人考虑战略问题。双人编程开始时很别扭,需要一段时间的适应。

(2) 单元测试

XP 单元测试与传统的单元测试略有不同。首先,开发小组可以自己创建或下载一个单元测试框架,去创建自动化的单元测试集。然后去测试系统中所有的类,省略细枝末节的方法。XP 要求在编码之前,首先开发测试程序。

所谓单元测试框架,并不是人们误解的纯测试工具。实际上它是和编辑器、编译器一样的开发工具。不要在项目最后几个使用这个功能强大的工具,早用早受益。采用单元测试框架还可以帮助项目组规范化需求、澄清体系结构、编写代码、集成代码、发布及重整,当然还有测试。

单元测试代码和它要测试的代码放在同一个代码仓储库中。没有单元测试的代码是不允许发布的。对单元测试代码的编写,最大的阻碍是交付日期的临近,开发小组不愿意在这方面花时间。但在项目生命周期内,一个自动化的测试工具可帮助小组发现和避免缺陷,从而节约资源。测试代码越难写,说明它越有价值。自动化单元测试开发的费用远远低于它所带来的好处。另外一个误解是,单元测试代码可以在项目的最后 3 个月内编写;但不幸的是,没有单元测试,开发工作的潜在问题会很快消耗掉这最后的 3 个月,甚至更长的时间。即使时间充裕,一个好的单元测试集也是在严谨的,不是一下子就能做出来。发现所有的问题是需要时间的,为了获得完整的单元测试集,开发小组必须在使用之前完成它们。

一旦开发小组创建了单元测试,那么小组的程序就不会被意外地损坏。要求所有的代码在发布之前必须通过所有单元测试,保证了所有功能的正确性,也有利于集体代码拥有。如果所有的类都有单元测试把关,代码拥有也就没有必要了。

(3) 残酷重整

程序员往往有坚持原有软件设计的倾向,即使这个设计已经过时。他们往往害怕修改代码,经常去使用或重用那些已经无法维护的代码。XP 倡导残酷的重整,去掉那些冗余的代码,删除不再使用的功能,抛弃陈旧的设计。在整个项目中不断重整,会节约时间,提高质量。残酷重整有助于保持设计简练,避免不必要的混乱和复杂;保持代码简洁而易于理解、修改和扩展;确保所有的事情只表达一次。使用通过重整发现的设计取代原以为最好的设计,是件痛苦的事情。但必须认识到,这是抛砖引玉必然付出的代价。

(4) 人员轮换

它可推动小组成员交流,以避免重要知识的丢失和编程瓶颈。如果小组中只有某一个人可以做某项工作,那么一旦这个人离开小组,这个小组则会陷入困境。交叉培训是避免知识孤岛的有效方法。XP 要求小组工作围绕代码库,采用双人编程,完成交叉培训。在 XP 小组中,不会有只有一个人了解某些代码的细节情况,而是所有的人都会了解。

如果小组中每个人都了解系统每个部分,那么整个小组的工作就具有了很好的灵活性。小组成员可以非常灵活地平衡任务,提高生产率。XP 鼓励每个成员在新的迭代中都涉及一部分他不熟悉的领域。双人编程为这一做法创造了条件。

（5）使用 CRC 卡片模拟系统

CRC（useClase，Responsibilities，and Collaboration）卡片，即类-职责-协作卡片，是面向对象设计中描述一个对象的卡片。对象的类写在卡片的顶部，职责写在左部，协作类写在每个职责的右部。一个对象一张卡片。若干卡片组成的系统如同一个小组。CRC 卡片最大的价值在于，让开发人员抛弃过程编程思维，而采用对象思维。CRC 卡片张榜明示，使得整个开发小组都可以对设计作出贡献，可以做到集思广益。

讨论对象之间的消息发送机制，可利用 CRC 卡片以人模拟对象系统进行。通过这样的模拟过程，缺点和问题很容易被发现。设计的其他可选方案也很容易通过模拟来检验。

如果模拟的人太多，可以限定每次只允许在 2 个站着的人之间移动卡片。完成的人坐下，其他人才可以站起来移动卡片。这种模拟时常会失去控制，特别是在问题最终解决之前，经常会争得面红耳赤。

人们对 CRC 卡片方法最大的批评是缺乏书面的设计。XP 认为，CRC 卡片的目的是让设计显而易见，不需要更多的文档。如果需要一个永久性文档，那么每个类的、信息完整的卡片就是文档。一个设计，不在于是否是书面的，而在于能够让它好像已经被实现和正在运行，留在开发人员的心里。

再回来看图 8-5，由于这些措施，小组成员充分学习交流，知识财富得到共享，反过来也提高了每日站着开会的质量。除此之外，集体拥有代码的输入时：站着开会决定要做的下一任务或上次失败的验收测试任务。输出是：100%通过单元测试增加的功能，缺陷修改并通过验收测试。

8.3.4 集体拥有代码的过程细化

图 8-5 的集体代码拥有过程具体做法已经很清楚了。如果把 XP 采取的 5 种极致交流措施组织为过程模型，则如图 8-6 所示。

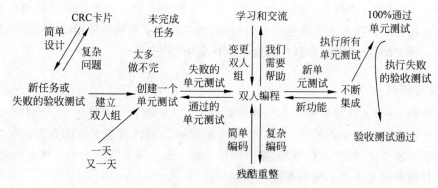

图 8-6 XP 集体代码拥有的过程细化

　　这个模型中除"下次任务或失败于验收测试的任务"作为输入，"100％通过单元测试"和"通过验收测试"作为输出外，其他都是活动（过程）。首先确定双人编程组，为每个任务创建"单元测试"，然后进入"双人编程"。这个活动的内容是：

- 单元测试如果失败，重编码仍返回单元测试，直至通过单元测试。
- 若人员不能胜任，则进行"人员轮换"，调整双人组。
- 如果顺利，所有任务都通过单元测试，则进行"残酷重整"，将复杂代码简化为最精练的代码，为此，做新的"单元测试"。
- 全部通过单元测试后，将新单元核心功能代码转入"不断集成"，使之集成为完整体系结构的产物；集成后，"执行所有单元测试"，得到"100％通过单元测试"的产品；最后"通过验收测试"。

　　这些活动只有大致的先后次序，是非常灵活的。即使是不断集成，也是通过一个集成一个，是多次反复运行的。本阶段需要注意首先为单元测试编码和经常集成两点。

1. 编写单元测试用例

　　一旦开发人员完成单元测试程序，以后的编码工作会变得容易和快捷。编写单元测试程序有助于开发人员深刻地理解需要做什么。需求通过测试程序精确地固定下来。以可执行代码表达的规格说明不易有误解。

　　如果有了单元测试代码，开发人员完成系统编码工作后，会立即得到反馈；如果没有单元测试代码，开发人员就很难知道所完成的工作的质量如何。

　　先编写测试程序对系统设计也有好处。当然，一些软件系统很难进行单元测试。典型的情况下，这些软件系统首先进行编码，然后再测试，并且测试工作往往由另外一个小组完成。先编写测试程序，会使开发者了解到哪些功能对客户最重要，从而影响系统设计，使最终的软件更加易于测试。

　　编写单元测试程序可采用这样的步骤：先创建一个测试，定义目前手中问题的一些小的方面；然后编写最简单的系统代码和待测试代码；再创建第2个测试，再往系统代码中增加内容，让它通过第2个测试；不断地循环，直到系统代码完成。单元测试代码应简练，只实现想要的特征。其他开发人员也可以通过浏览测试，来了解如何使用这些单元测试代码。不定义输入谁的结果，该单元测试代码会从测试集中消失。

2. 经常集成

　　如果可能，开发人员应每个几小时就集成和发布代码到代码仓储库中。在任何情况下，修改后的代码集成和发布不超过1天。连续地集成通常可以避免无效的开发，开发人员可以通过集成不断交流，哪些可以重用，哪些可以共享。每个开发人员必须工作在软件的最新版本上。任何修改都不能影响到集成的顺利进行。

　　连续整合有助于在项目早期避免和发现兼容问题。集成是一种"现在就付钱，否则以后付得更多"的活动。如果项目小组在整个项目中不断地集成,那么到项目交付日期就没有必要再花费数周时间进行艰难的集成工作。开发小组应该始终工作在系统的最新版本上。

8.4　XP 项目小组模型

XP 没有明确的小组模型,角色的组成比较随意。每个对项目做贡献的人都可以是项目小组中的一员。XP 小组中至少有一个人对用户需求非常清楚。能提出需求,决定各个需求的业务优先级,根据需求和开发的变化调整项目计划等。这个人扮演的是"客户"这个角色,当然最好就是实际客户,因为这个项目就是围绕客户的需求而展开的。

程序员是项目开发小组中必不可少的成员,XP 大部分过程是由程序员实施的。小组中可以有测试员,帮助客户制定验收测试,而 XP 小组的测试员往往是程序员或者客户承担。小组中可以有一个分析员,帮助客户确定需求。XP 通常还有一个教练,负责跟踪开发进度,解决开发中遇到的问题,推动项目进行。也可以有一个项目经理,负责调配资源,协助项目内外的交流沟通等。

8.5　本章小结

每位软件开发人员、每一个开发团队的职业目标,都是给他们的雇主和客户交付最大可能的价值。重量级过程通过前期做大量的预防性工作,如撰写文档、搭建柔性构架等手段来规避软件开发中的风险。敏捷过程则以把目前最该做的工作做到最好的简单方式来向客户持续地交付价值。敏捷实践是对重量级软件方法学日益增重的一种逆反,是软件开发方法的探索。

作为最严谨的敏捷过程的代表,极限编程全然不顾体系结构和总体设计,也不研究过程和过程优化,不强调模型。它只突出编程和反复迭代测试,其特点总结如下:

- 双人编写同一程序。
- 编程之前先编写测试程序,以固定需求。
- 程序代码集体拥有,谁都可以改,共同负责,把人员平等推向极致。
- 没有固定专职,小组成员都是多面手。
- 极度依赖客户介入,客户作为成员参与全过程,并负责写用户故事。
- 简单、朴素地开发,一个用户故事直接对应为少许多任务,马上编写单元测试并编码开发。
- 全部残酷重整和连续整合有利于形成良好的体系结构软件。

以上特点看似不科学,没有分工合作,没有整体模型,要浪费大量的运行时间,事实上它包含某些真理。我们交付的软件,如果不把它弄得烂熟,总是不可靠,只是弄得烂熟的时间没有写到方法学上,而 XP 却写入了。

极限编程突出通过验收测试,面向实际解决问题,发挥主人翁精神,这些都是值得称道的。

不要轻视系统隐喻,这是 XP 的要点。如果没有好的隐喻,那么集小任务为大系统不知要浪费多少时间;所以 XP 不宜做大型、全新产品的开发。没有高手的集成和残酷的重整,会导致小组分崩离析。

第9章

软件工程过程的发展趋势

软件开发的最终目标是向用户交付高质量的软件。早期的软件工程过程模型,如编码修正模型,它直接关注问题的本质,编写代码、测试,如此反复。随着软件系统本身复杂度的增加、用户要求的不断攀升和频繁变化,为了最大限度地获取成功的软件产品,瀑布模型首次把软件开发活动扩充为需求分析、设计、编码、测试,严格规定这些活动的执行顺序,为保证所执行的活动达到预期目标,在各阶段点增加了验证/确认、评审、测试等质量保证环节。瀑布模型在它提出后相当长的一段时间内,对当时的软件开发起到了很好的引领作用。同时人们也逐步意识到,软件开发的风险不仅仅局限于需求,还与计划有关,与人们对事物的认知程度有关,因此在螺旋模型中,进一步扩大了风险的来源。但螺旋式上升的软件开发过程轨迹也同时增加了软件工程过程的组织难度。为了解决可操作性问题,统一过程模型(RUP)很好地总结了以往的开发经验,并将其显式地展现出来,供软件从业人员学习仿效。它明确给出了软件开发过程中需要考虑的各种问题、可能的解决方案、具体操作方法、可供使用的工具、操作指南、文档模版等应有尽有,使其成为了软件开发的百科全书。同时为了使用方便,还提供了专门的电子工具,供大家随时查阅。

当然 RUP 所倡导的面面俱到的文档,也使其众多追随者感到茫然。而这些过程都有一个共同点,即强调计划的重要性,因此也被统称为计划驱动的过程。当软件从业人员在试图尽量遵循计划驱动的过程实施软件开发时,过于繁重的辅助工作,也让人们产生了很多思考,于是又出现了轻装上阵的敏捷开发。敏捷开发最具代表性的就是极限编程(XP),它倡导的加强交流、从简单做起、寻求反馈、勇于实事求是的价值观,是软件工程师向往的目标。但它也因对人员素质和环境文化的要求较高使其适应范围有限。

其实无论计划驱动的开发,还是敏捷开发,都强调"规范(Discipline)"地开发软件,只是它们所强调的重点有所不同:计划驱动过程中的"规范"是指"和既定的过程相符";而在敏捷中所谈的规范则是"自控制",强调自我约束。

如果只有强有力的规范而缺乏敏捷,将导致官僚作风,进而停滞不前。缺乏规范的敏捷则如同一个新创公司在盈利之前的不负责任的狂热。因此,两种类型的规范缺一不可,只是程度不同而已。计划驱动过程和敏捷过程之间的部分不同是因为强调了"规范"一词两种含义中的一种而造成的。对于方法的平衡主要就是对该词的两种含义的平衡。

反对敏捷很难做到，证明规范不重要也很难做到，问题的关键在于充分分析两种方法的擅长领域与不足，找到合适的方法融合敏捷与规范。这也正是未来软件工程过程发展的趋势。

本章将从软件项目的应用特征、管理特征、技术特征和人员特征 4 个方面来比较计划驱动过程和敏捷过程各自擅长的领域，进而总结出决定一个项目或者组织使用哪种方法的 5 个关键要素，最后给出在应用中如何平衡这两种方法的策略。

9.1　计划驱动过程

计划驱动过程通常被认为是传统的软件开发过程，因为这些过程最早起源于系统工程和质量规范，这些规范使用一些标准的、定义良好的、组织持续改进的过程，以一种需求、设计、编码、测试的模式来进行开发。但软件毕竟与硬件有本质的不同，其易变性使软件开发很难系统化，于是出现了反映现有工程过程的需求和规程的一系列的描述文档，这些文档在一定程度上"冻结"了软件。计划驱动过程有如下特征：

- 重视定义良好的工作产品、验证和确认。
- 产品规范与过程定义和改进具有同等的联系，过程的定义和管理是计划驱动过程的关键。
- 提供可预见性并通过可重复性和基础支持来缓解人员流动问题。计划驱动过程的强势在于标准化所带来的可比较性和可重复性。通过定义特定过程执行的方法和特定工作产品形式化的方法，在组织过程中接受过培训的任何人都知道到哪里找信息，以及如何评估一些日常的工作。过程所维护的信息量可以使管理者在项目（或子项目）之间快速地进行人员调动而无需大量的重新培训，并且也意味着关键人员的流失不再是项目的厄运。
- 计划会变得机械化并受制于一种检查表式的心理状况。如果过于严格地实施计划和过程，就会阻碍创新或者导致一种机械的、检查表式的心态，此时努力的目标就集中于过程，而产品被置于次要的位置。卷入重型过程的人们同样还面临着成为文档产生器而非软件开发者的风险。

计划驱动过程成功的必要条件如下：

- 管理层的支持、组织化的基础设施和良好的环境是关键。管理层必须懂得过程对于产品的交付是至关重要的，也要知道不遵守过程会带来重大的成本和进度风险。基础设施包括鼓励过程重用的过程资源库、针对实施者的过程培训、专门维护过程文档的过程管理人员。

- 实施者必须接受培训并且支持过程。没有实施者的主动支持,过程就不能发挥作用。要求实施者必须认识到应该给予过程一定的忠诚,同时也需要一些创造力来使过程适应项目进展过程中遇到的一些异常情况。

9.2 敏捷过程

敏捷过程起源于快速原型,是"编程是一门手艺"这个观念的复兴。它对计划驱动过程中的机械性给予强烈的否定。网络经济的快速变更特性对软件开发者的灵活性和速度提出了更高的要求,漫长的计划驱动开发周期使变更问题变得更加严重。产生出来的代码也许编写良好,但可能并不是用户所期望的。

敏捷过程的特征如下:

- 轻量过程、短迭代周期并且依赖于隐式知识。一个真正的敏捷过程必须包括的属性有迭代(数个周期)、增量(不是一次就交付整个产品)、自组织(由团队来决定处理工作的最好方法)以及自然浮现(过程、原则、工作结构是在项目进行中形成的,不是预先确定的)。
- 敏捷实践支持了敏捷宣言。敏捷实践大致归为如下三个基本领域:沟通(如隐喻、结队编程)、管理(如计划游戏、短迭代周期/频繁交付)和技术(如简单设计、重构、测试驱动设计)。
- 敏捷实践是采用"够用心态"对待过程。

敏捷过程成功的必要条件是:

- 紧密的客户关系。敏捷过程在整个开发期间,需求和确认都依赖于客户对自身需要的描述、优先级排定以及提炼。功能构建周期、反馈获取周期以及基于该反馈的系统演化周期都高度依赖于一个懂行且关系密切的客户。客户还建立验收标准和测试。
- 在具有良好素质的团队内部维护隐式知识。敏捷过程需要一群临界数量的、被高度激励起来的、知识型的团队成员。由于文档和设计被减至最少,因此团队成员保持并按照隐式知识行事的能力就变得至关重要。
- 敏捷常常要求文化上的改变。如果文化上的支持是敏捷过程成功的必要条件。如,结对编程就要求参与者能够接受和另一个开发者愉快地一起工作。同时也要求管理者能够认可两个人一起工作的效率比独立工作的效率更高并更快地适应这样的工作方式。
- 可伸缩性是一个挑战。敏捷过程,比较适应于相对小些的团队,如 5~10 人。
- 持续改进是必需的。敏捷过程的回顾与反省使过程和技术的持续改进成为可能。由于敏捷过程中的大部分信息都没有文档化,而是作为经验保存在开发人员的头脑中,因此持续改进可能是一个挑战,而且也很难进行系统性的分析。

9.3　计划驱动过程与敏捷过程的比较

软件开发的复杂性以及方法本身的多样性,导致了对比敏捷与计划驱动过程是很困难的,而且不准确。尽管如此,通过广泛研究,通过一些重要的软件项目特征还是可以通过 4 个方面来清晰地刻画这两种方法的不同。这 4 个方面是:

- 应用特征,包括项目的主要目标、项目的规模和应用环境。
- 管理特征,包括客户关系、计划和控制,以及项目沟通。
- 技术特征,包括需求定义、开发和测试的方法。
- 人员特征,包括客户特征、开发人员的特征,以及组织的文化。

9.3.1　应用特征

通过分析应用敏捷过程和计划驱动过程各自取得成功的项目,不难发现,项目的目标、规模和应用环境对于选择什么样的过程具有决定性的影响。

1. 主要目标

敏捷过程的目标是快速交付价值和响应变更。为了尽早地、持续地交付有价值的软件来使客户满意,敏捷项目通常不会通过投资回报分析来决定交付特定价值所需的最佳资源分配方案,他们更喜欢快速地构建东西,并通过经验来找出什么活动或者特性会在下一步提供最大的价值。这种自由主义做法通常可以避免由于错误假设而导致的巨额投资损失,但会导致一些局部或者短期最佳决策问题,这些问题可能会在后期对项目造成负面影响。

在快速变更的环境中,反应式的态度具有优势,当然也有一定的风险。敏捷价值的直接体现是:响应变更胜过遵循计划。但这种响应不是一种主动策略。在一个市场、技术和环境快速变化的世界里,这种反应式态度大大优于固守过时的计划。一个不利的方面是,反应式的管理如果面对的是一些反复无常的客户,就会造成项目不稳定,甚至混乱。对战术的强调胜过对战略的强调,则是另一个潜在的不利因素。

计划驱动过程的目标是可预见性、稳定性和高可靠性。计划驱动过程中的计划、输出制品,以及验证和确认策略有力地支持着这些目标。正如 CMMI 或 ISO、IEC15504 等过程评估模型描述的那样,过程改进通过使用标准、度量和控制提供的过程能力来关注可预见性和稳定性。预见建立在前面标准活动度量的基础之上。控制则用来保证当前的进度处在预期的可容忍范围内。

提前行动的态度对于稳定的环境非常有效。对于那些相对稳定的项目,通过在过程和预先计划上的投入可以获得预期的可预见性、稳定性和高可靠性。但对无先例可循的项目,并且频繁出现不可预见的变更时,项目要花费很大的代价调整过程与计划,来满足现实的要求。

2. 规模

敏捷过程最适合规模比较小的项目,一般不超过 40 人。尽管已有 100 人以上的敏捷团队获得了项目的成功的报道,但事实证明,敏捷项目的规模难以扩大。对大型、复杂的项目来说,计划驱动体现的严格性是必须的。计划、文档和过程可以为大型群组之间提供更好的沟通和协调。当然花费在计划方面的代价也是很可观的。

3. 环境

敏捷过程适用于频繁变更的环境,但有一些风险。敏捷过程通常用于构建复杂的适应性系统,需求在其中是自然浮现的,不能预先确定。如果对开发后期的变更未能进行足够的测试、验证和配置管理,可能带来灾难性的后果。敏捷过程假设用户系统是灵活的,足以进行演化,它采用够用的心态。敏捷过程关注于按时交付明确的、完全让客户满意的软件产品,所关注的范围也集中在眼前的产品,通常会忽视以后可能发生的问题。除非需要其他组织或项目的支持,否则很少涉及项目之外的其他组织。因此,敏捷过程的成功多出现在组织的内部环境或专门的开发环境中。这种环境比较容易和本地用户形成紧密的关系,但在许多分布式环境汇总开发、演化和使用起来难度会更大。

计划驱动需要稳定的环境。当大部分需求都可以预先确定且保持相对稳定时,使用计划驱动过程最为有效。需求的月变更率保持在 1% 这个级别上是可接受的。现实情况是,变更率超过 1% 的情形越来越多,为稳定的软件而设计的传统方法开始出现问题。为跟上变更,那些用来保证需求完整、一致、精确、可测试以及可跟踪的耗时的过程将面临一些可能无法克服的问题。

计划驱动的范围包括系统工程、组织结构、外包。计划驱动过程覆盖的活动范围要比敏捷过程宽些。该方法常常用于承包式的软件开发,可以解决横跨多个项目与产品线、组织以及企业有关的一些问题。为了更好地处理这种涉及面更广的问题,计划驱动过程通过架构和可扩展的设计来预测将来的需要。它们不断提高相关规范方面的能力,并期望去影响组织层次结构中各个层次上的大量工作人员。

9.3.2　管理特征

敏捷过程和计划驱动过程在管理方面以及对客户和其他涉众的期望方面存在许多的不同。计划、控制和沟通对于成功是至关重要的,然而在这些问题的处理上,敏捷过程和计划驱动过程有所不同。

1. 客户特征

在客户关系方面,敏捷过程提倡专职的、在一起工作的客户,且客户代表必须同时担当系统用户和开发团队成员两者角色,这是成功的关键。该方法通过可以工作的软件与用户建立信任关系。

计划驱动过程则依赖于合同和规格说明。一个精确的合同会导致项目启动的延误,并且难以适应必需的变更。而不精确的合同会产生一些非期望的结果,并导致对抗的客户关系和互不信任。规格说明通常是合同的重要组成部分。该方法通过开发者使用已形成的过程成熟度来建立客户的信任。

2. 计划和控制特征

敏捷过程把计划看做一种达到目标的手段。敏捷者大概花费 20% 的时间进行计划或者重新计划。敏捷项目的速度和敏捷性主要来自于深思熟虑的小组计划工作,这项工作能使基于个人之间的隐式知识进行工作。许多敏捷实践——结对编程、每日站着开会、集体拥有代码等既是用来完成工作的,也是用来建立团队的共享隐式知识的。发生未预见到的变更时,团队成员可以通过他们对项目目标的共同认识和对软件内涵的共同理解快速提出并实现一个修订的解决方案。

计划驱动过程用计划来进行沟通和协调。该方法用计划来稳固它们的过程并在更大范围内进行沟通。在大多数的计划驱动过程中,计划都是所需文档中的大部分内容。计划驱动过程严重依赖于文档化的过程计划(进度、里程碑、规程)和产品计划(需求、架构、标准)来对人员进行协调。个人计划常常是针对特定的活动制订的,随后会被集成到"主计划"中。

两种方法都使用过去的经验来使计划变得准确。

3. 项目沟通

敏捷过程依赖于隐式知识进行频繁的沟通,但完全依赖隐式知识的行为就像缺乏安全网的表演。当一切正常时,确实避免了一些额外的负担和设置方面的工作。但在某些情况下,可能希望有这张安全网。如,在一个大型团队中,让每个人的隐式知识保持一致是有风险的,并且在团队中出现人员流动时,风险会更大。还有,隐式知识的规模难以扩大。因为对于一个有 N 名成员的团队来说,就有 $N(N-1)/2$ 种不同的个人之间的沟通途径进行隐式知识的更新。即使使用了诸如团队站着开会和层次式团队组织的广播技术,也同样会遇到严重的伸缩性问题。

计划驱动过程使用显示的、文档化的知识,且往往是单向的沟通。过程说明、进度报告和类似的东西几乎总是单向传递的。

敏捷过程和计划驱动过程中的隐式知识和显式知识不是绝对的,因为在敏捷中也需要源代码和测试用例的显式文档化知识,而在计划驱动过程中也不可避免地存在个体间的交互来确保他们一致地理解文档意图和语义。

还有,敏捷过程是在需要时才编写文档,它强调仅仅编写最必要的内容。计划驱动过程通常需要依定义好的文档模板来编写文档。这些文档模板大多是由专家制定的,专家希望这些文档能够指导用户看到大部分或全部可预见的情形。因此,文档模板会面面俱到,需要根据实际情况进行剪裁。为便于使用,专家们为每类文档都提供了使用方面的指南和样例,但缺乏经验和自信的开发者、客户和管理者往往把全套的计划、规格说明以及标准看做是一种安全的保障。显然,人们很少愿意去读实质内容很少的大而全的文档。这些生搬硬套地滥用文档模板的方法,不但增加了项目开发的负担,同时也没有达到沟通的目的。

9.3.3 技术特征

敏捷过程与计划驱动过程争论最多的方面就是技术特征,即需求、设计与编码、测试的处理思路。

1. 需求

大多数敏捷过程都是用一些可调整的、非正式的素材来表达需求。客户和开发者依据用户期望功能的紧迫度划定优先级,评估其工作量,确定下一次迭代开发的内容。敏捷过程通过快速的迭代周期来判定期望功能所需要的变更,并在下一次迭代中对它们进行修正。计划驱动过程通常使用正式基线化的、完整的、一致的、可跟踪和可测试的需求规格说明书。

计划驱动过程在处理质量和一些可靠性、并发性、可扩展性等非功能需求方面优于敏捷过程。这些需求对于大型、任务关键的系统变得日益重要,同时当一个初始的简单设计无法伸展时,就会造成昂贵的架构失败。

2. 设计与编码

敏捷开发实践与计划驱动开发实践的主要区别在于各自对软件设计和架构的认识。敏捷过程提倡简单设计,即设计随着功能的实现逐渐自然浮现出来。不为将来设计,鼓励开发人员抓住每一个机会来使设计更加简单。在敏捷者看来,应用环境的变化如此之快,以至于那些为支持未来功能而增加的代码很难派上用场,更何况重构代码以支持新的、可能没有预见到的功能的成本较低。

计划驱动过程使用计划和基于架构的设计来包容可预见的变更,这种方法允许设计者以能够在产品线间重用软件的方式对系统进行组织,并对快速开发也有很大的影响。但在快速变更的环境中,架构会造成一些资源的浪费。因此,提倡使用架构来预测变更。在快速变更的环境中,架构会造成一些资源的浪费,因此,为了达到作为计划驱动过程的主要目标的可预见性和可靠性级别,就需要投入大量的精力来分析、定义一个坚固的、适用于系统可预见生存周期的架构。对于小型、快速变更的应用,这种级别的架构投入是不必要的。

3. 测试

敏捷过程在编码之前先编写测试用例,这样不但迫使客户指定了正确的产品,同时也给出了验证开发者是否正确地构建了该产品的标准。对于开发周期较长的项目则采取增量开发和结对编程或者其他评审技术来去除更多的代码编写错误。为了提高测试效率,通常采用自动化测试工具的支持,并尽早地、持续地进行回归测试。

计划驱动过程测试的是规格说明。为了解决昂贵的晚期修正问题,计划驱动过程在开发过程的早期进行需求、架构的开发和一致性检查。它们也使用自动化测试套件来支援运行测试前大量的计划和准备工作。这会产生出相当数量的文档,这些文档可能会因为改变需求而遭到破坏。不过改写文档的工作量通常会小于改写测试的工作量。晚期测试会失去前面提到的敏捷过程早期测试的许多优点。计划驱动过程中也会频繁出现一种独立的测试行为,这种行为可能会完全与开发人员和客户脱离,因此会占用大部分的项目稀有资源去测定产品是否符合规格说明的字面意思而不是操作意图和客户需求。

9.3.4　人员特征

客户、开发者和组织文化对于大多数项目的成功具有重要的影响,敏捷过程与计划驱动过程在人员问题上差异很大。

1. 客户

不能胜任的客户代表会带来巨大的风险,敏捷过程非常强调专职的、工作在一起的客户代表。正因为敏捷项目的成功对客户代表的强依赖性,要求客户代表必须易于协作(Collaboration)、有代表性(Representative)、有授权(Authorized)、尽职尽责(Committed),且懂行(Knowledgeable),即 CRACK。不易于协作的代表会引发一些分歧和挫折,并损害团队士气。如果没有代表性就会致使开发者交付不被承认的产品。如果他们没有授权,就会由于必须请求批准而导致延误,甚至会因为做出未被授权的承诺而导致项目进入歧途。如果他们不尽责,他们就不会做必要的准备工作,也不会在开发人员最需要他们的时候出现。最后,如果他们不在行,就会导致延误、开发出不被承认的产品,或者同时导致这两种结果。

计划驱动过程则依赖于大量预先的、客户和开发者之间的合同计划和规格说明方面的工作。该方法同样需要 CRACK 型的客户代表,同样可以从专职的现场参与中受益。不过,好的计划制品能够使计划驱动过程接受兼职的 CRACK 型客户代表,这些代表同时参与客户本身的工作,从而提供了进一步的好处。计划驱动过程中最大的客户挑战是不要让项目控制落入过度官僚的合同管理者手中,他们会认为遵守合同比取得项目成果更重要。

2. 开发人员

敏捷过程中关键人员因素包括合作、才能(talent)、技能(skill)和沟通。敏捷开发者需要更多的技能,计划驱动过程与其相比不需要更多的优秀人才。在计划驱动过程中,优秀人才通常更专注于项目计划和软件架构,为此不那么优秀的人才也能参与到项目中,不会带来太大的风险。这里有一项值得注意并且必须要面对的事实：统计表明，世界上有 49.999% 的软件开发者的能力低于平均水平(更准确一点说是低于中间水平)。

为了获得项目的成功，需要对每种方法所需要人员类型进行分类，这一点很重要。 Alistair Cockburn 正是源于此类需要提出了执行各种方法相关的功能(比如应用、剪裁、适应和修订)所需要的技能和认识水平标准，以下简称 Cockburn 标准。在 Cockburn 标准中，为了帮助确定一个给定方法框架期望拥有的人员水平级别，将软件方法认识水平分为 3 个级别。如果把级别 1 进一步细化为级别 1A 和 1B 个级别，并附加上 -1 级别，则可较为完整地给出软件方法的认识和应用水平与人员特征间的关系，如表 9-1 所示。

表 9-1　软件方法的认识和应用水平与人员特征间的关系

水平级别	特　征
3	能够对方法进行修订(违背其规则)以适应无先例可循的新情况
2	能够对方法进行剪裁以适应有先例可循的新情况
1A	通过培训，能够完成任意的方法步骤(如，把素材分解成适合增量开发的大小，组合使用模式，进行复杂的重构，进行一些复杂的 CTOS 集成)。有经验后，能够达到 2 级的水平
1B	通过培训，能够完成程序性的方法步骤(如，对简单的方法进行编码，进行简单的重构，遵循编码规范和 CM 规程，运行测试)。有经验后，能够掌握一些 1A 级的技能
-1	也许具有一些技术能力，但是不能或者不愿意合作或者不愿意遵循公共的方法

让 1 类型的人员从事一些非决策性质的工作。级别 1B 类型的人员需要相当多的指导，可以在计划驱动环境中很好地工作。该类型的人员是一些水平一般或者稍低、经验不多、工作努力的开发者。他们在简单、稳定的软件开发中可以干得很好。但却可能拖一个正在设法应对快速变更的敏捷团队的后腿。如果他们的人数在整个团队中占多数，这种情况会更严重。不过当他们的人数在一个稳定的、组织良好的计划驱动团队中占多数时，仍能工作得很好。

级别 1A 人员需要一些指导，但可以很快地在敏捷团队中工作。如果团队中有足够多的级别 2 型人员进行指导，那么级别 1A 型人员可以很好地在一个敏捷或者计划驱动团队中工作。敏捷团队中 1A 型与 2 型人员的比例一般为 1:5。

有先例可循的项目可交给 2 型人员来管理，但无先例可循的项目需要 3 型人员的指导。有些级别 2 型人员在积累经验后可以达到级别 3 级。

3. 文化

敏捷者喜欢更多的自由度。在敏捷文化中，当人们在定义和解决问题方面具有许多自由度时，就会感觉到舒适和力量。这是一种典型的工匠环境；对于项目成功所需要的任何一项工作，每个人都可以胜任并得到信任。其中包括找出那些公共的或者没有被注意的任务并完成它们。

计划驱动者需要清晰的过程和角色。在计划驱动文化中，如果有一些清晰的政策和规程定义了人们在企业中的角色时,人们会感到舒适、有权利。这更像一个产品线环境,其中每个人的任务都是定义良好的。所期望的是人们能够按照规范完成任务,使其工作产品可以容易地和他人的工作产品集成起来,无需过多地了解他人的实际工作情况。

文化的惯性是一个重要的挑战。当人们自己选择所喜欢的文化时,当具有这种文化的人被提升至更高的管理级别时,这些文化就会得到增强。一旦一种文化已被良好地建立起来,改变起来就会非常困难和耗时。文化的这种惯性也许是集成敏捷和计划驱动过程面临的最大挑战。到目前为止,向敏捷文化的转变总有些自底向上、革命性的味道。

9.3.5　总结

为了便于利用前面几节描述的软件项目基本特征信息,表 9-2 对这 4 个方面进行了对比,表 9-3 给出了影响方法选择的 5 个关键要素,图 9-1 图形化地描述了这种关系。

1. 各自擅长领域

表 9-2 展示了敏捷过程和计划驱动过程各自的擅长领域,即一组最可能取得成功的条件。一个项目的特征与某种过程擅长领域的特征间差别越大,完全使用该过程的风险就越大,这时需要考虑将两种方法在某种程度上进行融合。9.4 节已介绍了采用一种风险驱动的方法,该方法用于在非擅长领域项目中对敏捷与计划驱动的平衡策略进行剪裁。

表 9-2　敏捷过程和计划驱动过程各自的擅长领域

应用		
特征	敏捷过程	计划驱动过程
主要目标	快速提供价值;响应变更	可预见性;稳定性;高可靠性
规模	较小的团队和项目	较大的团队和项目
环境	难控制;高度变更;以项目为中心	稳定;少变更;以项目/组织为中心
管理		
特征	敏捷过程	计划驱动过程
客户关系	专职的现场客户;关注于排定优先级别的增量开发	根据需要和客户进行交互;关注合同规定
计划和控制	内部的计划;定性控制	文档化的计划;定量控制
沟通	隐式的人与人之间的知识	显式的文档化的知识
技术		
特征	敏捷过程	计划驱动过程
需求	排定优先级的非正式的用户素材和测试用例;会经受不可预见的变更	规范化的项目、性能、接口、质量和可预见的演化需求
开发	简单设计;短增量;认为重构代价低廉	大量的设计;较长的增量;认为重构代价昂贵
测试	测试可以执行并用来定义需求	文档化的测试计划和规程

人员

特征	敏捷过程	计划驱动过程
客户	专职的、工作在一起的 CRACK 型客户	CRACK 型客户，并不总是工作在一起
	注：CRACK 型：易于协作、有代表性、有授权、尽责、在行	
开发者	至少 30％全职的 Cockburn 级别 3 和 2 型专家；不要级别 1B 和－1 型人员	初期需要 50％Cockburn 级别 3 型人员；始终需要 10％Cockburn 级别 3 型人员；需要 30％级别 1B 型的人员；不用级别－1 型人员
	注：这些数字会随着项目复杂度的不同而显著变化	
文化	通过更多的自由度来达到舒适和权利（靠混沌得以繁荣）	通过政策和规程框架来达到舒适和权利（靠秩序得以繁荣）

2. 影响过程选择的维度

比较敏捷过程与计划驱动过程的目的是希望找到在什么情况下使用何种方法的依据。通过深入分析敏捷过程和计划驱动过程的成功实践，可以总结出确定一个具体项目采用敏捷过程还是计划驱动过程的 5 关键因素是：项目规模、危险性（Critically）、动态性、人员和文化，如表 9-3 所示。

表 9-3　5 个关键的敏捷性/计划驱动性要素

要素	敏捷性鉴别器	计划驱动性鉴别器
规模	非常适合小型产品和团队。对隐性知识的依赖限制了其可升级性	适合大型产品和团队。很难针对小型项目进行剪裁
危险性	没有经受过安全关键性产品的考验。简单设计和缺乏文档具有一些潜在的问题	适合应对高安全性的产品。很难针对低安全性的产品进行剪裁
动态性	简单设计和持续重构非常适用于高度动态的环境，但对于高度稳定的环境，会导致潜在的代价昂贵的返工	详细的计划和庞大的预先设计非常适合于高度稳定的环境，但对于高度动态的环境会导致代价昂贵的返工
人员	一直需要一定数量的 Cockburn 级别 2 或 3 型稀有专家。使用非敏捷的级别 1B 型的人员会带来风险	在项目定义期间需要一定数量的 Cockburn 级别 2 或 3 稀有专家，但在项目后期需要的人员会少一些——除非环境是高度变更的。通常可以采用一些级别 1B 型人员
文化	在这样的一种文化中得到繁荣，其中更多的自由度会使人们感到舒适、有权利（靠混沌繁荣）	在这样的一种文化中得到繁荣，通过清晰的政策和规程定义了人们的角色从而使人们感到舒适、有权利（靠秩序繁荣）

表 9-3 中的这 5 个要素相互影响,如当一个项目仅仅满足敏捷过程或者计划驱动过程的 4 个要素,但不满足第 5 个要素时,就要对该项目进行风险评估,并很可能要混合使用敏捷过程和计划驱动过程。

规模、危险性和文化可以容易地与擅长的领域对应,图 9-1 很好地刻画了这种对应关系。在极坐标的 5 个轴中,规模和危险性说明规模越大的项目,参与的人员越多,缺陷导致的损失也越大。"文化"轴反映出与在"靠秩序繁荣"的文化中相比,敏捷过程在一个"靠混沌繁荣"的文化中更容易取得成功,反之亦然。动态性反映了变更率,这是计划驱动过程难以面对的问题。在远离"动态性"轴心的一端,即变更率很低时,敏捷过程和计划驱动过程都可能取得成功,但在另一端,即变更率很高时,敏捷过程更容易取得成功。依据表 9-1 给出的人员技能等级标准,"人员"轴给出了级别 2 和 3 以及级别 1B 型开发人员的配置比例。计划驱动过程对高技能和低技能级别人员都有效,而敏捷过程需要的高级别人员应占有更高的比例。如在一个有 15% 级别 2 和 3 人员以及 40% 级别 1B 型人员组成的计划驱动项目中,初期需要 15% 的级别 2 或 3 人员进行项目计划,但此后可以减少这个比例。在一个敏捷项目中,每个人都要全职工作,并且那 15% 的级别 2 和 3 型人员在做好自己工作的同时,还得忙于指导 40% 的级别 1B 型人员和其余级别 1A 型等人员。

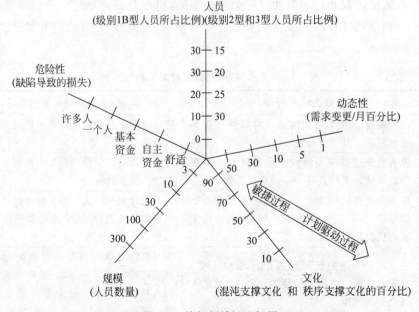

图 9-1　擅长领域极坐标图

应该沿着每条轴对项目进行评定,若评定结果都靠近轴心,则该项目适合采用敏捷过程。若如果评定结果都靠近外围,则使用计划驱动过程可能更容易取得成功。若哪部分都不占优势,就需要分别对待,可把那些处于"异常"结果作为风险源,并制定风险应对方案来处理它们。

9.4 敏捷过程与计划驱动过程的平衡

当从规模、危险性、动态性、人员和文化 5 个方面评定一个项目无法直接得出是适合于敏捷或计划驱动过程时,目前通常的处理方式是基于风险来平衡敏捷与计划驱动,表 9-4 定义了该方法。该方法使用风险分析和一个统一的过程框架把基于风险的过程剪裁成一个总的开发策略。图 9-2 对该方法进行概括。该方法非常依赖于开发团队中关键成员对环境和组织能力的理解力,以及对项目涉众的识别和与他们合作的能力。

表 9-4 一个平衡敏捷与计划驱动过程的可剪裁的过程

步骤名称	活 动 内 容
步骤 1	评估项目的环境风险、敏捷风险和计划驱动风险。如果评估中具有不确定因素,就通过原型、数据收集和分析来获取所需要的信息
步骤 2a	如果敏捷风险高于计划驱动风险,就启用基于风险的计划驱动过程
步骤 2b	如果计划驱动风险高于敏捷风险,就启用基于风险的敏捷过程
步骤 3	如果应用的一部分满足 2a,其他部分满足 2b,就通过架构把敏捷部分封装起来。在敏捷部分启用基于风险的敏捷过程,在其他地方启用基于风险的计划驱动过程
步骤 4	通过集成单独的风险降低计划建立项目的总体策略
步骤 5	对进度和风险/机遇进行监控,在合适时重新调整平衡和过程

在使用该方法时,首先需要使用风险分析来定义和解决风险,特别是与确定敏捷还是计划驱动过程相关的风险,然后基于风险分析的结果在过多和过少之间进行平衡。使用风险分析来回答"多少原型才够"、"多少测试才够"等问题,而把问题"多少计划和架构工作才算够"当作平衡敏捷与规范的关键。该过程框架建立在螺旋模型的里程碑点基础上。这些里程碑点是指,在软件开发过程中的特定时间点上规定的涉众进行约定时所需的一组全面的决策标准。

从表 9-4 和图 9-2 中可以看出,步骤 1 对敏捷过程和计划驱动过程的相关特定风险域进行了风险分析。这些风险可以包括如下三个方面:

- 环境风险,即项目基本环境造成的风险,如技术的不确定性、许多不同的涉众需要协调、复杂的超系统等。
- 敏捷风险,即使用敏捷过程的特定风险,如可伸缩性和危险性、简单设计或者 YAGNI 的使用、人员调整或者变动、熟练掌握敏捷过程的人员不足等。
- 计划驱动风险,即使用计划驱动过程的特定风险,如快速变更、需要迅速看到结果、突然出现的需求、熟练掌握计划驱动过程的人员不足等。

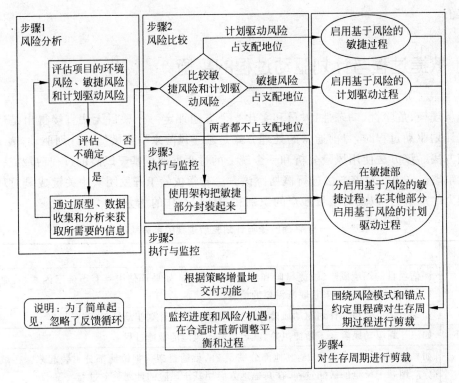

图 9-2   对基于风险的方法进行概括

步骤 1 提供了基础。它为制定过程后续的开发策略提供了基础。如果某些风险类别具有过多的不确定性，那么明智的做法是花一些资源来获取相关的信息，了解造成这些不确定性的因素。前面列出的三类风险仅作为考虑因素，很可能还有其他类别的风险存在，需要根据实际情况全面考虑。

步骤 2 寻找相符的擅长领域。步骤 2 对风险分析的结果进行评估，以确定手边的项目是否适合纯粹的敏捷过程或计划驱动的过程。如果是这两种情况之一，决策很容易确定。

步骤 3 用于混合风险。若项目没有明确地符合敏捷过程或计划驱动过程的擅长领域；或者项目的某些部分具有不同的风险，它们落入了不同的擅长领域。如果可能，可以开发一个架构来支持敏捷过程的使用，使它们的强项得以淋漓尽致地发挥，而风险则被降至最小。剩余的工作可以用计划驱动过程完成。如果无法创建合适的架构，那么可以考虑默认使用计划驱动过程。请注意，该分析可能会暴露出需要退回到前面步骤的新的风险或者机遇。为了简单起见，图 9-2 中没有显示这种情况。

步骤 4 提出决策。步骤 4 的中心任务是提出一个解决已识别风险的总的项目策略。这需要确定每个风险的解决策略并把它们集成起来。该过程的具体做法主要取决于开发组织在一般应用领域的能力和经验。成功且经验丰富的开发者会让能力强的人去定义、设计、编码和部署应用。这样的开发者在建立策略时也会利用可重用的过程资源库和产品模式。为了确保成功,经验欠缺的内部或者外部开发者必须经历额外的学习曲线和资源库构建活动。这里提倡使用生存周期架构里程碑标准作为步骤 4 的推出标准。

步骤 5 考虑策略调整。任何决策都不可能是完美的、永远适用的。管理团队必须持续地监控并评估所选过程的工作情况,同时还要密切关注环境,即要不断"回顾"。如果过程未达到预期目标,就必须回退、重新验证,也许还要调整最初设立的敏捷或计划驱动过程的级别。调整工作应该在发现问题时就立即进行。从更积极的方面看,监控还能够识别出一些机遇为客户增加价值、缩短交付时间并改善涉众的参与。

9.5　本章小结

软件的复杂性、一致性、可变性和不可见性是软件工程必须面对的根本困难。一些方法都可以解决软件工程某些方面的问题,却不能解决软件工程的所有问题。敏捷过程难以应对复杂性和一致性。敏捷过程把项目和策略的共同愿景构建到每个团队成员共享的隐式知识库,借此来应对可变性和不可见性。但它难以应对复杂性和某种程度的一致性。它们无法延伸到大型、复杂的项目,也无法解决通常具有危险性约束的接口规格说明或者产品线架构的一致性问题。计划驱动过程通过编写大量的文档来应对一致性和不可见性,但难以应对可变性和不断增加的复杂性(如超系统和企业集成)。

虽然几乎没有哪种方法能够在某一方面做到极致,但敏捷过程和计划驱动过程都有各自的擅长领域,在它们各自的擅长领域中明显优于对手。

从应用开发的未来发展趋势看,既需要敏捷又需要规范。过去,有许多占据图 9-1 中心的敏捷擅长领域的小型的、不危险、技能良好、具有敏捷文化、快速演化的项目。同时,也有许多人所从事的项目是占据着图中外围的计划驱动过程擅长领域的大型的、高危险、技能参差不齐、具有秩序文化、稳定的项目。不过,情况正在改变。维护计划日益变得昂贵,但又必须解决复杂性和一致性问题。大型项目不能再依赖于低的变更率,其庞大的过程和产品计划将造成昂贵的返工和延误。当敏捷过程的使用从个别的早期采用者项目发展到企业互联的主流应用时,就会遭遇到复杂性和一致性的问题。因此,那些以量体裁衣的方式结合敏捷和规范的方法将会带来更高的回报。

一些平衡方法正在显现。

最好是逐步建立自己的过程而不是自上而下剪裁过程。以小实践集开始,需要时再增加严格性。计划驱动过程习惯于开发包含一切而后可以针对特定情况进行剪裁的方法。专家可以这样做,但是非专家为了安全起见往往全部照搬,这常常带来相当多的不必要开销。敏捷过程人士则提出了一个更好的方法:从相对小的实践集开始,并且仅在有明确的成本收益表明需要时才增加其他实践。

　　以人为本,少关注方法,多关注人、价值观、沟通和期望管理。人的能力很重要,好的人员和团队胜过其他因素。1986 年 Grant-Sackman 的经验表明人员效率有 26∶1 的差别,而 1981 年和 2000 年的 COCOMO 和 COCOMOII 成本模型校准表明,人员的能力、经验和连续性能够导致 10∶1 的影响。但敏捷者在这方面做得很好。

　　不同的方法中体现着不同的价值观,但无论是敏捷还是计划驱动,最终都应该是价值驱动的过程。作为软件开发者,其主要关注点不仅是如何提高软件生产力,更重要的是要为涉众交付每单位成本更高的价值。

　　软件项目需要许多必要且自由的沟通。即使和关系密切的内部开发组织工作在一起,也难免出现沟通不畅的问题。如果软件定义和开发跨过了组织边界,就更需要沟通工作来定义和开发一个共同的系统愿景和开发策略。日益增加的变更速度使问题进一步恶化,并引发了沟通不充分的危险。

　　不合理的期望管理是导致许多软件项目失败的“元凶”。成功项目和陷入麻烦项目之间的区别常常在于期望管理的好坏。而大多数软件从业人员都不擅长期望管理,他们一味地迎合,并避免出现冲突,并且在预测软件项目的实践安排和预算能力方面基本没有自信。这样,在强势的客户和管理者试图用更少的时间和资金获取更多的软件时,他们只能屈从。当软件从业人员有足够的过程控制、足够的准备,以及使客户同意减少功能或延长时间的足够勇气等相关规范支持时,有助于期望管理。

参 考 文 献

[1] Richard H. Thayer, Mark J. Christensen. *Software Engineering Volume 1: The Development Process*. THIRD EDITION. USA: John Wiley & Sons, Inc. ,Hoboken,New Jersey,2005.

[2] Richard H. Thayer,Mark J. Christensen. *Software Engineering Volume 2: The Supporting Process*. THIRD EDITION. USA: John Wiley & Sons, Inc. ,Hoboken,New Jersey,2005.

[3] Guide to the Software Engineering Body of Knowledge. 2004 Version,2004.

[4] ISO/IEC 12207 AMD1: 2002 and ISO/IEC 12207 AMD2: 2004.

[5] Watts S. Humphrey. *Manageing the Software Process*. 高书敬等译. 北京: 清华大学出版社,2003.

[6] Mark J. Christensen 等. *The Project Manager's Guide to Software Engineering's Best Practices*. 王立福等译. 北京: 电子工业出版社,2004.

[7] Walker Royce. *Software Project Management A unified Framework*. 周伯生等译. 北京: 中信出版社,2002.

[8] Pankaj Jalote. *CMM in Practice: Processes for Executing Software Project at Infosys*. Addison-Wesley,2000.

[9] Pankaj Jalote. *Software Project Management in Practice*. 施平安译. 北京: 清华大学出版社,2003.

[10] Barry Boehm. *A View of 20th and 21st Century Software Engineering*. Copyright 2006 ACM 1-59593-085-X/06/0005.

[11] 麦中凡等. 微软软件开发解决方案框架 MSF. 北京: 北京航空航天大学出版社,2003.

[12] 杨文龙等. 软件工程. 第 2 版. 北京: 电子工业出版社,2004.

[13] Ralph R. Young. *Effective Requirements Practices*. 韩柯等译. 北京: 中信出版社,2002.

[14] 郑人杰等. 实用软件工程. 第二版. 北京: 清华大学出版社,1997.

[15] Ivar Jacobson 等. *The Unified Software Development Process*. 周伯生等译. 北京: 清华大学出版社,2002.

[16] Philippe Kruchten. *The Rational Unified Process An Introduction*. 周伯生等译. 北京: 清华大学出版社,2002.

[17] Roger S. Pressman. *Software Engineering A Practitioner's Approach. Sixth Edition*. 北京: 清华大学出版社,2006.

[18] Barry W. Boehm. 软件工程经济学. 李师贤译. 北京: 机械工业出版社,2004.

[19] Paul R. Reed 等. *Developing Applications with Visual Basic and UML*. 李博等译. 北京: 清华大学出版社,2002.

[20] Pierre N. Robillard 等. *Software Engineering Process with the UpEDU*. 施平安译. 北京: 清华大学出版社,2003.

[21] Ian Sommervile. *Software Engineering*. 北京: 机械工业出版社,2004.

[22] Robert C. Martin. *Agile Software Development Principles,Patterns,and Practices*. 邓辉译. 北京: 清华大学出版社,2003.

[23] John W. Satzinger 等. *System Analysis and Design in A Changing World*. 朱群雄等译. 北京: 中信出版社,2002.

[24] [美]阿迪德吉·B. 巴迪鲁. *Comprehensive Project Management*. 王瑜译. 北京: 中信出版社,2002.

[25] Sami Zahran. *Software Process Improvement*. 陈新等译. 北京：机械工业出版社,2002.

[26] Paul C. Jorgensen. *Software Testing A Craftsman's Approach*. Second Edition. 韩柯等译. 北京：机械工业出版社,2002.

[27] Watts S. Humphrey. *Introduction to the Team Software Process*. 北京：清华大学出版社,2002.

[28] Watts S. Humphrey. *Introduction to the Personal Software Process*. 吴超英等译. 北京：清华大学出版社,2002.

[29] Dennis M. Ahem 等. *CMMI Distilled A Practical Introduction to Integrated Process Improvement*. 周伯生等译. 北京：中信出版社,2002.

[30] Barry Boehm 等. *Balancing Agility and Discipline：A Guide for the Perplexed*. 邓辉等译. 北京：清华大学出版社,2005.

[31] 斯蒂夫·迈克康奈尔. *Rapid Development Taming Wild Software Schedules*. 席相霖等译. 北京：电子工业出版社,2002.

[32] 尼尔·怀特. *Managing Software Development Projects Formula for Success*. 2nd Edition. 孙艳春等译. 北京：电子工业出版社,2002.

[33] 万江平. 软件工程. 北京：清华大学出版社和北京交通大学出版社,2006.

[34] 骆斌主编,丁二玉. 需求工程——软件建模与分析. 北京：高等教育出版社,2009.

[35] Robert T. Futrell 等. *Quality Software Project Management*. 袁科萍等译. 北京：清华大学出版社,2006.

[36] http://www.iso.org. ISO/IEC 15504,2009.

[37] 居德华. SPICE：过程改进的又一种选择. 中国计算机报,2009.

[38] Automotive SIG. Automotive SPICE Process Assessment Model. automotiveSPICE@ spiceusergroup. com,2008.

[39] 罗运模等. 软件能力成熟度模型集成(CMMI)培训教程. 北京：清华大学出版社,2003.